The Air Campaign
항공전역

John A. Warden III 지음 | 朴德熙 옮김

연경문화사

권두언

　1988년에 처음 발간한 이 책자『항공전역(航空戰役: The Air Campaign)』은 그 후 6개국 이상의 언어로 번역되어 거의 전 세계의 군 대학에서 사용하고 있다. 본인은 정보혁명(Information Revolution)과 이 혁명의 소산인 인터넷에 의한 개정의 필요에 부응하여 수시 출간을 최초로 성공시킨 책들 중 하나인 이 개정판이 군사, 정치 또는 사업적인 경쟁에 관심 있는 새로운 세대의 전략 사상가들에게 유용한 것이 되기를 희망한다.

　이 책자『항공전역』이 발간된 지 3년 후에 본인은 전쟁을 생각하고 저술해온 소수의 장교들에게 매우 특별한 기회를 제공하게 되었다. 1990년 8월 10일, 본인은 노만 슈왓츠코프(Norman Schwarzkopf) 장군에게 바로 전 주에 쿠웨이트 점령을 마친 이라크군의 침략행위를 역전시킬 수 있는 항공전역에 대하여 제안하였다.

　처음에 책을 쓰고 그리고 발간을 하는 기간 사이에 나는 처음 쓴『항공전역』내용 중에서 다수의 아이디어들을 정제하고 또 확장하게 되었다. 정제한 내용 중 가장 두드러진 것은 이 책에서 중요한 부분을 이루고 있는 중심(重心) 개념으로부터 나온, 적을 하나의 체계로 보아야 한다는 이론의 개발이었다.

　아라크군이 쿠웨이트를 침략할 당시 항공참모부에서 일하던 본인과 동료들은 중부유럽 지역에서의 소련과 벌이는 전쟁에 필요한 당시의 모든 시나리오에 대하여 적을 하나의 체계로 보는 개념을 적용하여 워게임을 할 수 있었다. 따라서 슈왓츠코프 장군에게 제안할 기회가 생기게 되자 우리는 장군의 요청이 있은 지 48시간 이내에 전략적 및 작전적 수준의 계획을 작성하여 보고할 수 있었다.

장군은 그 다음날 장군의 지시에 의해 보고하게 된 계획에 대하여, 콜린 파웰(Colin Powell) 합참의장과 마찬가지로, 매우 만족스러워 하였다.[1] (몇 개월 후에 이라크와 전쟁을 수행할 때 우리가 이 계획을 좀더 세부적으로 어떻게 사용하였는지 그리고 다른 아이디어들을 어떻게 활용하였는지에 관해서는 이 책자 말미에 수록한 에필로그 부분을 참조하라.)

이 책자를 처음 발간한 이래 13년이 지났지만 나는 이 책에서 제시한 대부분의 관찰과 처방들에 대하여 여전히 별다른 오류를 발견할 수 없다. 하지만, 말의 표현과 강조에 있어서 약간의 변화를 주었다. 첫째, 전략적 중심에 대하여 이를 전략적으로 보고 또 노력을 집중함이 매우 중요하다는 점을 좀더 강조하였다. 특히, 만약 우리가 정밀무기나 스텔스 기술이 있다면 전술적 수준 또는 심지어 작전적 수준의 표적에다 노력을 집중시키기보다 전략적 중심에 노력을 집중시키는 것이 훨씬 더 신속하게 그리고 경제적으로 목표를 달성할 수 있게 한다는 것이다. 이러한 생각에서, 나는 더 이상 "원거리 차단(遠距離 遮斷)"을 전략공격(戰略攻擊)과 동등한 것으로 생각하지 않는다.

또한 나는 적군의 야전병력(野戰兵力)을 처리하지 않고서도 주요 전쟁의 승리를 완전히 획득할 수 있다는 아이디어를 좀더 분명히 주장하는 것이다.

나는 "적이 하나의 체계"라는 개념을 발견하였고 또 그 아이디어에 포함된 전술적 수준 이상의 모든 경쟁은 매우 유사한 것이기 때문에 이 책자 『항공전역』이 사업, 정치, 및 군사적 경쟁에서 동등한 연관성을 가질 수 있도록 처음부터 개발하였다. 어떤 한 분야에 적용할 수 있는 좋은 아이디어는 다른 분야에도 적용이 가능하다.

---

1) 슈왓츠코프(Schwarzkopf) 장군과 가진 회의에 관하여 기술한 문헌들은 다수가 있다. 예를 들어, 슈왓츠코프 장군의 저서 It Doesn't Take a Hero, 콜린 파웰(Colin Powell) 장군의 저서 My American Journey, 릭 아킨슨(Rick Arkinson)의 Crusade, 마이클 고든(Michael Gordon) 및 버나드 트레이너(BernardTrainor)의 The General's War 그리고 리치 레이놀드(Rich Reynold)의 Heart of the Storm 등이 있다.

이번 출판본을 읽는 군사전문가와 그 외의 독자들이 이 점을 명심한다면 이 책을 읽으면서 그들 자신의 업무에 적용할 수 있는 많은 원칙들을 발견할 수 있게 될 것이다. 이런 원칙들에 대하여 그리고 사업상의 용어로 좀더 명확하게 개발된 다른 아이디어들을 보려는 독자들을 위하여 본인은 "프로메데우스의 원칙들: 디지탈 시대의 리더쉽(The Prometheus Principles: Leadership in the Digital Age)"이라고 임의로 이름을 붙인 새로운 책자를 1999년 여름에 발간하기 위하여 준비중에 있다. 나는 또한 걸프전과 그 결과에 대하여 책을 쓰려고 한다. 그러나 그것은 2년 정도 지나야 될 것이다.

나는 매우 빠른 속도로 변화하고 있는 이 세계에서 우리가 스스로를 발견할 수 있는 보석처럼 빛나는 분명한 한 가지 아이디어가 있다고 보는데, 그것은 진정한 성공과 그리고 타인과의 차별화를 유지시킬 수 있는 단 한 가지 길은 좀더 나은 사고(thinking), 전략(strategy), 그리고 기획(planning)을 통하여 얻을 수 있다는 것이다. 모든 것은 재빨리 복사되어 우리에게 대항하여 사용될 수 있다. 이 책을 읽는 모든 독자들이 각기 경쟁 분야에서 도움을 받을 수 있는 개념들을 손쉽게 취할 수 있게 되었으면 하는 것이 나의 희망이다. 여러분들이 수행하는 전역 모두가 성공하게 되기를 빈다.

역자 서문

　1988년에 이 책『항공전역(The Air Campaign)』을 저자(著者)인 존 에이 와든(John A. Warden III) 미 공군 대령(예비역)이 처음 발간하였다. 공군대학에서 항공력 및 항공전략 이론을 연구하던 역자(譯者)는 1991년에 이 책을 입수하여 그 내용과 함축된 의미가 공군 요원들에게 매우 중요하다는 점을 깨닫고 공군 작전요원의 교육을 목적으로 일차 번역하여 공군 작전부대에 배포한 바 있다. 그 후 1995년에는 역자가 피교육자로 미국 공군대학교에 머물러 있을 당시 마침 이 책의 저자 와든 대령이 공군대학교 항공지휘참모대학(ACSC) 교장직에 있어서 그를 만나 이 책자에 대하여 그리고 책자 번역에 대하여 대화를 나눈 바 있다. 당시 와든 대령이 이 책자의 내용을 일차 수정하여 개정판을 발간하였는데 역자는 이를 입수하여 귀국 즉시 재차 번역하여 공군 내부에서 발간한 후 공군 간부 요원 교육용으로 활용해왔다.

　최근에 와든 대령이 걸프전 전쟁수행 계획 및 집행에 대한 개념을 이 책자에 요약 삽입하면서 다시 개정판을 발간하였고, 또 역자로서는 공군에 몸담고 있은 지 40년을 넘기게 되었고 또 머잖아 공군생활을 마감하는 시기가 가까워 오자 뜻있는 후배들로부터 이 책자 번역본의 출판(出版)을 권고 받게 되었다.

　한편 오늘날까지 15년 이상의 기간 동안 공군대학에서 근무하면서 올바른 국가안보 태세 확립과 후진 양성에 신명을 다한다는 각오로 항공력 및 항공전략 이론을 연구해 왔지만 원래 자질이 부족하고 또 학식이 넉넉지 못한 탓에 그저 의욕 하나만을 앞세우고 행동했던 지난날의 흔적들을 되돌아보면서 이 책자를 다시 제대로 번역해야 할 필요성을 절감하고 완전히 새로운 각오로 번역작업을 시작하게 되었다.

항상 느끼는 것이지만 번역을 하자면 세 가지 요구조건이 있어야 하는 것 같다. 먼저 번역할 외국어에 능통해야 하고, 또 국어의 표현에 능숙해야 하며 그리고 이에 못지않게 중요한 것으로는 번역해야 할 주제에 대한 이론적 지식이 충분해야 한다는 것이다. 이 세 가지 요소는 그 중 어느 것이 더 중요하다고 할 수 없으며 세 가지 요소 모두가 삼위일체를 이루어야 한다고 본다. 지난 15년여의 기간을 항공력 및 항공전략 이론 연구에 몰두해 오면서 항공전역, 항공작전, 또는 항공력 이론을 이제서야 다소나마 볼 수 있게 된 역자는 새로 번역작업을 하면서 와든 대령이 얼마나 항공전략 이론에 정통한 사람인가 그리고 이 책자 항공전역이 얼마나 심오한 의미를 지닌 훌륭한 저서인가를 새삼스럽게 깨달았다. 전반적인 문맥과 내용 그리고 그 함축은 물론 쓰여진 단어 하나 혹은 글귀 하나에도 지난 100년간 수많은 전쟁과 여러 가지 사건들을 통하여 쌓여진 항공력 및 항공전략 이론의 정수(精髓)들이 그 고귀한 향기를 발하고 있어 감탄을 금치 못할 정도이다.

"이 책은 금세기에 항공력에 관하여 쓴 문헌 중 가장 중요한 책이다. 미래의 전쟁에 관심이 있는 누구라도 이 책을 읽어야 한다. 이 책은 내가 과거에 쓰고 싶었던 책이다"라고 미 공군의 기획부장직을 역임한 스미스(Perry M. Smith) 장군이 말한 바와 같이 이 책은 항공전역을 계획 및 운용하는 문제에 관하여 다룬 유일한 이론서이다. 비록 글의 분량은 많은 편이 아니나 문장 하나하나에 함축되어 있는 의미로 볼 때 결코 작은 책이 아니다.

미래 한반도의 안보를 위하여 가장 먼저 그리고 가장 중요한 국가방위 임무를 수행해야 하는 공군 요원은 물론 군 내외 또는 민간분야에서 국방 임무에 종사하거나 또는 관심 있는 모든 분들에게 이 책자의 이용을 권하고 싶다. 그리고 번역 작업을 함에 있어서는, 광범한 독자층을 고려하여 다소 혼동이 우려되는 단어라든가 생소한 단어들에 대해서는 이해를 돕기 위하여 한자(漢字)를 다소 삽입하였는데 이는 속독(速讀)을 원하는 독자들에게도 많은 도움이 될 것이다.

책자가 나오기까지 여러 가지로 격려와 협조를 아끼지 않은 공군의 홍성표 박사, 책자 발간에 대하여 관심과 협조를 해주신 노장갑, 권영근 박사, 그리고 최종 마무리 작업을 도와준 공군대학 연구부 장교들에게 감사드리며, 또한 군사전략 발전을 위한 특별한 열정으로 기꺼이 출판을 맡아준 연경문화사 이정수 사장님께 감사를 드린다. 그리고 40여 년 간 푸른 제복과 조종복을 입으면서 그리고 민간복장을 입기까지 항상 하늘을 제패하는 날쌘 보라매의 자부심으로 조국 하늘을 보고, 생각하고 또 그 안에서 생활할 수 있도록 해 준, 그리고 한창 나이에 매우 어려운 질병을 얻었을 때 어머니 같은 너그러움으로 질병에서 회복하도록 아량을 베풀어준 조국(祖國)과 공군(空軍)에 특별한 감사를 드리며, 그리고 공군의 동기생, 선후배들과 공군대학의 동료, 선후배 제위께도 감사드린다. 마지막으로 책자의 발간을 망설이고 있을 때 격려하고 용기를 북돋아준 사랑하는 나의 가족에게도 진심으로 감사드리고 싶다.

2001. 5.
공군대학 항공전략연구실
실장 교수 박 덕 희

저자 서문

책자 『항공전역(航空戰役: The Air Campaign)』은 작전적 수준의 항공전에 관한 매우 복잡한 철학과 이론을 파헤쳐 보려는 하나의 시도이다. 이 책은 작전적 수준의 참모 보직을 가지게 될 각군의 작전장교들을 위한 것이다. 좀더 구체적으로 말하자면, 지휘관 또는 참모 보직을 맡기 전에 항공전역에 대하여 생각하고자 하는 항공장교들을 위한 것이다. 이것은 전쟁의 승리에 필요한 군사적 목표를 달성하기 위하여 항공력이 어떻게 그리고 왜 사용되어야 하는지를 밝히는 것이다.

이 책에서 다루지 않은 문제라고 해서 중요하지 않다는 것은 물론 아니다.

이 책은 전술에 관한 것이 아니어서 표적을 어떻게 폭격할 것인가를 다루지는 않는다. 이 책은 기술적인 것도 아니어서 특별한 무기체계에 대하여 언급하지도 않는다. 이 책은 어떤 특정 국가의 공군에 대한 것이 아니기 때문에 다수 국가의 공군에 공통적인 교리에 대한 여러 가지 논쟁에 관하여도 직접적으로 다루지 않는다. 마찬가지로, 최근 유행되고는 있지만 아직까지 널리 이해 및 사용되기에는 너무 난해한 용어들의 사용을 회피하였다.

결과적으로 "부대의 전선(forward line of troops)"이라는 좀더 구체적인 용어 대신에 "전선(前線: front)"과 같은 구식 용어를 사용하였다. 나의 신념은 좀더 일반적인 용어가 작전적 수준에서의 개념 토론에 필요한 의미를 잘 전달한다는 것이다.

이 책에서 다루지 않은 두 가지 분야는 우주공간(宇宙空間)과 핵무기(核武器) 사용에 관 한 것이다.

핵무기 사용에 관해서 보면, 한편에서는 그것의 사용이 합리적인 전쟁관(戰爭觀)이 될 수가 없다고 생각하는 반면, 다른 편에서는 경우에 따라서 전통적인 사상에 의거해서 그것을 사용할 수도 있다고 생각한다. 나는 우주공간에서의 작전에 관해서도 논의하지 않았는데, 그 근본적인 이유는 작전수준에 있는 오늘날의 지휘관들에게는 우주자산(宇宙資産)을 직접 통제할 수 있는 권한이 없기 때문이라는 것이다. 그러나 가까운 장래에 인간은 틀림없이 태양계(太陽系)로 진출할 것이다. 전쟁의 영역이 거기까지 확대되면 비록 시간(時間)과 종심(縱深)에 대한 개념이 과거 어느 때보다 훨씬 더 큰 중요성을 가지겠지만, 그래도 전쟁의 원칙에는 큰 변화가 없을 것이다.

기술은 매우 빠른 속도로 변화한다. 따라서 특정 기술분야에 깊이 들어간 항공전에 관한 어떤 책자라도 대단히 빨리 낡은 것이 되고 만다. 그래서 필자는 작전수준의 지휘관은 먼저 전쟁에 관한 기본적인 원리와 원칙에 정통해야 한다고 믿는다. 그렇게 되어야만 현재의 기술이나 혹은 새로운 기술을 이용할 수가 있다. 만약 그런 과정을 거꾸로 가려고 한다면 그들은 기술발전이라는 폭풍에서 생기는 모든 변화에 의해서 방향 감각을 상실한 채 아무렇게나 끌려 다니게 될 것이다.

1980년대 말에는 에너지 지향성(指向性) 무기와 재래식 탄두를 장착하는 중·단거리 탄도미사일이 만들어질 가능성이 보인다. 이러한 무기들은 힘을 더욱 집중시킬 수 있게 하거나 또는 기동성의 증가를 가져올 것이기 때문에 둘 중의 하나 또는 둘 모두, 아니면 아직까지 생각지도 못한 어떤 무기가 갑자기 위력적인 무기로 대두될지도 모른다. 따라서 이러한 무기체계의 성공적인 운용은 새로운 체계를 이 책이 말하고 있는 여러 가지 원칙에 따라 사용하는가 여부에 좌우될 것이다.

독자들은 이 책에서 항공모함(航空母艦) 항공력에 대해서도 논의가 없음을 알게 될 것이다. 논의가 없다는 것은 항공모함 항공력을 무시해서가 아니다. 실제로는, 미국이 참전하는 어떤 주요 전쟁에서도 항공모함은 전승을 위해 필요한 공세전력(攻勢戰力)의 한 부분이 될 것이다. 그러나 이 책이 항공력 사용에 대한 지침으로서의 의미를 가지기 때문에 항공모함 전력의 위업(偉業)에는 부당한 일이지만 지상기지(地上基地) 중심 항공력에 대한 사례들만으로도 나의 연구를 설명하기에 충분하리라고 보는 것이다.

작전적 수준에서의 이론은 항공기나 미사일이 발사되는 지점과는 무관하게 동일해야 한다.

오래끌던 베트남전쟁이 끝난 이후에 군사 연구기관들은 미래의 전략과 그 전략을 지원하기 위해 필요한 전력구조(戰力構造)에 대하여 점점 더 큰 관심을 기울이게 되었다. 이러한 관심은 물론 필요한 것이지만, 미래의 전력구조로서 미래전을 수행하기 위한 계획과 내일 당장 시작해야 할지도 모르는 전쟁수행 계획을 혼동해서는 안 된다. 장차전(將次戰)을 위한 전역계획(戰役計劃)은 국가 동원령에 의해 구체화되는 새 장비와 새 부대(部隊)를 비록 고려에 넣을 수는 있겠지만, 후자를 위해서는 오직 현존전력(現存戰力)만이 그 중요성을 갖는 것이다. 따라서 핵심적으로 말하자면, 작전적 수준의 이론은 미래의 전력구조 개발과는 무관하고 근본적으로 현재 가용(可用)한 전력과 관계가 있는 것이다.

이 책자『航空戰役』은 단순히 항공전을 개념짓고, 계획하며, 집행하는 것에 관한 철학적이고도 이론적인 하나의 골격일 뿐이다. 따라서 이 책이 계획관들에게 전투가 치열해지기 전에 그들의 생각을 정리하도록 도움을 줄 수 있다면 소기의 목적을 달성하는 것이라고 하겠다.

추천사

미 공군 대장 Charles L. Donnelly, Jr

이 책은 매우 중요한 어떤 일의 시작이다. 즉, 이 책은 전쟁에서 전략목표(戰略目標)를 달성하기 위하여 항공력을 사용하는 방법에 관한 명쾌하고도 가시적인 지침과 결론을 역사적 경험을 통하여 도출하고 있다. 이 책은 국가목표(國家目標)의 설정에서부터 비행단(飛行團)이나 대대급(大隊級)의 작전적(作戰的) 수준에서 작전을 수행하는데 이르기까지의 전 영역을 종합적으로 다루고 있는 최초의 책자이기 때문에 매우 이례적(異例的)인 것이다.

이런 종류의 문헌은 오래 전부터 필요하였다.

손자(孫子)가 전승(戰勝)의 요체(要諦)가 되는 병법(兵法)으로 독자들을 사로잡기까지는 수세기에 걸친 지상전(地上戰) 역사가 있었다. 그러나 항공기가 최초로 전투에 사용된 지 불과 수십년 밖에 지나지 않아 우리는 미래에 항공력을 운용하는 방법에 관하여 처방적(處方的)으로도 유용하고 역사와도 일치하는 심도(深度) 있는 역사적 경험의 총합체(總合體)를 가질 수 있게 되어 정말 다행이다.

와든(Warden) 대령은 특정 무기나 전술에 관해서 그리고 특별한 전쟁에 의존하지 않으면서도 우리에게 항공력을 보다 효과적으로 이용하는 방법을 가르쳐 주고 있다. 이것은 하나의 술(術: art), 즉 공군 구성군사령관에 의하여 수행되는 작전술(作戰術: operational art)에 관한 책이며 불변하는 전쟁의 원칙들과 직접적으로 연결되는 것이다.

클라우제빗츠가 『전쟁론(戰爭論: On War)』이라는 유명한 저서에서 웅변적으로 설파한 전쟁(戰爭)의 원칙(原則)들은 육군과 공군에 동일하게 적용된다. 그런데 왜 공군은 이것에 대하여 특별한 분석을 필요로 하는가? 그것은 이 책 『항공전역(航空戰役)』을 읽고 나서 수긍할 수 있는 바와 같이, 항공력이 지니고 있는 특성으로서 속도와 행동거리는 특별한 문제를 일으킬 뿐 아니라 그것은 대량(大量) 및 집중(集中)의 원칙과 그것의 당연한 결과로서 나타나는 전력운용(戰力運用)의 경제성(經濟性) 등의 원칙을 통하여 특별한 이점(利點)을 제공해 주기 때문이다. 이 책은 지휘관이 선택해야 할 중요한 문제로서 전력(戰力)을 공세위주(攻勢爲主) 또는 방어위주(防禦爲主)로 운용할 것인가에 관하여 그리고 공중우세(空中優勢)를 위한 요구조건, 지상기반(地上基盤) 방공체계의 영향력, 항공 예비병력(豫備兵力)에 대한 흥미로운 새로운 사상 등에 관하여도 통찰력 있는 논의를 제공하고 있다.

이 책은 항공지휘관들이 자주 직면하게 되는 공격(攻擊) 혹은 방어(防禦)에 대한 선택을 분명히 할 수 있도록 한다. 방어적 국면에 처한 공군은 공세를 취할 수 있는 공군에 비하여 상황 그 자체 뿐 아니라 전반적인 전쟁수행 노력마저 매우 위험하다. 공격과 방어에 대한 전반적인 논의의 특징은 항공지휘관이 직면할 수 있는 열세(劣勢)한 전력 상황, 우세(優勢)한 전력 상황, 게릴라전 상황, 전구전(戰區戰) 상황, 그리고 심지어 지상전에서 적군이 수행하는 대규모 돌파작전의 위험성 등과 같은 모든 전쟁수행 상황에서 자신의 위치를 올바르게 발견할 수 있는 최선의 선택안(選擇案)들을 열거하고 있다는 점이다.

또한, 공군이 전투기로써 방어작전을 수행할 때 넓은 지역을 방어하는 것이 좋으냐 아니면 특정 지역을 집중적으로 방어하는 것이 좋으냐하는 의문에 대해서도 해답을 제시하고 있다.

공격 혹은 방어 중 어느 것을 선택하든지 간에 항공전역은 공중우세를 획득하기 이전에는 성공할 수 없다.

우리는 공중우세를 우리의 최우선적 과업으로 계속 주장해 왔다. 공군에 몸담고 있는 항공인(航空人)들은 이러한 사상을 논리적인 것으로 확신하고 있지만 다른 사람들에게는 때때로 이 기본적인 교리마저도 확신시키기가 어렵다. 이 책은 공중우세의 필요성에 대하여 확신할 수 있는 논의를 제공한다. 또한, 이 책은 적의 방공체계(防空體系)를 지상 또는 공중에서 무력화시키는 것을 포함하여 합동군(合同軍) 지휘관을 지원하는 항공력의 다른 역할에 대해서도 균형 있는 분석을 제공한다.

적의 지상기반(地上基盤) 방공체계들은 우리가 원하는 시간 및 장소에서 파괴할 수 있는 목표물이다. 지상기지 방공체계들은 어떤 것이든 그 힘이 감소될 수 있는 취약한 부분을 지니고 있게 마련이다. 예를 들면, 그것은 오랜 기간 동안 똑같은 강도(強度)를 지닐 수가 없고, 측면(側面: flanks)이 있으며, 항공력에 비하여 기동성이 부족할 뿐 아니라 보통 특정 위협에 대응할 수 있도록 만들어져 있다. 항공전역을 잘 계획하면 이러한 취약점(脆弱点)들을 이용할 수 있다. 그리고 이러한 취약점들이 기술(技術)에 의해서가 아니고 개념(概念)으로부터 나온 것이기 때문에 지상기지 무기체계는 집중적인 공중공격과 같은 예기치 못한 충격이나 폭력에 대해서는 이를 스스로 견뎌낼 수가 없는 것이다.

어떤 표적군(標的群)에 대한 공중공격의 집중도(集中度)를 증가시키는 한 가지 방법은, 다소간의 항공력이 예기치 못한 행운(幸運) 혹은 재난을 만날 수 있도록 남겨 두는 것이다. 전쟁에서 실수는 어느 쪽에서도 발생할 수 있다. 따라서 항공력 예비대(豫備隊)는 우리가 적의 실수를 이용할 수 있게 하거나 아니면 우리가 저지르는 실수를 이용하려는 적의 기도를 분쇄하는 데 사용될 수 있다. 항공예비대(航空豫備隊)에 관한 이러한 개념은 독자들에게 광범한 적의 역량(力量)을 상대하는 항공전역을 계획할 수 있는 최종적인 기법(技法: technique)을 제공함으로써 작전수준의 술(術)에 관한 이 책의 내용을 더욱 심도 있게 해 주고 있다.

이 책을 읽은 후, 독자들은 항공전역을 계획하는 일은 하나의 예술(藝術)이라는 것을 인식하게 될 것이다. 왜냐 하면, 그것은 항공전역에 있어서 성공이나 실패를 하게 되는 근본적인 결심사항들은 인간(人間)

컴퓨터의 논리적 사고에 의해 좌우되기 때문이다. 세부적인 OR기법과 확률이론(確率理論)은 계획과정에서 필요한 것들이다. 그러나 존 와든 (John Warden) 대령은 숙련된 조종사들이 임무를 수행할 때 복잡한 수학적(數學的) 기법들을 보조수단으로 활용하면서 기본적인 논리적 사고(思考)를 우선적으로 적용해야 한다는 신념을 확신시켜 주고 있다.

어떤 공군이 질적, 양적으로 절대 우세한 전력을 보유하고 있다고 하더라도 항공전(航空戰)뿐만이 아니라 전체 전쟁에서도 패배할 수가 있다. 본 책자 『航空戰役』은 항공지휘관으로 하여금 패배를 회피할 수 있도록 할 뿐 아니라 승리에 필요한 지식을 제공해 줄 것이기 때문에 본인은 이를 적극 추천하는 바이다.

감사의 말

나에게 전사학(戰史學)을 지도해주신 공군사관학교 교수 로저 팍스 (Roger P. Fox) 대령님과 대전략(大戰略)을 지도해 주신 Texas Tech 대학의 교수 프레데릭 하트만(Frederick H. Hartmann) 박사님께 특별한 감사를 드립니다.

그리고 국가전쟁대학(National War College)에서 연구논문 지도를 담당하시어 이 연구서 『항공전역』을 쓰도록 용기를 주고 도와주신 미 육군의 마이클 크라우스(Michael D. Krause) 대령님께도 감사를 드립니다.

campaign

Air campaign

항공전역 개요

전쟁은 인간의 노력 중에서 가장 복잡한 것이기 때문에, 전쟁에 관하여 또는 어떻게 싸울 것인가에 관하여 생각한다는 것은 대단히 어려운 과제이다. 전쟁이 그토록 복잡한 것이기 때문에 그것을 시험하거나 연구 또는 사용할 때는 각 요소별로 분리하여 생각해야 한다. 분명히, 전쟁은 몇 가지 방법으로 분류할 수 있다.

전쟁은 크고 작은 것, 제한적인 것과 무제한적인 것, 핵무기를 사용하는 것과 사용하지 않는 것, 그리고 지리적으로 국지적인 것과 세계적인 것 등으로 구분할 수 있다. 이러한 구분이 비록 유용할 수는 있겠지만 이것 역시 매우 포괄적인 것이기 때문에 작전을 계획하거나 감독하는 데는 별로 좋은 기준이 되지 못한다. 따라서 여기서는 전쟁을 수행하는 책임의 수준에 따라 전쟁을 분류하는 것이 좀더 유용한 방법이 될 것이다.

1. 전쟁의 수준 (水準)

필자는 여기서 전쟁의 수준을 대전략적(大戰略的) 수준, 전략적(戰略的) 수준, 작전적(作戰的) 수준 및 전술적(戰術的) 수준의 네 가지로 구분하여 논의하고자 한다.

- 전쟁의 대전략적 수준이란 가장 기본적이면서도 가장 결정적인 결심이 이루어지는 수준을 말한다. 여기서는 국가가 전쟁에 참여할 것인가의 여부, 적이 누구며 동맹국은 누가 될 것인가, 평화를 얻기 위하여 무엇을 해야 하는가 등을 결정한다. 2차대전 당시 루스벨트 대통령과 영국의 처칠 수상 그리고 소련의 스탈린 수상 등은 독일-이태리-일본 동맹국에 대응하는 모든 참전국들의 군사전략(軍事戰略)을 크게 움직인 대전략(大戰略)의 조정자(調整者)들이었다.

- 전쟁의 전략적 수준은 전반적인 전쟁 수행과 관련되는 것으로써 동원(動員) 가능한 군사력의 대략적인 규모와 여러 전구(戰區)에 대한 노력의 비중(比重) 등을 결정한다. 예를 들어, 2차대전시 태평양전구보다 유럽전구에 비중을 더 많이 둔 것은 전략적인 결심이었다. 마찬가지로, 독일을 봉쇄작전이나 공중공격에 의하기보다 지상(地上) 침공에 의하여 패배시킨다는 결심도 전략적인 것이었다. 미 육군 참모총장이었던 죠지 마샬(George C. Marshall) 장군과 영국군 원수(元帥) 앨란 브루크(Alan Francis Brooke) 경 등은 그 전쟁에서 미국과 영국의 전략을 수립하는 설계자였다. 20년 후, 베트남전 당시 북베트남에 대한 항공전역(航空戰役)을 제한하는 결심과 함께 베트남에서 가용(可用) 항공기와 인력을 제한하는 결심 역시 전략적인 결정이었다.
- 전쟁의 작전적 수준은 전략 바로 아래 수준이다. 이것은 할당(割當)된 전력으로서 그 전쟁의 전략적 목표를 어떻게 달성할 것이냐 하는 것과 관련이 있다. 이것은 육, 해군 및 공군 전력을 실제로 운용하는 계획을 만드는 수준이며 동시에 이러한 전력을 전역(戰役) 수행 방향에 따라 사용하는 수준이다. 일반적으로, 전구사령관(戰區司令官)은 전략과는 반대로 작전과 관계가 있다. 따라서 2차대전 당시 아이젠하워(Dwight D. Eisenhower) 장군, 맥아더(Douglas MacArthur) 장군, 그리고 니미츠(Chester W. Nimitz) 제독 같은 사람들은, 비록 그들이 만든 작전계획이나 수행한 작전들 다수가 전략적이거나 혹은 대전략적인 내용을 포함하고는 있었지만, 작전적 수준의 지휘관들이었다.
- 전쟁의 가장 낮은 수준은 전술적 수준이다. 이 수준은 적군(敵軍)과 물리적으로 직접 접촉하는 수준으로써, 중대(中隊) 병력으로 어떤 고지를 점령하거나 적의 함정(艦艇)을 만나 이를 격침시키거나 또는 적 항공기와 공중전(空中戰)을 수행하는 것과 같이 행위의 목표가 분명한 것이다.

여기서는 "분명하다"는 용어가 중요한 의미를 갖는다. 왜냐하면 전술적 행동을 계획하거나 수행할 책임을 지고 있는 사람들은 일반적으로 상급자로부터 그들이 무엇을 해야 할 것인지 정확하게 지시를 받기 때문이다. 이 말은 전술적 명령의 수행은 상당한 정신적 노력 없이도 할 수가 있다는 것을 의미하는 것이 결코 아니고, 전략 혹은 작전수준에서 만들거나 선택해야 하는 매우 복잡한 목표와는 달리 정신적 노력을 단순히 합리적으로 세분화된 목표에다 집중시키기만 하면 된다는 의미이다.

전략적전쟁 수준에 관해서는 많은 책들이 저술되어 왔다. 실제로 가장 유명하고도 유용한 책 「전쟁론(戰爭論: On War)」은 한 세기반 전에 프러시아의 전략가 클라우제빗츠(Carl von Clausewitz)에 의하여 쓰여졌다. 이와 마찬가지로 전술적 수준의 책들도 많이 출판되었다. 사실상 전쟁에 관해서 쓴 대다수의 저서는 전술적 수준에 관한 것이다. 예를 들어, 잠수함전, 공중전투, 해군 교전(交戰), 또는 보병(步兵) 공격 등에 대하여 쓴 대부분의 책은 인간(人間) 대 인간의 전술에 관한 것이다.

놀라운 일이지만 2차대전이 끝난 이래로 작전적 수준 특히 항공전에 관한 작전적 수준의 이론(理論)과 실제(實際)에 대하여 연구한 저서는 아무 것도 없다.1) 작전적 수준의 전역 수행에 관한 술(術: art)을 다룬 저서가 없다는 것은 무엇을 의미하는가?

첫째로, 그것은 설명하기가 대단히 어려운 분야이기 때문이다. 전략(戰略)에 관해서는 세계지도를 펴놓고 큰 몸짓으로 설명할 수 있고, 또 전술(戰術)에 관한 것 역시 많은 사람들이 전쟁이나 훈련을 통하여 직접 경험한 바를 설명할 수 있을 것이다.

둘째로, 2차대전 이후 핵무기의 출현으로 군사 분야에서는 육·해·공 각 군의 군사력이 별로 소용이 없어졌다는 어떤 느낌이 생겼기 때

---

1) 여기서 한 가지 예외는 지상전역에서의 작전이론에 대한 매우 유용한 저서인 Richard E. Simkin의 Race to the Swift: Thoughts on Twenty-First Century Warfare(London: Brassey's Defense Publishers, 1985)가 있다.

문이다. 그리고 거의 같은 시기에 특히 미국에서 발생한 것으로, 군인들이 평시에 갖는 단순한 전쟁관(戰爭觀)과 같은 시대적 거부반응(拒否反應)이 전쟁의 작전적 수준을 비밀로 감추도록 만들었기 때문이다. 또한 2차대전과 한국전쟁 참전(參戰) 경험을 가진 고급 지휘관 또는 참모 장교들이 마지막으로 전역 한 후 그 동안 어렵게 얻은 작전적 수준의 지식 전체를 잃어버리고 말았기 때문이다.

그럼에도 불구하고, 작전(作戰)에 대한 연구는 여전히 중요하며 그것에 대한 올바른 이해는 필수적인 것으로 남아 있다. 현재 각 군의 군사력 사용 전반에 걸쳐 발생하는 다수의 문제점들은 전략적 목표를 달성하기 위한 작전적 전역(作戰的 戰役)에서 군사력을 개별적으로나 합동으로 어떻게 운용해야 하는가에 관한 일치된 교리(敎理)의 결여(缺如)에 기인하는 것이다. 이 책은 이러한 허점들을 메우기 위한 하나의 시도이며 그리고 작전적 수준에서의 항공전역 계획 및 집행을 위한 하나의 골격(骨格)을 제공하기 위한 것이다.

역사는 우리가 평시(平時)에 전쟁이론(戰爭理論)을 개발하고 시험할 수 있도록 하는 유일한 실험실(實驗室)이 된다는 신념에서 이 책은 지난 반세기 동안의 항공전(航空戰) 사례를 매우 크게 다루었다. 이 책은 승자(勝者)와 패자(敗者)의 경우를 비슷하게 사례로 들고 있지만, 패배한 후에 배우는 것들이 종종 더 좋은 교훈이 된다는 것을 보여 주고 있다.

다수의 전역(戰役)과 다수의 상황으로부터 나올 수 있는 교훈들을 정제(精製)하려고 노력하였다. 이 책은 특정 책략(策略)들이 미래에도 반복될 수 있을 것이라고 말하는 것은 아니다. 우리의 기억력이 매우 짧기 때문에 물론 그럴 수도 있겠지만. 어떤 책략이 과거 한 때 매우 효과적인 것이었다는 것을 아는 것만으로도 지휘관이나 계획관들에게 그와 유사한 접근(接近)을 시도해 볼 수 있는 자신감(自信感)과 아이디어를 줄 수도 있을 것이다. 얼마나 많은 지휘관들이 칸네(Cannae) 전투에서 한니발(Hannibal) 장군이 구사한 이중포위 전법(二重包圍

戰法)2)을 연구함으로써 승리를 얻을 수 있었는가?

우리는 전구전(戰區戰)의 작전적 수준에서 공군력(空軍力)을 운용하는데 초점을 집중하게 될 것이다. 2차대전시 노르망디 상륙작전 이후에 서방 동맹국들이 그랬던 것처럼 전쟁의 목표에 따라 전구(戰區: theater)는 전선에서부터 적국의 심장부까지 확대될 수 있다. 이와 반대로, 1942년 11월 이전까지 북아프리카에서 영국과 추축국(樞軸國)간에 있었던 사막전(砂漠戰)처럼 전구가 비교적 고립된 지역으로 제한될 수도 있다.

전자(前者)의 경우에, 적국 내부에 대한 "전략적" 항공공격(航空攻擊)은 전구 전체에 걸쳐 수행되는 작전에 영향을 미쳤기 때문에 이는 작전 지휘관들에게 큰 관심사가 되었다. 반대로, 북아프리카의 한정되고 고립된 전구에서는, 독일 산업체(産業體)에 대한 "전략적" 항공공격이 국지(局地) 전구에는 즉각적인 영향력을 아무 것도 미치지 못했기 때문에 이는 전쟁 쌍방의 지휘관들에게 공히 별 관심을 끌지 못했다.

2. 서유럽에서의 두 가지 전쟁 수준

2차대전시 서유럽에서는 전쟁의 전략적 수준과 작전적 수준이 거의 하나로 합쳐졌다. 대전략(大戰略) 목표는 독일의 무조건 항복이었고 이 목표를 달성하기 위하여 선택한 군사전략(軍事戰略)은 지상으로 밀고 들어가 적국(敵國)을 점령하는 것이었다. 이러한 전략에서, 작전수준의 지휘관이었던 아이젠하워 장군은 노르망디에 교두보(橋頭堡)를 설치할

---

2) 칸네전투(216 BC)는 제2차 포에니전투 기간 중 이태리의 아풀리아(Apulia)에 위치한 고도(古都) 칸네에서 발생한 로마군과 카르타고군 간의 주요 충돌이었다. 이때 카르타고의 한니발 장군이 대승을 거두었다. 그 전역은 새롭게 편성된 공격적인 로마군의 기동으로부터 시작되었다. 대략 48,000-85,000명으로 구성된 유례없이 강력한 로마군이 카르타고군을 치기 위해 개활지에 투입되었다. 한니발이 선택한 거의 평지에 가까운 칸네 지역에서 로마군이 먼저 공격하였다. 한니발은 하스드루발(Hasdrubal) 장군의 기병이 로마군의 측면 및 후방을 취할 때까지 로마군의 월등한 병력이 카르타고군의 중앙부로 공격해오기를 조심스럽게 허용하였다. 결국 로마군은 완전히 포위되었고 대규모 병력이 꼼짝할 수 없는 상황을 더욱 악화시켜 결국 전멸 당하였다.

수가 없었기 때문에 우선 독일군이 교두보 설치를 막으려는 노력으로 스스로 출혈을 다 할 때까지 기다려야 했다. 그러나 이러한 작전적(作戰的) 상황에도 불구하고 그는 진격해야만 했다. 따라서 그는 필연적으로 독일군의 저항 능력을 감소시키기 위해 가용한 모든 수단을 사용하지 않으면 안 되었다. 비록 그의 통제권 하에 있는 것은 아니었지만 여러 가지 이유로, 전선으로부터 수백 마일 떨어져 있는 석유시설, 수송망, 발전소 등에 대한 공중공격을 수행하여 적어도 지상으로 진격한 부대가 거둔 작전수준의 성과에 못지않은 큰 성공을 거두었다.

비록, 어떤 특수 목적용(目的用) 항공기로써 수행하는 것이라 할지라도 여타의 실전(實戰) 상황과는 별도로 적국의 심장부(心臟部)를 공격하는 항공공격을 "전략적(戰略的)"이라고 부르는 것은 우리를 쉽게 혼동시킬 수 있다. 2차대전시 연합군의 "전략폭격(戰略爆擊: strategic bombing)" 전역은 독일공군을 무력화(無力化)시켰으며 그들로 하여금 본토(本土) 방어에 전념토록 강요하였다. 따라서, 1944년 6월 연합군의 상륙작전 기간 중 노르망디 상공에서는 독일군 항공기를 거의 볼 수가 없었으며, 동시에 연합군 공군이 독일 지상군의 기동(機動)을 주간에는 사실상 불가능하게 하였기 때문에 독일 육군은 전선(前線)으로 병력을 이동시키는데 최악의 어려움을 겪었다. 독일의 작전수준 지휘관들이 연합군 공군을 독일군의 "전략폭격" 전역에 대응하여 계속 영국(英國) 상공에서만 싸우게 하려고 했다는 것은 의심 없는 사실이다.

이러한 사례에서 볼 수 있는 핵심은 전략적 및 작전적 수준이 서로 합쳐졌다는 점이다. 최하위 수준에서부터 최고 수준에 이르는 이러한 작전들은 서로 연결되어 있지만 우리가 그 상관관계(相關關係)를 보지 못하게 되면 그것을 구분하기가 쉽지 않다.

한편, 북아프리카에서는 제한된 인력과 물자 그리고 일반적인 상황이, 프랑스의 비시(Vichy) 정부가 이를 통제하면서 추축국의 후방을 방호(防護)한다는 표면적인 이유가 있었지만, 1942년 11월 미군이 이 전구에 참전할 때까지는 연합작전 개념을 비교적 단순하게 만들었다.

교전국 양측(兩側)은 공히 상대방의 지상군을 괴멸시키려고 하였지만 전반적으로 전선에 매우 인접한 목표물들을 공격할 수밖에 없었다. 단 한 가지 예외(例外)로서 지중해를 건너오는 추축국 선박에 대한 영국 군의 항공차단(航空遮斷) 공격이 있었을 뿐이었다. 상대방에 대하여 수행하는 항공공격이 지상군 지휘관들에게는 그들이 수행하는 전역에 시의적절(時宜適切)한 영향력을 가져오지 못하는 것처럼 보였기 때문 에 별다른 중요성이 없는 것이었다. 따라서 노르망디 전구에서의 아이 젠하워 장군이나 독일군의 룬드슈테트(Karl von Rundstedt) 육군 원수 등과는 달리 북아프리카에 있는 지휘관들은 "전략적" 항공작전에 는 아무런 관심을 가질 필요가 없었던 것이다.

USAF Photographic Collection, National Air & Space Museum, Smithsonian Institution

1944년 6월 6일 프랑스 해안에서의 D-Day 상륙작전

전구지휘관은 전역에 영향을 줄지도 모르는 모든 종류의 작전을 모두 고려해야 한다. 만약 적국 국민의 의지력(意志力)이 취약하다면 전구지휘관은 그것을 목표로 하여 노력을 집중할 수도 있다. 적이 만약 국외(國外)로부터의 보급에 의존하고 있다면 보급에 대한 연결고리 중 몇 지점을 봉쇄하는 것은 성공의 열쇠가 될 수도 있다. 또한 적이 석유자원(石油資源)에 의존하고 있다면 석유 공급망의 파괴가 가장 좋은 조치일 수도 있다. 그러나 많은 경우에, 특히 고도(高度)의 복구력(復舊力)을 가진 현대 산업체의 동력시설(動力施設)에 대해서는 단일 표적 공격만으로는 성공을 거두지 못할 수도 있다. 따라서 이런 경우에는 적의 중심(重心)에 영향을 미칠 수 있도록 신중하게 선정한 다수의 목표물에 대한 공격을 감행할 필요도 있다.

3. 중심(重力中心 : center of gravity)

"중심(重心)"이란 용어는 그것이 적의 가장 취약한 부분이고 또 우리의 공격이 결정적(決定的)인 최대의 기회를 얻을 수 있는 지점이기 때문에 작전을 계획할 때 대단히 중요하다. 이 용어는 역학(力學)에서 인용한 것인데, 이것은 이 지점에 집중시킨 어떤 수준의 노력(공격과 같은)이 그와 똑같은 노력을 다른 곳에 집중시켰을 때 보다 훨씬 더 성과가 크게 되는 지점을 말한다. 클라우제비츠는 이것을 "모든 힘과 운동의 중심부"[3] 라고 불렀다.

전쟁의 각 수준마다 하나 혹은 다수의 중심이 있다. 만약 몇 개의 중심이 있는데, 그것들이 이동할 것 같으면 그 모든 중심들에게 힘을 투입해야 한다. 아마도 지휘관의 가장 중요한 책임은 적의 중심을 올바르게 식별하고 이를 적절하게 공격하는 일이라 하겠다. 어떤 경우에 지휘관은, 만약 그가 최종적인 중심들을 공격할 수 있는 자원이 부족

---

3) Carl von Clausewitz, On War, transl. and ed. by Michael Howard and Peter Paret (Princeton, N.J.: Princeton University Press, 1976), p. 595

하거나 또는 권한이 없을 때는, 행동 가능한 특정 중심을 찾아내지 않으면 안 된다. 따라서 어떤 경우에도 전구작전(戰區作戰)은 결정적인 타격으로 적을 패배시킨다는 개념에 입각해서 계획, 조정 및 집행되어야 한다.

전구지휘관은 일반적으로 그가 요구한 바의 지상군, 해군 및 공군력을 보유할 것이다. 적의 중심을 식별한 연후에 전구지휘관은 가용 자원 중에서 어느 군(軍)을, 혹은 각각의 군을 어떤 비율로 사용할 것인지를 결심해야 한다. 만약 하나 이상의 군을 사용하기로 결정하면 각 군에게 임무를 배당해야 한다. 그 과정에서 그는 사심(私心)이 없어야 한다. 그는 그가 보유한 모든 군이 동등하게(어쩌면 전부) 참전(參戰)해야 한다든가, 적의 행동에 동일한 종류의 대응행동(對應行動)을 해야 한다는 등의 기계적(機械的)인 의사결정을 하면 안 된다.

그 대신, 그는 전쟁의 성격과 목표를 인식해야 하고 또 적의 특성을 알게되면 성공을 위해 필요한 군이 무엇인지 알게 된다는 점을 인식해야 한다. 어떤 경우에는 세 가지 군을 다양하게 혼합해서 사용해야 할 때도 있고 또 어떤 경우에는 단일(單一) 군으로도 충분할 수가 있다. 타군과 함께 임무를 수행하는 경우에도 때로는 특정 군만이 정상적으로 임무를 완수할 수 있는 유일한 군이 될 수도 있다. 이러한 개념에 대해서는 제 9장에서 좀 더 세부적으로 살펴보도록 하고, 여기서는 이러한 아이디어가 이론적으로 실행 가능하다는 것에 대해서 2천년이라는 간격을 두고 일어난 두 가지 사례를 통하여 소개하고자 한다.

알렉산더 대왕이 페르시아와 전쟁을 하기 위하여 출정하였을 때 그 전역의 성공은 지중해의 제해권(制海權) 획득 여부에 달려 있었다. 일반적으로 이런 일에는 해군을 투입해야 하는 것이었지만 알렉산더 함대(艦隊)는 페르시아 함대를 무찌르기에 너무나도 빈약했으며 특별히 보강될 전망도 없었다. 이때 알렉산더는 페르시아 함대의 중심(重心)이 해안기지에 있다는 것을 깨달았다. 적의 중심을 확인한 후 그의 작전계획은 명확하였다. 페르시아로 돌진하기 전에 지중해 연안에 위치한 페르시아 기지를 점령하기 위하여 그는 육군을 투입하기로 계획했던 것이다. 그는 그 계획대로 작전을 수행하여 해상전투에서 한번도 승리를 거두지 않고도 페르시아의 해군력을 격파하였다.4)

이와는 반대지만 거의 같은 현상이 16, 17세기에 스페인과 영국의 세계 지배(支配) 경쟁에서 발생하였다. 당시 스페인은 영국 해군을 회피하거나 혹은 이를 격파하면서 상륙(上陸) 공격을 하려고 하였다. 그러나 영국해협을 횡단하려던 스페인 무적함대(無敵艦隊)가 영국 해군에게 패배함에 따라 그 침공작전에 대한 희망은 좌절되었다. 한편, 영국이 택할 수 있는 방안은 스페인을 침공하든가 아니면 해군력을 이용하여 미국으로부터 경제적 자원을 들여오지 못하게 스페인을 고립시킴으로써 스페인의 경제(經濟)를 파멸시키는 것이었다. 영국은 후자(後者)를 선택하였고 결국 그 작전은 성공하였다.5)

이러한 사례들을 통해서 볼 수 있는 바와 같이, 수천 년 동안의 역사를 통하여 때로는 단일군만으로도 승리를 할 수도 있었지만, 그렇다고 이런 방식의 대응 혹은 공격이 반드시 올바른 선택은 아닐 수 있다는 것도 알아야 한다.

특정 전구에서 만약 파괴(혹은 기동에 의한 무장해제)를 통하여 적을 패배시키라는 명령을 상부로부터 받거나 혹은 야전배치된 적군을 직접 상대하여 싸우는 것이 실제로 최선의 방안이 될 것이라고 생각한다면 적의 어떤 부대를 그리고 어떤 순서로 파괴시켜야 할 것인지에 대한 결심을 해야 할 것이다.6) 만약 우리가 장비(裝備)나 교리(敎理) 혹은 의지(意志) 등을 고려할 때 적이 항공력을 전혀 사용하지 않거나 혹은 그리 효과적으로 사용하지 않을 것이라고 판단할 때는 단순히 어느 한 군이 설정한 교리 때문에 적을 파괴하기 위해 막대한 노력을 투

---

4) J.F.C. Fuller, The Generalship of Alexander the Great(London: Eyre & Spottis-woode, 1958), pp. 95-103.
5) Fuller, The Dicisive Battles of the Western world, Vol. 2(London: Eyre & Spottis-woode, 1965), pp. 37-39.
6) 적의 야전 군사력을 우회하면서, 적의 동력기지를 직접 공격하는 것도 역시 하나의 방안이다. 제9장 참조.

입한다는 것은 무의미한 일이 될 것이다. 이런 경우에는, 항공무기(航空武器)가 직접공격(直接攻擊)이나 항공차단(航空遮斷) 혹은 근접지원(近接支援) 등의 형태로 사용될 수 있다.

반대로, 만약 적이 그의 항공력을 전승(戰勝)의 열쇠라고 믿고 있거나 또는 상대방의 항공공격에 대하여 특정 수준의 방호를 해 낼 수 있는 능력이 그 전쟁을 계속하기 위한 필수조건(必須條件)이라고 믿고 있는 경우, 이때의 최우선 목표는 분명히 공중우세(空中優勢)를 확보하는 것이 될 것이다. 우리가 잘 아는 바와 같이, 일본은 미국 항공력에 대하여 자신을 방어할 능력을 상실한 연후에 항복했으며, 또 북베트남은 이와 유사한 상황에서 휴전을 받아들였다.

다음의 몇몇 장(章)에서는 공중우세에 관하여 심도 있게 살펴보고자 한다. 우리는 공중우세를 획득함으로써 얻는 것과 그것을 상실함으로써 잃는 것에 관하여 살펴보게 될 것이다. 다시 말하면, 다음 몇몇 장에서는 성공적인 항공전역을 계획하고 집행하는 것에 관한 기초이론을 살펴보게 될 것이다.

1

공중우세와 그 개념

　공중우세(空中優勢: air superiority)는 필수적인 것이다. 1939년 독일이 폴란드를 침공한 이래 적(敵)이 공중우세를 가진 상황에서는 어떤 나라도 전쟁에서 승리하지 못하였고, 적이 하늘을 통제하고 있는 상황하에서는 어떤 주요 공세(攻勢)도 성공하지 못하였으며, 또한 어떠한 방어작전(防禦作戰)도 지탱되지 못하였다. 이와는 반대로 공중우세를 유지하는 한 어떤 나라도 전쟁에서 패배하지 않아, 결국 공중우세의 확보는 변함없는 군사적 승리의 서곡(序曲)이 되어 왔다. 국가 지도자와 전구 지휘관 그리고 그 예하(隷下)의 공군 및 지·해상군 지휘관들이 이러한 역사적 사실을 이해하고 이에 따라 모든 일을 계획하는 것은 극히 중요한 일이다.1)

---

1) 이 장에서 베트남전에 관해서 논의한 부분을 보라─이것은 지상전에서는 이러한 일반원칙들에 반대되는 것처럼 보일 수 있는 하나의 사례이다.

"공중에서 우세하다" 혹은 "공중우세를 획득한다"라는 것은 적으로 부터 현저한 대항을 받음이 없이 적에 대하여 항공공격 -유인(有人) 혹은 무인(無人)의- 을 가할 수 있는 공중에 대한 충분한 통제력(統 制力)을 가지는 것이며, 적이 감행하는 상당한 정도의 항공공격으로부 터 자유롭게 됨을 의미한다. 공중우세의 범주에는 여러 가지 변형들이 존재한다.

1. 공중제패 (空中制覇) 와 작전들

예를 들어, 공중제패(空中制覇: air superemacy)란 어느 곳에서나 적의 저항 없이 항공작전을 수행할 수 있는 능력을 보유하는 것을 의미 한다. 국지공중우세(局地空中優勢: local air superiority)는 한정(限 定)된 기간 동안에 제한된 지역 상공에서 기본적인 공중이동(空中移動) 의 자유를 가지는 것이다. 전구공중우세(戰區空中優勢: theater air superiority)혹은 전구공중제패(戰區空中制覇: theater air super- emacy)는 아 공군이 전체 전구 내의 어느 곳에서도 작전을 수행할 수 있음을 의미한다. 공중중립(空中中立: air neutrality)이란 어느 측에 서도 큰 위험성 없이 작전을 수행할 수 있을 만큼 충분히 공중을 통제 하지 못한 상태를 말한다.

공중우세가 패배를 막아주고 승리를 보장하기 위하여 필수적이라는 주장은 지난 반세기 동안의 전쟁을 통한 이론과 분석에 근거하고 있 다. 이론적으로는, 만일 지·해상군(地·海上軍: surface forces)과 그 지원군이 지속적으로 적 항공기의 공격 하에 있을 때 그 지·해상 전은 성공할 수 없다는 것을 의미한다. 그리고, 실제로 이러한 이론은 많은 역사적 사례에 의해 지지를 받고 있지만 그 중 몇 가지 사례만으 로도 충분히 이를 설명할 수 있을 것이다. 독일군(獨逸軍)은 전역(戰 役) 개시 첫 날에 폴란드공군을 파괴하였다.2) 이때부터 폴란드군은 야

---

2) Cajus Bekker, The Luftwaffe war Diaries, trans. and ed. by Frank Ziegler (NewYork: Ballantine Books,1969), p. 31

영(野營)중이거나 행군(行軍)중이거나 또는 교전(交戰)중이거나를 막론하고 독일공군의 무자비하고도 지속적인 공중공격을 받게 되었다. 독일군이 공중우세를 확보하였기 때문에 독일군은 폴란드군의 기동계획(機動計劃)을 방해할 수 있었고 적에게 막대한 사상자를 직접적으로 발생시켰으며, 동시에 독일 지상군은 기동성이 크게 활성화(活性化)되었던 것이다. 9개월이 지난 후에, 독일은 프랑스에 대해서도 똑같은 일을 하였는데 이때는 독일공군(獨逸空軍: Luftwaffe)이 이틀만에 공중우세를 확보하였다.3)

1년 후, 러시아에 대한 독일의 공격은 무자비한 대량공격(大量攻擊)으로 공중우세를 획득한 전형적인 사례이다. 그해 늦가을 독일군은 공중우세를 이용하여 예상을 초월하는 거리까지 지상군을 진군시켰으나 기상조건(氣象條件) 때문에 초기 항공전의 승리를 계속 뒷받침하지 못함으로써 대공세(大攻勢)를 멈추게 되었다.4)

러시아에 대한 공격은 계속되었지만, 이 공세는 곧 독일이 영국 침공(侵攻)의 전제조건이 되었던 공중우세 확보를 목표로 수행했던 영국 전투(英國戰鬪: Battle of Britain)의 실패가 그 변수(變數)로 작용하였다.5) 독일군이 적에 대하여 공중우세를 확보할 수 있었던 것은 러시아 침공 시기가 마지막이었다. 또한 러시아 침공은 독일 본토가 점령되고 황폐화(荒廢化)되기 전에 독일이 취할 수 있었던 마지막 전략공세(戰略攻勢)였다.

2차대전의 다른 한편에서, 서방(西方) 연합국들은 독일 육군의 롬멜(Erwin Rommel) 원수가 지휘한 알람 할파(Alam Halfa)에서의 마지막 대공세 이전에 공중우세를 획득하였다. 이때를 회고하며 롬멜은, "적이 하늘을 완전히 통제하고 있는 상황하에서 싸우는 어떤 군대라도, 비록 그들이 가장 현대적인 무기를 가지고 싸운다 하더라도, 그것

---

3) William Murray, Strategy for Defeat: The Luftwaffe 1933-45 (Maxwell AFB, Ala.; Air University Press, 1983), pp. 36-37.
4) 상게서, p. 86.
5) Telford Taylor, The Breaking Wave (New York: Simon & Schuster, 1967) p. 71

은 마치 야만인(野蠻人)이 현대식 유럽군과 싸우는 것과 같다"6)라고 말한 바 있다. 롬멜은 시실리(Sicily)와 이탈리아(Italy)에서의 상황에 대해서도 이와 유사하게, "지상군 상황은 우리가 불리하지 않았다. 그러나 아프리카에서와 마찬가지로 공중우세와 탄약에 있어서 그들의 우세는 너무나도 압도적이었다"7)라고 말하였다.

공중우세가 갖는 가치(價値)는 노르망디 침공작전 시에 더욱 명확하게 나타났다. 당시 프랑스 지역 독일군 사령관이었던 룬드슈테트(Von Rundstedt)는 "연합군 공군은 우리들에게 주간(晝間)의 모든 이동을 불가능하게 하였고 야간에도 매우 어렵게 만들었다"8)라고 보고하였다.

1944년 여름에 연합군은 독일 상공의 제공권(制空權)을 확보하였다. 제공권을 장악한 연합군에게 지속적인 폭격을 허용함에 따라 전쟁 말기에 이르러 독일군의 상황은 매우 악화되어, 심지어 항공연료(航空燃料) 부족으로 독일군 항공기들은 단 한 번의 공격만을 할 수 있는 분량의 연료만을 보급 받을 수 있을 정도였다.9)

2차대전은 오래 전에 지나간 역사로서 더 이상 응용(應用)할 가치가 없다는 논쟁 가능성을 배제하기 위하여 그 이후의 전쟁으로부터도 몇 가지 사례를 검토해 보겠다. 한국전 당시, 휴전회담(休戰會談) 장소에 북측 대표로 나온 남일 중장은 솔직하게 다음과 같은 말을 하였다.

유엔군 측이 일시적으로나마 겨우 현재의 위치를 지킬 수 있었던 것은 전선(前線) 지역을 직접 지원한 전술적(戰術的) 항공작전 때문이 아니라 북한 전역(全域)에 대하여 무차별적(無差別的)으로 수행한 전략적(戰略的) 항공작전 때문이었다.10)

---

6) Ronald Lewin, Rommel: As Military Commander (New York: Ballantine Books, 1972), p.275.
7) 상게서
8) The Impact of Allied Air Interdiction German Strategy for Normandy (Washington, DC: US Air Force Assistant Chief of Staff, Studies and Analysis, 1969), p. 14.
9) Generalleutnant Klaus Uebe, Russian Reactions to German Airpower in World War II (Maxwell AFB, Ala.: Aerospace Studies Institute, 1964), p. 100.
10) William W. Momyer, Air Power in Three Wars (WWII, Korea, Vietnam) (Washington, DC: US Air Force, 1978), p. 117.

남일이 말한 "무차별폭격(無差別爆擊)"이라는 것은 압록강까지에 이르는 북한 지역 상공의 공중우세 획득으로부터 나온 직접적인 결과였다.

공중우세가 갖는 힘에 대해서는 이스라엘군이 이를 또한 잘 보여주고 있다. 1967년 6월 5일, 이스라엘군은 이집트 및 시리아 공군을 격파하고 시나이에 있는 이집트 육군을 무력화시켰는데, 그것은 이스라엘이 공중(空中)을 장악함으로써 이집트 병사들이 더 이상 견딜 수 없도록 만들었기 때문이었다.11)

그러나 6년 후에는 1967년의 승자(勝者)가 전쟁 초기단계에서 공중우세를 확보하지 못하여 가공(可恐)할 만한 대가(代價)를 지불하였다. 이스라엘군은 공중우세 확보에 일차적(一次的)인 장애요소가 되는 적 미사일시스템의 제압(制壓) 필요성을 인식한 연후에야 비로소 전세(戰勢)를 역전(逆轉)시켜 승리를 얻을 수 있었다.12)

마지막으로, 북베트남군은 미국의 항공력(航空力)이 인도차이나에 존재하고 있는 한 재래식 공세를 성공시킬 수가 없었고 오직 미군이 철수한 이후에야 남베트남에 대한 결정적인 지상공세(地上攻勢)를 감행할 수 있었다. 이때 남베트남 공군은 작전 임무를 제대로 수행하지 못했고 임무를 수행하더라도 북측의 이동식 지상기반(地上基盤) 방공무기체계에 의해 쉽게 격퇴되었다.13)

어느 측의 항공력도 침공작전(侵攻作戰) 시에 특별한 역할을 하지 못했기 때문에 그에 뒤따르는 행동도 본질적으로 항공시대(航空時代) 이전과 마찬가지일 수밖에 없었다.

---

11) Randolf S. and Winston S. Churchill, The Six Day War (Boston: Houghton Mifflin Company, 1967), pp. 86, 177.

12) 12. The Insight Team of the London Sunday Times, The Yom Kippur War (Garden City, N. Y. : Doubleday & Company, Inc., 1974), pp. 161, 204. 기자들로 구성된 The London Sun day Times Insight Team은 조사 기사와 현실감 있는 글 및 견해를 최우선적으로 혼합한다. 이 팀은 Philby, An American Melodrama, Do You Sincerely Want to be Rich?, Watergate 등과 같은 베스트셀러를 포함하는 몇 권의 책을 저작하였다. The Yom Kippur War는 1973년 10월까지 London Sunday Times가 제4차 중동전에 대하여 광범하게 다룬 기사들로부터 나온 것이다.

13) A.J.C. Lavalle, ed., The Vietnamese Air Force 1951-75: An Analysis of Its Role in Combat (Washington, DC: Superintendent of Documents, US Air Force Southeast Asia Monograph Series, Vol. 3, Monographs 4-5, 1976), pp. 58-59.

2. 공중우세는 승리의 결정적인 요소이다.

전쟁처럼 단지 과학적 분석의 대략적인 대상이 될 수밖에 없고 또 많은 부분을 인적요소(人的要素)에 의존할 수밖에 없는 일에 있어서 어떤 가설(假說)을 증명한다는 것은 사실상 불가능하다. 그러나 만약 공중우세는 승리의 결정적인 요소라고 누가 말한다면(역사적 사실들이 분명하게 입증하고 있지만), 이때는 작전지휘관(作戰指揮官)이 그것을 달성하기 위하여 취하는 방법에 대한 설명이 필요하게 된다.

만약 공중우세가 제일(第一)의 목표로 결정된다면 모든 작전들은 그 것의 획득에 필요한 범위까지 확실하게 종속되어야 한다. 물론, 이러한 생각이 공중우세를 획득하기 전까지 다른 작전은 아무 것도 하지 않아 야 한다는 의미는 아니다. 이것은 공중우세 획득이라는 일차적인 임무 에 장애를 초래하거나 혹은 공중우세 획득을 위하여 사용해야 할 전력 을 의외(意外)로 사용하게 될 필요성이 생길지도 모르는 다른 작전을 시작해서는 안 된다는 의미이다. 세상만사(世上萬事)에 가끔씩 예외가 존재하는 것처럼, 비록 이러한 원칙이 지켜지지 않으리라고 생각되더 라도 이러한 원칙을 반드시 지켜야 한다고 말하는 것이 바람직할 것이 다.

작전을 수행하다 보면 기습공격(奇襲攻擊)을 받은 경우처럼 약간의 시간을 벌기 위하여 또는 전략적으로 중요한 어떤 것을 잃지 않기 위 하여 마지막 도박에 모든 것을 걸어야 하는 것 이외에는 다른 방도가 없는 그런 긴박한 상황에 처할지도 모른다.

1973년에 이스라엘이 이집트와 시리아 양국으로부터 기습공격을 받 았을 때 이런 종류의 상황에 직면하였다. 이집트군의 공격은 특별히 위협적인 것은 아니었으나 시리아군의 공격은 대단히 위험스러운 것이 라고 이스라엘은 판단하였다. 이스라엘 고위사령부는 시리아가 지대공 미사일체계의 위력으로 전선 상공의 방어적(防禦的) 공중우세를 사실 상 확보하고 있는 상황이었는데도 불구하고 항공기들을 시리아 지상군

에 대하여 투입하였다. 지상전 상황에 따른 궁여지책으로 그렇게 하긴
했으나 이스라엘은 곧 공중우세를 갖지 못한 상황에서는 항공력으로
시리아군의 전차를 더 이상 공격할 수 없다는 것을 깨달았다. 그리하
여, 그들은 우선적으로 미사일기지를 공격하여 다시 공중우세를 획득
한 연후에 시리아의 모든 공세적 요소에 그들의 공군력을 정면(正面)
으로 재투입하였다.14) 우리는 항공전역 계획에 있어서 비상사태(非常
事態) 이론에 관하여 제 10장에서 다시 논의하게 될 것이다.

  예외(例外)가 존재할 수 있다 하더라도 그러한 예외를 근간으로 해
서 계획을 수립해서는 안 된다. 정상적인 상황이라면 공중우세가 최우
선적이며 가장 필수적인 과업이다. 공중우세는 보통 항공기와 지대공
(地對空)미사일 또는 대공포(對空砲)의 혼합작전을 통하여 획득한다고
사람들은 생각한다. 사실, 이 두 가지 요소가 통상 관건적(關鍵的)인
역할을 하지만 그렇다고 반드시 그런 것은 아니다. 육군의 지상군 전
력과 해군의 해상 전력들도 공중우세 획득에 중요한 기여를 할 수 있
고 또한 그렇게 해왔다. 이런 능력들을 잘 통합하면 공중우세 획득에
대한 그들의 기여도를 더욱 크게 할 수도 있다. 이 주제(主題)는 제 9
장에서 폭넓게 다루게 되겠지만, 여기서는 다만 몇 가지 사례로서 그
아이디어를 밝히는데 도움을 주고자 한다.

  1939년 10월 6일자의 〔전쟁수행지침 제6호〕에서 히틀러는 독일공
군(Luftwaffe)은 행동거리와 연료소모량 때문에 독일 본토로부터는
직접 영국을 공격할 수 없다고 언급하였다. 그러나 한편으로 그는, 독
일이 만약 인접한 저지대국가(低地帶 國家: Low Countries)를 점령
한다면 "영국은 독일공군에 의하여 틀림없이 치명적인 타격을 받을 수
있을 것"이라고 생각하였다. 그리고 그는 대륙에 있는 영국 및 프랑스
지상군을 격파하는 "주목표(主目標)를 달성하게 되면, 그것이 차기에
대영제국(大英帝國)에 대하여 독일공군을 성공적으로 운용할 수 있는
적절한 조건을 만들어 줄 것"이라고 생각하였다. 따라서 항공기지(航

---

14) The Yom Kippur War, pp. 161, 204.

空基地)들을 지원(혹은 거부)하기 위하여 영토(領土)를 점령하는 것이 지상군 작전의 목표가 되었으며 그것이 또한 프랑스로 진격해 들어가는 계획에 영향을 주었다.15)

매우 소규모적인 것이지만, 영국군은 크레타섬(island of Crete)에 위치하여 상당한 수량의 선박을 파괴해 오던 독일군의 소규모 폭격기 부대에 대하여 특공대(特攻隊) 기습작전을 시도하였다.16)

해군에서도 전통에 역행하는 역할을 수행한 몇 가지 사례가 있었다. 1973년의 아랍-이스라엘전쟁에서, 이스라엘의 공격정(攻擊艇)들은 이스라엘 공군기가 자유롭게 이동할 수 있는 개방된 회랑(回廊)을 확보하기 위하여 이집트군의 좌측 측면(側面: flank)에 배치된 지대공(地對空) 미사일체계를 공격하였다.17) 공중우세를 오직 항공력에 의해서만 획득해야 한다는 생각은 승리를 추구하는 지휘관들을 크게 위축시키는 것이다.

공중우세의 획득은 개념적으로나 실제적으로나 간단한 일이 아니다. 그 과정을 시작함에 있어서, 우리는 항공전투(航空戰鬪)를 할 때는 다양한 상황들이 있을 수 있다는 것과 또 교전(交戰) 이전에 우리 자신의 위치를 반드시 이해해야 한다. 그렇게 하지 않으면, 우리는 잘못된 상황을 계획하여 싸울 가능성이 있는 것이다. 그리고 옳지 않은 시기에 옳지 않은 방법으로 싸우게 되면 큰 재난을 면키 어려운 것이다.

다음과 같은 세 가지 요소가 공중우세 전역에 기본적으로 영향을 줄 수 있다: 즉 물자(物資), 인원(人員) 및 위치(位置)이다.

● 물자(物資: materiel)

물자에는 항공기, 지대공무기, 이상 두 가지의 제작 설비(設備), 그리고 이들을 유지하는 데 필요한 보급품 등이 포함된다. 또한 이러한 것들을 직접 지원하는 데 필요한 하부구조(下部構造)도 포함된다.

---

15) Taylor 전게서, pp. 108-10
16) Bekker 전게서, pp. 348-9.
17) The Yom Kippur War, p. 213.

• 인원(人員: personnel)

인원이란 기본적으로 인적(人的) 전투체계로서 고도로 숙련된 사람을 뜻하는데, 이들은 먼저 특별한 재능을 가지고 있어야 하고 또한 전력화(戰力化)되기 이전에 특수한 훈련을 필요로 한다. 조종사(操縱士)와 기타 항공승무원(航空乘務員)들이 이 범주에 해당되는 가장 현저한 요소이다.

• 위치(位置: position)

위치란 항공기지, 미사일기지, 지상군 전선(前線) 및 그 하부구조 등이 가지고 있는 취약성(脆弱性)과 이들 서로간의 위치를 의미한다.

이상과 같은 모든 요소들을 종합적으로 고려하여 전투의 골격과 전투를 수행할 수 있는 방안들을 결정하는 것이다.

그러나 만일 이러한 세 가지 요소를 지휘관이나 참모가 신중하게 단순화시키고 이해하기 쉬운 용어로 재구성하지 않는다면 이 요소들은 분석이 아무런 쓸모가 없을 정도로 무한한 종류의 순열조합(順列組合) 형태로 나타날 수 있다.

3. 전쟁의 5가지 상황

공중상황(空中狀況)의 분석을 단순화하고 계획수립을 위한 기본 골격(骨格)을 만들기 위하여 우리는 대부분의 전쟁 상황을 쌍방 공군력(空軍力)의 상관관계에 의해 설정되는 다섯 가지 상황 중 한 가지로 구분할 수 있다.

첫째, 〔상황 1〕은 쌍방이 상대방 기지(基地)들을 공격할 수 있는 능력과 의지를 가진 경우이다. 이 경우는 2차대전 초기의 태평양에서의 상황과 같은 것으로서, 이때 일본군과 연합군은 상대방 전선 후방에 위치한 기지들을 공격할 수 있었고 또한 그렇게 하였다.

둘째, [**상황 2**]는 아군은 어떤 곳에 있는 적이라도 공격할 수 있지만 적은 겨우 전선(前線)에 도달할 능력밖에 없는 경우이다. 이와 같은 상황은 1943년 이후의 독일에 대한 영·미대동맹(英·美大同盟: Grand Alliance)이 전형적인 경우이다. 이때부터 연합공군은 독일군에 의한 상당한 군사적 반격의 두려움 없이 독일을 공격할 수 있게 되었다. 이 상황은 또한 전쟁이 여러 단계로 구성되어 있음을 시사(示唆)한다. 어떤 특별한 공중상황으로 시작된 전쟁이라도 동일한 상황이 지속되면서 끝나지 않을지도 모른다. 이러한 전쟁 단계에 대해서는 다음에 검토하게 될 것이다.

셋째, [**상황 3**]은 [상황 2]와 반대되는 경우인데, 이것은 위험한 상황이다. 아군은 적의 공격에 취약하면서도 적에게는 도달할 수가 없는 상황이다. 영국전투(英國戰鬪)에서 영국이 처한 것과 같은 상황이다. 영국은 프랑스에 위치한 독일공군 기지도 공격할 능력이 없다고 생각하였다. 따라서 독일공군 기지는 2개월간의 영국전투 기간 동안 공중공격으로부터 안전하였다.18)

넷째, [**상황 4**]는 어느 편에서도 적의 항공기지나 후방지역에 대하여 작전을 할 수 없는 상황을 말하며, 따라서 공중활동은 전선 지역에만 한정된다. 이 상황은 한국전쟁이 좋은 예가 되는데, 당시 미국은 압록강 이북 지역에 위치한 중국(中國) 비행장과 그 하부구조에 대한 작전을 금지하는 정치적 제한조치(制限措置)를 스스로 취하였다. 반면, 공산주의자들은 미군 기지를 효과적으로 공격할 능력이 없었다.

마지막으로, [**상황 5**]는 양편이 상호 합의한 정치적 제한조치가 있거나 혹은 쌍방이 항공력을 똑같이 보유하지 못한 경우에 발생하는 상황이다. 예를 들어, 두 초강대국(超强大國) 중 어느 국가도 전투기를 제공하지 않은 곳에서 양국의 대리자(代理者)들이 전쟁을 하는 경우가 이 상황에 해당된다. 이때 분명한 것은 어느 편에서도 그 규칙을 위반

---

18) 이 기간 동안에 독일 본토에 대한 영국군의 공습은 전투상황에는 아무런 군사적 영향을 미치지 못하였다—비록 그것으로 인한 정치적 여파는 상당한 것이었지만. 기만작전에 대해 논의할 때는 이 측면에 대해 좀더 관심을 기울일 필요가 있다.

할 수 있다는 것이다. 따라서 참전국은 이러한 가능성을 예상하는 것이 좋을 것이다. 이와 유사하게, 두 빈국(貧國) 간의 전쟁에서는 현저한 공중활동이 없을 수도 있다. 그러나 다시 말하지만, 양편의 지휘관들은 만약 적 항공기가 의외로 내습(來襲)할 경우에는 어떻게 해야 할 것인지 깊이 생각해야 할 것이다.

〔표 1〕은 이상에서 논의한 다섯 가지 상황을 요약한 것이다.

[표 1] 공중우세 상황

상 황	청군 비행기지와 후방지역*	전 선**	홍군 비행기지와 후방지역
1	취 약	도달 가능	취 약
2	안 전***	도달 가능****	취 약
3	취 약	도달 가능	안 전
4	안 전	도달 가능	안 전
5	안 전	도달 불가능	안 전

* : 청(靑)·홍군(紅軍)기지들은 동력, 연료 및 지휘통제 시설과 같은 지원 하부구조를 포함한다.
** : 보통 지상군 전선(前線)을 말하며 국경선도 될 수 있다.
*** : 안전(安全)의 의미는 적이 그 기지를 공격할 수 없거나, 그것을 공격하지 않거나, 혹은 정치적인 제한조치에 의해 보호되기 때문에 공격받지 않는 것이다.
**** : 〔상황 2〕가 논리적인 결론에까지 진행될 때는, 홍군은 필경 전선까지도 도달할 능력이 없게 될 것이다.

여기서 검토한 다섯 가지 상황은 전역이나 전역수행 단계에서 보편적으로 사용되고 있는 상황의 개요를 보여 준다. 지휘관이나 계획관에게는 이러한 개요가 필요하다. 그러나 문맥상으로 볼 때, 지휘관과 계획관은 인원과 물자 지원량의 변화가 계획수립에 큰 영향을 미친다는 것을 알아야 한다. 〔표 2〕는 숙련된 인력과 물자에 관한 몇 가지 가능한 상관관계를 나타내는 매트릭스이다.

[표 2] 공중우세 변수들

	숙달된 인력*	물 자**
A	제 한***	제 한
B	제 한	무 제 한
C	무 제 한	제 한
D	무 제 한****	무 제 한

> * : 숙달된 인력이란 훈련기간이 길고 어려우며, 손실시에 쉽게 보충될 수 없는 인
>   력이 포함된다.(조종사, 기타 승무원 및 기술자)
> ** : 물자에는 항공기, 미사일, 제작설비 및 지원 하부구조가 포함된다
> *** : 제한과 무제한은 전투원과 관계가 있다.
> **** : 시간을 두고 평가되어야 한다. 그것은, 인력과 물자는 적대행위가 시작될 때는
>   부족할 수 있으나 기동, 전구간의 이동, 혹은 외부원조 등을 통하여 무제한이
>   될 수 있다는 것이다.

공중우세와 관련되는 여러 가지 변수들은 본 책자에 계속 소개될 것
이다. 그러나 공중우세 상황들과 마찬가지로 역사적인 사례에 관한 간
단한 고찰이 이러한 변수들의 중요성을 명확히 하는 데 도움을 줄 것
이다.

전쟁 당사자 양측에서 공히 인력과 물자가 제한적이었던 상황은 아
랍-이스라엘 전쟁들에서 나타나는데, 그 전쟁들에서는 외부로부터 제
공되는 보급의 존재여부(存在與否)가 양측의 전략에 큰 영향을 미쳤으
며 또한 어떤 측면에서는 이것이 서로간에 만들어지는 제한요소들의
중요성을 더욱 두드러지게 하였다.

영국전투 기간중의 영국군에서 우리는 두 번째 상황에 대한 좋은 사
례를 볼 수 있다. 이때 영국의 항공기 제작능력(製作能力)은 독일을
크게 능가하였고 손실률(損失率)을 웃도는 만족스런 상황이었다.19) 그
러나 이와는 반대로, 전쟁 초기에 조종사를 충분히 확보하지 못하였기

---

19) Richard Suchenwirth, Historical Turning points in the German Air Force War Effort
    (Maxwell AFB, Ala.: Air University, 1959), pp. 66-67

때문에 특히 전투 막바지 기간 동안에는 조종사 양성훈련이 손실률을 따라가지 못하였다.[20] 영국전투가 영국 상공(上空)에서 수행되지 않았더라면 영국은 그 상황을 도저히 견딜 수 없었을 것이다. 왜냐하면, 그 당시에는 피격된 전투기에서 탈출(脫出)한 조종사라도 부대에 다시 복귀하여 당일에 또 다시 출격하는 경우가 빈번했기 때문이었다.

1980년대 미국 공군에서는 조종사 숫자는 부족하지 않으나 항공기 수량은 제한된 세 번째 상황을 전형적으로 보여주고 있다. 조종사 문제에 있어서 미국은 베트남전 참전 경험을 가지고 있는 많은 예비역 조종사를 보유하고 있어서 필요시 재훈련을 통해 신속한 활용이 가능하지만 항공기 수량은 매우 한정되어 있어서 군사적 필요에 따라 그 생산량을 갑자기 증가시킬 방도가 없는 것이다.

어느 한 편이 비교적 물자가 풍부했던 상황은 2차대전시의 러시아군에서 찾을 수 있다. 이는 독일이 2년 동안 러시아와 싸워보기 이전까지는 독일이 전혀 믿지 않았던 사실이다. 당시 러시아는 전쟁 첫 날에 거의 2,000대 가까운 항공기의 손실을 보았다. 이 숫자는 러시아가 보유한 전체 공군력의 3분의 1에 해당하는 것이었고 또 독일공군 전력에 비교하자면 동부전선에 배치된 독일공군 전력 전체와 동일한 규모에 해당하였다.[21] 러시아공군의 손실률은 10월 악천후(惡天候) 시기가 될 때까지 전례 없는 크기로 계속되었다. 그런데도 1944년 중반까지 러시아군은 독일군에 비하여 6 : 1로 전력의 우세를 유지하였으며 또 그 대부대(大部隊)의 인력 보충에도 아무런 문제가 없는 것처럼 보였다.[22]

공중우세를 달성(達成)한다는 것은 어떤 한 가지 또는 다른 수단에 의해 아군의 항공작전을 방해할 수 있는 적 전력을 제거하는 것을 의미한다. 전술(前述)한 바와 같이, 공·지·해 전력 모두는 공중우세 달

20) Taylor 전게서, pp. 150-51.
21) Bekker 전게서, pp. 313-18.
22) Murray 전게서, p. 285

성에 사용될 수 있다. 일반적으로 볼 때, 공중우세 달성을 방해하기 위한 항공작전에는 두 가지 범주의 무기체계가 사용될 수 있다. 그것은 항공기(航空機)와 지상기반(地上基盤) 무기체계이다. 이러한 무기체계를 지원하는 것으로는 레이더(radar) 등과 같은 탐지체계(探知體系)와 상대편의 전자(電子)체계를 방해하거나 교란시키는 대전자(對電子: ECM)체계가 있다. 이러한 체계들 모두는 전투에 직접적으로 관계가 있는 것들이다.

전투에 직접적인 관계는 없어도 전투 수행을 위해 필요한 것들로는 이러한 전투체계들을 지원하는 하부구조이다. 하부구조의 범위는 항공탄약이나 연료(燃料)에서부터 정유시설이나 새로운 전자전 위협에 대한 대응책(對應策)을 찾아내기 위한 연구실(研究室)에 이르기까지 광범하다. 상황에 따라 공중우세의 획득은 적이 보유하고 있는 하부구조의 조그마한 부분을 제거함으로써 가능할 수도 있다. 그러나 어떤 경우에는 적이 가진 모든 부분에 대한 전면적(全面的)인 공격이 필요할 수도 있다.

공중우세 달성에 필요한 것이 무엇인가와는 무관하게, 목표를 달성하는 방법에는 여러 가지 방법이 있을 수 있다. 예를 들면, 적 항공기를 제거하는 것이 관건(關鍵)이라고 결론짓는 사람도 있겠지만, 그렇다고 이 결론이 반드시 적 항공기를 직접적인 공격 표적으로 삼아야 한다는 의미는 아니다. 적 항공기는 전선(前線)을 넘어서 비행하는 일이 드물 수도 있고 또 적의 전선 지역은 미사일방어망이 설치되어 있을 수도 있기 때문이다. 이러한 미사일방어망을 먼저 파괴, 제압(制壓) 혹은 기만(欺瞞)하지 않고서 적의 비행장이나 항공기 공격에 돌입하는 것은 아무리 잘해야 대가(代價)가 비싸고, 잘못하면 큰 재난을 입게 될 것이다.

단순히 말하여, 전쟁에서 목표에 이르는 가장 가까운 길은 직선(直線)이 아닐 수도 있다는 것이다.

이 장(章)에서의 핵심은 공중우세의 절대적인 중요성을 강조하는 데 있다. 지난 반세기 동안에 공중우세는 승리와 패배를 결정하는 불가피한 요소가 되어 왔다. 지휘관과 참모들은 전쟁의 계획과 집행에서 반드시 공중우세를 고려해야 한다. 이 장에서 제시한 분석의 기본 골자는 공중에서의 지배권(支配權: dominance) 달성 문제를 좀더 용이하게 개념화(槪念化)하고 적절한 계획을 개발해야 한다는 것이다.

2

공격과 방어 — 체스게임

공중우세(空中優勢: air superiority)의 획득은 비록 그 자체가 전역의 목표가 아닌 경우라 하더라도 최소한 두 가지 일을 성취한다. 그것은 적의 어떠한 표적에 대해서도 적당한 대가(代價)로 공세항공작전(攻勢航空作戰)을 수행할 수 있도록 하고, 또 적에게는 반대로 이와 같은 기회를 거부한다. 지금부터 우리는 전쟁을 하는 쌍방이 전쟁이나 작전을 시작하는 초기 단계에서 다 같이 취약한 상황, 즉 〔상황 1〕에서 어떻게 하면 공중우세를 획득할 수 있느냐에 관하여 고찰해 보기로 하자.

누구라도 공중우세를 먼저 획득하는 측은 대단하고도 거의 압도적인 이점을 얻게 될 것이다.

1. 방어를 강조하느냐, 아니면 공격에 집중하느냐?

매우 폭넓은 의미로 볼 때, 쌍방이 적의 공격에 취약한 상태로 시작하는 항공전에서 공중우세를 획득하는 데는 이론적으로 두 가지 접근방법이 있다. 첫째로는 적의 공중공격에 대한 방어(防禦)에 주력하는 것이고, 둘째로는 적의 항공역량(航空力量)을 직접적으로 감소시키고 동시에 적에게 더 많은 전력을 방어에 치중하도록 강요하기 위한 공세작전(攻勢作戰)에 집중하는 방법이다.

물론, 이 같은 극단적인 두 가지 방법의 혼합도 있을 수 있지만 불행히도 양자를 혼합하게 되면 시간과 전력의 가용성(可用性: availability)이 필연적으로 감소한다. 〔상황 1〕에서 흔히 발생할 수 있는 것처럼, 상호간의 능력이 엇비슷한 상태에서 어떤 노력의 감소나 집중의 실패는 매우 위험한 상황을 초래할 수 있다.

이론적으로 가능한 첫 번째 방법은 방어지만 방어는 극복하기 어려운 여러 가지 문제점들을 내포하고 있다. 첫째, 공중전투(空中戰鬪)에서는 한 대의 적기를 격추시키기 위하여 통상 한 대 이상의 전투기가 필요하다는 것이다.1) 둘째, 공군지휘관의 입장에서 볼 때 방어는 적에게 주도권(主導權: initiative)을 넘겨주는 경향이 있다는 것이다. 주도권을 놓치게 되면 각 작전기지가 상호지원(相互支援)이 원활하도록 위치되어 있고 또 방어작전 수행을 위해 전투기를 집결시킬 수 있도록

---

1) 우리가 공중(空中)을 방어하기 위하여 공중의 사용을 강조한 것은 고사포나 유도미사일 체계 등을 막론하고 지상기반 방어체계가 오늘날까지 효과적인 방어 임무를 수행해오지 못했기 때문이다. 1973년에, 골란고원에서 시리아군이 운용한 미사일방어망은 이스라엘군이 그 미사일과 미사일 보호 진지를 파괴할 때까지의 몇 시간 동안 이스라엘군의 공중공격을 저지시켰다. 1973년에 있었던 이 같은 지상기반 방공망의 성공 사례는 지금까지의 역사를 통하여 가장 성공적인 것이었다. 이러한 관찰은 공격자가 지상기반 방공망을 무시해도 된다거나 또 그것이 방어자에게 무용지물이라고 말하는 것이 아니다. 후자에 관해서 볼 때, 지상기반 방공망은 적의 항공작전을 다른 방향으로 돌리게 하는데 도움을 줄 수도 있고 혹은 적어도 적이 방어망을 극복하기 위해 상당한 노력을 기울이도록 강제할 수 있는 것이다. 만약 방어망이 없다면, 적이 좀더 위험한 형태로 공격을 할지도 모른다. 어떤 점에 있어서는, 에너지-직사 무기의 개발로 지상기반 방공체계가 매우 장기간에 걸쳐 적의 공격을 방해하는데 성공할지도 모른다. 작전지휘관은 기술적 이점이 매우 중요한 것이 될 수 있다는 가능성에 대비해야 한다.

적의 공격에 대한 조기경보(早期警報) 시간이 충분히 길지 않는 한 방어를 위한 전력의 집중이 곤란하게 되는 경향이 있다. 끝으로, 적의 공격을 기다리고 있는 항공기는 우선 적에게 아무런 압력도 행사하지 않고 있기 때문에 아무 것도 얻는 것이 없다는 것이다.

방어에 관련되는 이러한 문제점들에도 불구하고, 공격작전을 수행하면 순수한 방어작전을 수행할 때보다 더 빨리 유리한 방어적 효과를 만들어 낼 수 있다는 사실을 이해하는 데 익숙하지 못한 정치지도자들에게 방어를 포기하고 강력한 공세(攻勢)를 선호하도록 만들기란 위험하고 또 어려운 일인 것처럼 보일 수도 있다. 이 같은 문제는 제2차 세계대전 시에 발생한 사례가 있는데, 당시 영국 폭격기들이 독일 공습을 위하여 이륙 후 집결하고 있을 때 독일공군은 야간 전투기를 운용하여 영국 폭격기들을 공격하였다. 독일공군이 수행한 이 작전은 임무에 투입된 전투기 전력이 매우 소규모였기 때문에 비록 크지는 않은 것이었지만 상당한 성과를 보여 주고 있었다. 그런데도 히틀러는 영국 폭격기들이 영국 상공에서 격추되는 것이 독일 국민들에게는 아무런 감명(感銘)을 주지 못한다고 생각하여 그 계획을 중단하도록 명령하였다.[2]

그러나 방어작전에 있어서의 가장 큰 결점(缺點)은 방어라는 것이 소극적(消極的: negative)인 개념이라는 것으로서 방어 그 자체만으로는 잘해야 비길 수 있을 뿐 적극적(積極的: positive)인 결과는 결코 얻지 못한다는 것이다.[3]

이론적으로 가능한 두 번째 방법은 공중우세를 획득하기 위해 총력(總力)을 기울여 공세작전을 수행하는 것이다. 여기서는 전선(前線)을 넘어서 비행할 수 있는 모든 항공기들은 적이 보유한 공세적 능력을 분쇄하는 임무에 투입된다. 이때 적의 공세 항공작전을 지원하는 무기체계를 공격하기 이전에 공중 및 지상기반 방어망의 제압(制壓)이 필

2) Adolf Galland, The First and the Last (New York: Ballantine Books, 1963), p. 137.
3) Clausewitz, pp. 357-59.

요할 수도 있다.

공세적인 접근방법은 많은 이점(利點)을 가지고 있다. 그것은 주도권을 지속적으로 가질 수 있게 하며, 적에게 대응(對應)을 강요한다. 그것은 전쟁을 적에게 가져가며, 또한 항공기를 최대한 사용하여 적에게 막대한 압력을 가한다. 그리고 끝으로, 공세작전이 적절한 적의 중심(重心)에 대하여 수행된다면 차기 작전에서 공격해야 할 설비(設備)들에 대하여 부수피해(附隨被害)를 줄 수도 있다.

만약, 적극적인 수단만이 적극적인 결과를 만들어 낸다는 생각 이외의 다른 이유가 없다면 가능할 때는 언제나 공세적인 방법을 선택해야한다.

한편, 공격이 지닌 이러한 여러 가지 위력(威力)에도 불구하고 고유한 결점을 지닌 방어작전을 채택하는 것이 좋은 여러 가지 이유가 또한 있을 수 있다. 어떤 상황하에서는, 성공적인 방어가 적으로 하여금 더 이상의 공세작전 수행은 너무 대가가 크다는 결론으로 유도할 것이다. 심지어 그것은 적이 전쟁의 포기(抛棄)를 결심하도록 하는 기회가 될 수도 있다. 그러나 그러한 결과에 의존하기에 앞서 우리는 적의 군사 및 정치적 의지를 올바르게 파악하고 적으로부터 우리가 지나치게 많은 피해를 입기 전에 적으로부터 충분한 대가를 받아낼 수 있는 힘을 우리가 가지고 있는가를 확실히 알아야 한다. 지상전(地上戰)에서는 이런 종류 결과가 흔히 있는 일이지만 항공전(航空戰: air war))에서는 지금까지 단지 몇 가지 사례만 있을 뿐이다.

방공작전(防空作戰)을 성공한 첫 번째 사례는 1940년 여름과 가을철에 걸쳐 수행된 것으로 독일의 공중공세(空中攻勢)를 영국이 격퇴시킨 일이다. 이때 영국공군은 독일군이 그 공중공세 뿐 아니라 해협을 건너는 침공계획(侵攻計劃)마저도 포기하도록 하는 충분히 큰 대가(代價)를 독일로부터 받아내는데 성공하였다.

두 번째 사례로는 확실성이 보다 부족한 것이긴 하지만, 북베트남군이 미국의 공중공세에 대하여 보여준 방어작전을 들 수 있다. 1972년의 공중공세를 통해서 미 공군이 베트남 국토를 황폐화시킬 수 있는 능력이 있음을 이미 증명해 보였음에도 불구하고 북베트남군은 미국 국민들의 정치적 의지를 소진(消盡)시키기에 충분할 정도로 오랜 기간을 버텨내었다. 이 사례는 적의 의지를 올바르게 파악해야 할 필요성을 보여주는 것이다. 만약 북베트남군이 미국인의 의지를 잘 못 알았더라면 그들은 가공할만한 대가를 지불했을 것이다. 왜냐하면 미국은 항공력으로써 하고자 하는 어떤 일이나 해낼 수 있는 능력을 가지고 있었기 때문이었다.

또한, 우리는 가까운 장래에 예상되는 어떤 변화를 추구할 목적으로 방어를 채택할 수도 있다. 만약 전쟁 초기에 방어작전을 성공적으로 수행한다면 아마도 새로운 동맹국을 얻을 수도 있을 것이다. 그렇게 되면 더 나은 방어나 공격작전 수행을 가능케 하는 훨씬 더 많은 양의 장비를 아마도 이용할 수 있게 될 것이다. 또한 방어는 공격이나 반격 작전을 수행하는데 필요한 예비대(豫備隊)를 건설할 수 있는 시간을 아마도 벌 수 있게 해줄 것이다. 물론, 이러한 가능성을 생각함에 있어서 염두에 두어야 할 것은 "아마도(perhaps)"라는 말이 매우 중요한 의미가 있다는 것이다. 만약 "아마도"라는 말이 현실화되지 않는다면 상황은 회복될 수 없게 될지도 모르기 때문이다.

다시 말하면, 이러한 여러 가지 이유 때문에 방어작전을 채택한 지휘관은 일이 반드시 그가 생각하고 있는 바대로 이루어지지 않을 수도 있는 미래에 대하여 큰 도박을 하고 있다는 것이다. 그런데도 다른 방안을 선택할 여지가 없다면 지휘관은 방어작전에 가능한 한 최선을 다하지 않으면 안 된다. 동시에 그는 만약 새로운 우방국(友邦國)이 그 명분(名分)에 동참하지 않거나, 증원 항공기가 도착하지 않거나, 혹은 적의 활동에 의해서나 자국(自國)의 상급 군사 혹은 정치적 계통에 의해서 예비대를 운용할 수 없게 되는 경우에는 어떻게 해야 할 것인지 등에 관한 비상계획(非常計劃)을 수립해두어야 한다.

후자(後者)의 경우는 2차대전 기간 중 독일공군에서 적어도 두 번이나 발생하였다. 당시, 독일공군 전투기부대(戰鬪機部隊) 사령관이었던 아돌프 갈란트(Adolph Galland) 장군은 자신이 미 공군 주간(晝間) 폭격기 집단을 대대적으로 격파할 수 있는 하나의 전역을 준비할 때까지 신규로 생산되는 전투기와 조종사를 다른 곳에는 투입하지 않겠다는 약속을 히틀러로부터 받았었다. 그러나 히틀러는 그 약속을 두 번이나 어겼는데, 그 첫 번째는 노르망디침공에 대한 무모한 반격을 위해서, 그리고 그 다음 역시 무모한 것으로써 1944년 아르데느(Ardennes)공세 지원을 위해 전력을 사용하였던 것이다.4) 이 문제는 8장에서 또 다른 관점으로 살펴보게 될 것이다.

2. 작전의 단계와 방어

방어를 지원하는 마지막 이유는 작전의 한 단계로서 필요한 경우이다. 지휘관이 보다 성공적인 공격작전을 수행할 수 있게 하기 위하여 먼저 방어작전을 통하여 적에게 충분한 피해를 입힐 수 있다고 믿을만한 근거를 발견할 수도 있다. 이러한 접근방법을 잘 보여주는 항공전 사례는 별로 없지만 지상전에서는 큰 성공을 거둔 몇 가지 사례가 있다.

가장 주목할만한 사례 중 하나는 1914년 독일이 동부 전선에서 방어작전을 계속하기로 결심한 일이다. 이때 독일은 러시아군이 동프러시아로 침투하도록 허용하고, 그런 연후에 탄넨베르크(Tannenberg)에서 러시아군을 섬멸하는 반격작전을 수행하기로 한 것이었다. 이러한 일들이 항공전에서는 일어나지 않았다고 해서 항공전에서 일어날 수 없음을 의미하지는 않는다. 이론적으로 볼 때, 적을 크게 손상시킬 수 있는 장소로 대량의 적을 몰아 넣는다는 아이디어는 큰 호소력이 있다. 그러나 부정적인 면으로는, 적의 공격으로 우리가 기대했던 것보

---

4) Suchenwirth, pp. 117-18.

다 훨씬 더 큰 손상을 입어서 반격작전을 제대로 수행할 수 없게 될 가능성도 있는 것이다.

방어작전의 가능한 효용성(效用性)을 인정하면서도 작전지휘관은 앞에서 언급한 여러 가지 이유 때문에 재빨리 기회를 포착하여 공세로 전환하려고 해야 한다. 이때 지휘관은 구체적인 행동방안(行動方案)을 계획해야 한다. 그 계획 중의 일부는 그 자신의 능력과 적의 능력, 그리고 관련되는 지리적(地理的) 상황 등의 함수(函數)가 될 것이다. 그러면 여기서, 맥아더(Douglas MacArthur) 장군과 케니(George Kenny) 장군이 공중우세와 공세작전을 강조함으로써 태평양전역에서의 위기 상황을 결정적인 승리로 전환시킨 사례에 관하여 살펴보도록 하자.

일본군이 필리핀에서 공중우세를 획득한 이후 맥아더 장군은 심히 고전(苦戰)하고 있었다. 그러나 한편, 그는 일본군이 지상기반(地上基盤: land-based)의 공중우세를 먼저 구축하지 않은 채 세 차례의 공세작전을 수행하려 했을 때 그들에게 어떤 일이 발생했는지를 알게 되었다.

첫 번째 사건은, 일본군이 뉴기니(New Guinea) 남쪽 해안에 위치한 포트 모르즈비(Port Moresby)에 호송선단(護送船團)을 보내려 했을 때 일어났다. 그 호송선단은 중도에서 미국의 항공모함을 만나 선단 보호전력이 크게 격파되었는데, 결국 일본군 지휘관은 선단을 철수시켜야 했다.

두 번째 사건은, 일본군이 공중우세와 항공지원이 없는 가운데 오웬 스탠리(Owen Stanley) 산맥을 가로질러 포트 모스비로 향하는 지상공세를 감행하였다. 이때 비교적 소규모의 오스트레일리아 지상군 부대와 미 공군력(空軍力)이 적에게 큰 손실을 입히면서 그 공세를 중지시키고 철수하도록 만들었다.

세 번째 사례는, 뉴기니의 동쪽 끝에 있는 밀레(Milne) 만(灣)에 일본군이 상륙(上陸)을 시도했던 일이다. 여기서도 미 공군과 오스트레일리아 지상군은 항공력의 보호를 받지 못한 일본군을 결정적으로 패배시켰다.

결국, 맥아더 장군은 일본군이 유일하게 과달카날(Guadalcanal)에서 매우 효과적으로 싸울 수 있었던 것은 당시 미 해군이 과달카날에 건설 중이었던 핸더슨(Henderson) 비행장의 완성이 지연되고 있었기 때문이었다고 결론지었다. 그 작전에서 만약 비행장이 좀더 일찍 완성되었더라면(실제로 그럴 수도 있었지만) 그 비행장에서 출격하는 항공기들이 일본군에게 훨씬 더 곤란한 문제를 안겨주었을 것이다.5)

3. 공중우세 확보를 위한 맥아더 장군의 전투

맥아더 장군은 초기에 뉴기니에서 겪은 경험에 의거하여 점차 작전의 최우선 목표를 공중우세의 획득에 두어야 한다는 결론에 도달하였다.6) 이러한 결론은 맥아더 장군이 공중우세 그 자체가 전쟁의 승리를 가져온다고 생각했음을 말하는 것은 아니다. 오히려 그는 일본 본토(本土)에 대한 육군의 진격만이 전쟁의 승리를 가져올 수 있다고 확신하고 있었다. 다만 그는 공중우세를 획득하는 것이 바로 그러한 일을 할 수 있도록 하는 결정적인 관건이라고 확신했던 것이다.

공중우세 획득을 중간 단계의 작전목표로 설정한 연후에 맥아더 장군은 그가 이러한 결론을 내리도록 하는데 결정적인 역할을 했던 휘하의 공군구성군사령관(空軍構成軍司令官 : air component comman-der) 케니 장군의 조언을 받아 이미 수립된 작전의 우선순위(優先順位)를 바꾸고 일본군 지역 상공에 대한 공중우세를 획득해야 된다는 그의 요청에 따라 지상군을 공군의 보조역(補助役)으로 사용하였다. 1943년부터 일본 본토 침공 전날 밤까지 단 한 번만을 제외하고 맥아더는 지상군을 우선적으로 적의 비행기지를 탈취하여 공군으로 하여금

---

5) D. Clayton James, The Years of Macarthur 1941-45 (Boston: Houghton Mifflin Company, 1975), pp. 207, 227.
6) James, p. 281

폭격선(爆擊線: bomb line)을 확장할 수 있도록 하는 데 운용하였다.
그러면, 다음에는 케니와 맥아더가 항공전역을 어떻게 수행했는지 보
기로 하자.

미군은 조종사와 항공기에 있어서 일본군 보다 열세한 상태에서 전
쟁을 시작하였다. 그러나 1942년 중반에 가서는 일본과 동등한 수준이
되었다. 그래서 이때부터 항공소모전(航空消耗戰 : aerial war of
attrition) 가능성이 생겼다. 비록 공중전투가 최종 전과(戰果) 획득
에는 중요하다 할지라도, 케니는 적의 항공력을 파괴할 수 있는 가장
값싸고 좋은 장소가 지상(地上)이라고 하는 명제(命題) 아래서 작전을
수행하였다. 그는 전임자 조지 브레트(George H. Brett) 중장이 선
호한 방어전략(防禦戰略)을 전구에 도착한 지 사흘도 되지 않아 고도
의 공세전략(攻勢戰略)으로 전환하였다.[7]

케니 장군의 목표는 지상에 있는 적 항공기를 찾아 파괴시키는 것이
었다. 이와 같은 주목표(主目標)를 지원하는 것은 공중전투 임무와 적
군에게 연료, 식량, 의약품, 예비부품 등을 제공하는 군수(軍需)체계를
공격하는 것이었다. 따라서 관건은 공군이 좀더 종심(縱深) 깊은 작전
을 수행할 수 있도록 지상군이 적의 항공기지들을 탈취 및 유지할 수
있는 가능성에 있었다.

작전을 수행함에 있어서 그가 지킨 주된 원칙은 집중성(集中性)과
지속성(持續性)이었다. 케니는 적군의 진지(陣地)에 대하여 가능한 한
최대의 공습을 감행하고 적이 무기력(無氣力) 상태에 빠질 때까지 지
속적으로 공격하는 것의 중요성을 믿었던 것이다.[8] 그는 또한 기습과
기만술(欺瞞術)에 정통하였다. 웨와크(Wewak)에 대하여 수행한 전역
은 그의 천재성(天才性)을 보여준다.

---

7) 상게서, pp. 197-99.
8) George C. Kenney, General Kenney Reports (New York: Duell, Sloan, and Pearce,
   1949), p. 324.

USAF Photographic Collection, National Air & Space Museum, Smithsonian Institution

1943년 초, 파푸아, 뉴기니 전역 기간중 Buna 전선을 향하여 이륙하는 C-47기

후온(Huon) 반도(半島)의 라에(Lae), 핀샤펜(Finschafen) 및 살라마우(Salamuau)에 위치한 일본군 진지를 탈취하기 위하여 전개한 연합전역(聯合戰役) 초기에 일본군은 웨와크에 위치한 큰 기지로 다수의 항공기들을 이동시켰는데, 그 기지는 반도 서쪽으로 약 400마일 떨어져 있어서 미 공군의 전투기들이 도달할 수 없는 곳이었다.9) 이때 케니는 공중우세를 유지하고 계속 확장시켜 나가기 위해서는 웨와크에 있는 적의 항공력을 감축(減縮)시키는 것이 필수적이라고 생각하였다. 그러나 전투기의 엄호를 받지 못하는 폭격기로서는 그것이 불가능하였다. 이때, 문제를 해결한 그의 계획은 정말 대단한 것이었다. 케니 장

---

9) James, p. 324

군은 지상군 특수부대(特殊部隊)와 공정부대(空挺部隊)를 이용하여 후온 반도의 일본군 진지로부터 비교적 가까운 곳에 2개의 위조비행장(僞造飛行場)을 건설하기 시작하였다. 이들 비행장에서는, 건설작업을 하는 것처럼 일본군들을 속이기 위하여 자욱한 먼지를 고의로 일으키도록 하였다. 이와 같은 행동에 대응하여 일본군은 미 공군이 기지를 만들지 못하도록 주기적으로 그 비행장을 폭격하였다.

이와 동시에, 약 50마일 가량 더 내륙(內陸)으로 들어가 있는 칠리칠리(Tsilli Tsilli)라는 곳에서 케니는 진짜 비행장을 건설하기 시작하였다. 그리고 그는 일본군이 그 비행장의 존재를 발견해내기 이전에 전투기들을 그 곳으로 이동시켰다. 이어서 그는 칠리칠리에서 발진(發進)한 전투기의 엄호를 받을 수 있는 폭격기로서 신속하게 웨와크에 대한 대규모 공습을 감행하였다. 그는 불시에 일본군을 기습하였는데, 그것은 일본군이 웨와크는 미군 전투기들의 행동반경을 벗어난 곳에 위치해 있어서 공격을 받지 않을 것이라고 믿고 있었기 때문이었다. 매 공격 시마다 거의 200대의 항공기로 대규모 공습을 감행한 이틀 동안에 그는 200대 이상의 일본군 항공기를 격파함으로써 남서태평양에서의 결정적인 항공전투(航空戰鬪)를 완전한 승리로 장식하였다.10)

심지어 보다 중요한 것으로, 케니는 일본 육군 항공부대의 기반(基盤)을 일시적으로 마비시키는 작전을 개시하였다. 그의 부대는 다수의 일본군 조종사들과 기술자들을 제거함으로써 그들로 하여금 강력한 대응을 할 수 없게 만들었다. 따라서, 적이 비록 항공기는 많이 보유하고 있었지만 그 항공기들은 비행할 수도 또 정비될 수도 없었다.11)

웨와크에 대한 작전이 진행되고 있을 때 미 공군은 해군과 합세하여 일본군 선단(船團)에 대한 강력한 공격을 수행하고 있었다. 이 공격은 일본군이 안고 있던 보급과 정비 문제들을 더욱 악화시켰다.

일본군도 케니가 그들에게 했던 똑 같은 일을 케니에게 할 수 있었

---

10) Kenney, pp. 276-78.
11) US Strategic Bombing Survey, Japanese Air Power (Washington, DC: Military Analysis Division, 1946), p. 14.

다. 그런데 왜 그들은 그렇게 하지 않았는가? 그 이유 중 일부는 그들의 교리(敎理) 때문이었는데-케니는 그 교리를 철저히 이용했던 것이다. 일본군은 증원(增援) 전력을 조금씩 소규모로 투입하기를 좋아하였다. 웨와크에서, 라바울(Rabaul)에서, 그리고 트루크(Truk)에서 그들은 습관적으로 새로 도착하는 항공기들을 조금씩 전투에 투입하였는데, 이러한 방식은 전투에 아무런 영향을 미칠 수 없는 것이었다. 케니의 말에 의하면, 일본군은 "대규모 항공기집단을 운용하는 방식을 잘 몰랐기 때문에 계속 소규모 전력으로 공격을 수행하였고 또 그나마 후속작전(後續作戰)으로 연결시키지를 못했던 것이다."12)

미군이 계속 성공해 감에 따라 일본군의 실패는 가중(加重)되었다. 전장(戰場)에 새로 도착하는 항공기들을 소량으로 조금씩 투입하는 무모한 행동은 그 전쟁으로부터 얻을 수 있는 가장 중요한 교훈(敎訓)일지도 모른다. 이에 대해서는 예비전력(豫備戰力)에 대하여 논하는 8장에서 보다 상세하게 논의될 것이다. 일본군은 이미 범한 과오로부터도 아무런 교훈을 찾지 못하는 것 같았다. 그들은 웨와크가 적의 행동거리 밖에 있다고 생각했기 때문에 기습을 당하였다. 그런데, 그로부터 1년도 채 지나지 않아 일본군은 홀란디아(Hollandia)에서도 똑 같은 이유로 같은 운명을 겪었다.13)

전쟁 초기에는 미군 측에서도 충분히 훈련되지 못하고 또 수적(數的)으로도 충분치 못한 병력을 전쟁에 투입하는 그와 같은 과오를 범하였다. 태평양 항공전역에 대한 전략폭격조사위원회(戰略爆擊調査委員會)는 미국의 지휘관들이 자주 "적의 방공능력을 집중폭격(集中爆擊)하는데 실패하여 높은 손실률을 초래하였고 또 폭격의 정확성이나 노력의 비중(比重) 면에서도 비효과적이었다"14)고 보고하였다.

그러나 일본군과는 달리 미군은 그로부터 교훈을 곧바로 습득하여 집중(集中)과 대량(大量)의 원칙을 강조하게 되었다. 그리하여 미군의

---

12) Kenny, p. 241
13) Japanese Air Power, p. 15.
14) US Strategic Bombing Survey, Air Campaigns of the Pacific War, p. 60.

공중공격은 좀더 성공적인 것이 되었다. 더구나 대규모 공습은 적의 방공망을 집중적으로 강타함으로써 미군의 손실률은 현저히 낮아지게 되었다. 예를 들어, 1943년 8월 17일의 웨와크 공격에서 일본군은 지상에서만 150대의 항공기를 잃었지만 미군은 전투손실(戰鬪損失)이 전혀 없었다. 이것이 바로 대량 및 집중의 원칙을 지킨 결과가 아니겠는가!

태평양전쟁에서 지상기반(地上基盤) 방공망은 별로 중요한 역할을 수행하지 못했다. 그렇다고 해서 그것이 무시되어서는 안 된다. 지상기반 방공망은 70년대와 80년대의 아랍-이스라엘 전쟁이나 북베트남에 대한 미국의 전쟁에서는 매우 큰 역할을 수행하였다. 지상기반 방공망은 장비를 잘 갖춘 상대끼리 벌이는 미래의 전쟁에서는 항상 대단한 규모로 존재하게 되리라는 점은 의심의 여지가 없는 것이다. 항공지휘관은 공세작전 수행 시에 적의 이러한 위협이 어느 정도 존재할 것인지를 판단하고 그 위협에 우선권을 부여하여 물리적인 공격을 할 것인지 혹은 전자전(電子戰)으로 그것을 제압하면서 공격을 계속할 것인지를 결심해야 한다.

전쟁에서 발생하는 다른 여러 가지 문제점들과 마찬가지로 이러한 의문에 대한 명확한 해답은 없다. 1973년 이스라엘군은 시리아와 시나이 전선에서 1967년 전쟁에서 수행하였던 것과 똑 같은 행동을 하였다. 즉, 이스라엘군은 적의 대공(對空)미사일을 쉽게 극복하고 경미한 손실률로서 공격해 들어오는 지상군을 직접 상대할 수 있으리라고 판단했던 것이다.15) 정보활동을 효과적으로 잘 수행하여 널리 찬사를 받았던 한 국가가 어떻게 그런 중대한 실수를 저질렀을까?

4. 판단의 착오

이런 실패를 하게 된 주 요인은 이스라엘이 1967년 소모전(消耗戰)에서의 승리로 상대방을 얕잡아 보았기 때문이었다. 적에 대하여 무시

---

15) The Yom Kippur War, pp. 161, 167.

하면 안 되는 일을 무시하는 경우가 없지 않다. 독일군은 2차대전시 영국군과 러시아군을 너무 과소평가(過小評價)하였고, 미국은 진주만 (珍珠灣) 사건 이전의 일본을 능력이 없다고 생각하였으며, 또 비극적 인 결과를 초래하였던 1983년의 레바논 보복 공습(空襲) 시에 미 해 군은 팔레스타인해방기구(PLO)의 방공능력을 무시하였다.

이러한 실수들은 범하기는 쉽지만 용서받을 수는 없는 것이다. 그렇 다면 이러한 실수를 어떻게 피할 수 있는가?

적을 평가하는 첫 단계는 정보첩보(情報諜報)를 매우 조심스럽게 검 토하고, 그것으로 냉정한 워게임(war gaming)을 실시한 후, 해답이 비교적 확실해지거나 혹은 가능한 최선의 정보에 의거하여 행동할 시 간이 될 때까지 더욱 많은 첩보를 수집 및 분석하고, 여러 회의 워게 임을 실시해야 한다. 이러한 순환과정(循環過程)과 그리고 적의 능력 을 냉정하게 고찰해 볼 필요성은 어떤 경우에서나 보편적으로 적용되 어야 하는 것이다.

지휘관이 만약 적의 지상기반 방공망이 매우 강력해서 그 지역 상공 이나 주변에서의 작전수행이 불가능하거나 또는 과도한 희생이 따르리 라고 판단한다면 그는 그것을 무력화(無力化)시키지 않으면 안 된다. 그것의 무력화는 그 체계의 핵심 부분들을 파괴하거나, 전자적으로 제 압하거나, 그 체계의 지휘·통제 기능을 적절히 붕괴시키거나, 혹은 부 품 보급원(補給源)으로부터 그 체계를 고립시킴으로써 달성할 수 있 다. 물론 이러한 여러 가지 방법을 복합적으로 수행할 수도 있다. 방공 체계(防空體系)에 대한 작전은 매우 복잡하다. 그러나 전쟁의 여러 가 지 다른 측면처럼 여기서도 어떤 일반적인 절차가 폭넓은 적응력(適應 力)을 가진다.

좀더 폭넓은 시야로 보면, 지상기반 방공체계는 어떤 특성을 가지고 있다. 그것은 한시적(限時的)이며 대개 취약한 측면(側面: flank)들을 지니고 있다. 또한 적의 예상 공격로(攻擊路)를 겨냥하는 방향지향성 (方向指向性)이 있다. 그것은 폭과 깊이에 있어서 전부가 동일한 강도

(强度)를 갖는 일이 드물어서 어떤 부분은 매우 견고하게 보호되고 있으나 어떤 부분은 아주 가볍게 포장되고 있다. 그리고 끝으로, 전구(戰區) 개념에서 그것은 이동성(移動性)이 별로 없다. 비록 어떤 날 특정 장소에 있던 포대가 다음 날 몇 마일 떨어진 곳으로 이동하는 전술적인 이동은 있을 수 있지만 전선지역 내 어떤 다른 지역의 뚫어진 틈새를 메우기 위하여 대량의 체계를 단시간에 장거리 이동시키는 일은 일반적으로 불가능하다. 이러한 특성들로 인하여, 방공체계를 공격하는 전역은 취약한 측면에 대한 공격, 침투 및 전과확대, 혹은 전방에서 후방까지의 체계적인 제압 등의 방법 등이 고려되고 있다.

이스라엘군은 1973년 전쟁에서 측면 공격 및 침투 공격의 혼합작전을 매우 성공적으로 수행하였다. 이스라엘군의 미사일 공격정(攻擊艇)들은 샤론(Sharon) 장군이 운하를 횡단하여 지상 공격으로 몇 개의 포대를 파괴한 것과 거의 같은 시간에 이집트군 미사일 배치선(配置線)의 북단(北端)을 쳤다. 이집트군의 배치선이 무너지고 약화되자 이스라엘군은 별 손실 없이 이집트군 포대들을 각각 고립시켜 파괴할 수 있었다.16) 적의 중앙부에 구멍을 내고 측면을 제거해버리자 포대들은 더 이상 상호지원이 불가능하게 되었다. 그들은 철저히 공격당하고 파괴되었다.

북부 전선에서, 이스라엘군은 적 미사일부대가 골란(Golan) 전투지역으로 이동하는 것을 막기 위하여 계획된 작전을 실시하고, 시리아군이 전선 후방으로 방어선을 멀리 후퇴시키도록 압력을 가하였다. 전자(前者)의 작전을 성공시키기 위하여 이스라엘 공군은 시리아 전선의 측면을 우회하여 미사일 저장소와 수송망(輸送網)을 공격하였다. 후자(後者)를 위해서는 시리아에 있는 하부구조(下部構造) 표적들을 공격하였다. 단기전(短期戰)에서는 이러한 표적들이 군사적으로 가치가 거의 없는 것이지만 그러나 이 표적들이 지닌 막대한 정치적 및 경제적 가치는 예상된 반응을 불러 일으켰다. 즉, 시리아는 전선에서 당연히

---

16) 상게서, pp. 213, 238

운용되어야 할 미사일과 항공기를 이 표적들을 보호하기 위하여 사용하게 되었던 것이다.17) 간접접근(間接接近) 방식은 여기서도 가장 효과적인 것이었다.

지상기반 방어체계는 반드시 지휘 및 통제가 필요하다. 따라서 만약 지휘·통제 본부를 식별하고 공격할 수만 있다면 전체 체계를 좀더 용이하게 세부적으로 파괴할 수 있다. 그러나 불행히도 지휘·통제 본부는 보통 전선 후방 깊숙한 곳에 위치하고 있으며 또한 잘 방호되어 있다—물론 그 물리적 방호상태가 대단할 것이라고 무조건 생각할 필요는 없지만. 예를 들어, 독일군은 영국군의 구역통제소(區域統制所: sector control station)가 지하화(地下化) 되어 있으리라고 생각했기 때문에 통제소들에대한 공격을 적절하게 수행하지 못하였다. 그러나 실제로 그 통제소들은 지상에서 그것도 아주 허술한 건물 내에 위치하고 있었다.18) 만약 지휘·통제 본부에 직접 도달할 수가 없는 경우라면 지휘·통제체제의 감지장치(感知裝置: sensor)를 공격하는 것이 좋은 접근방법일 수도 있다. 우리는 다음 장에서 보다 상세하게 지휘·통제에 관하여 고찰하게 될 것이다.

이 장에서, 우리는 공세작전과 방어작전의 선택에 대하여 논의하였다. 우리는 양측의 전력이 각각 상대방의 기지(基地)를 타격할 능력을 가진 상태로 어떻게 대결할 수 있는가를 살펴보았다. 태평양전쟁을 통하여 우리는 어느 한 편이 공중우세를 획득하기 위하여 전면적인 공세작전을 수행하도록 근본적인 결정을 내리는 것을 보았다. 그들은 혁신적(革新的)이었으며 한 가지 목표를 달성하기 위하여 대량(大量)의 전력을 집중시키는 데 단호하였다. 그러나 상대편에서는 단편적(斷片的)인 공격을 수행하고 투입 전력의 증강도 조금씩 단편적으로 하였다. 미국이 태평양 항공전에서 승리한(동시에 일본은 패배한) 방법은 미래의 전쟁 수행을 책임지고 있는 공군지휘관들에게 대단히 가치 있는 교

---

17) 상게서, p. 204.
18) Bekker, p. 229.

훈을 제공한다.

지휘관이 선택을 하지 않으면 안 되는 공세와 방어작전의 전반적인 개념을 검토해본 우리는 이제 순수한 공격과 방어작전에 대해여 개별적으로 좀더 상세히 탐구할 수 있게 되었다. 그러면 먼저 공세작전(攻勢作戰)부터 시작해 보자.

3
공 세 작 전

적에 대하여 전투를 수행해야 하고 또 우리의 정치적 목표가 최소한 적 공세의 저지(沮止) 이상일 때 지휘관은 공세항공작전(攻勢航空作戰: offensive air operations)을 수행해야 한다. 방어에 관한 문제는 도외시(度外視)한 채 모든 생각을 공격에 집중할 수 있을 때, 바로 그런 순수한 상태에서 공세작전을 생각하고 또 계획하는 것이 가장 용이하다.

1. 최선의 상황(狀況) 시나리오

〔상황 2〕는 이 범주에 맞는 조건으로 모든 지휘관이 바라는 꿈이다. 그의 기지들은 적의 공격으로부터 대부분 안전한 반면 그 자신은 적이 보유한 전력구조의 어떠한 부분도 파괴할 수 있는 상황이다. 1943년부터 1945년 독일이 항복할 때까지의 기간에 독일에 대하여 수행한 영(英)·미(美) 연합항공공세(聯合航空攻勢)는 이러한 상황의 전형적인 사례이다. 영국에 위치한 연합군 기지들은 독일군이 막대한 손실을 각오하지 않고서는 도달하지 못할 만큼 실질적으로 안전하였다.1) 프랑스에 위치한 연합군 기지들도 노르망디 상륙작전 성공 이후에는 동일한 상황이었다.

이론적으로 볼 때, 〔상황 2〕는 항공전(航空戰)만으로도 전쟁의 승리를 얻을 수 있을 정도로 결정적인 행동을 취할 수 있는 기회를 제공한다.

상대방의 기지들은 아군의 공격에 취약하지만 자신의 기지들은 안전한 상황이 되는 가장 흔한 이유는 적이 적절한 장비를 갖추지 못한 경우이다. 어느 한 쪽이 상대방 기지까지 도달할 수 있는 항공기를 보유하지 못할 수도 있다. 충분한 행동거리를 가진 항공기를 보유하고 있어도 그런 공격을 수행하기에 필요한 훈련이나 장비의 부족이 있을 수도 있다. 공격을 시작하기 위해 필요한 적절한 훈련이나 장비가 부족한 경우에 처할 수도 있고 또 전쟁 수행 도중에 전진기지(前進基地) 혹은 항공기의 손실 때문에 이러한 상황에 처할 수도 있다. 후자의 경우는 우리가 명심해야 할 것이 무엇인지를 보여준다. 전쟁이 진행되는 동안 전쟁 그 자체가 작전상황(作戰狀況)을 변화시킬 수 있다는 점이다. 따라서 당일에 옳았던 접근방법이라도 며칠, 몇 주 또는 몇 달 후에는 옳지 못한 방법이 될 수도 있다는 것이다.

---

1) V-1 및 V-2 미사일은 군사적으로 거의 영향력을 미치지 못하였다. 그 수량이 더 많았거나 좀더 정확성이 있었거나 또는 독일군이 그것을 영국의 항구나 비행장에 집중적으로 발사했더라면 그것이 좀더 큰 영향력을 미쳤을지도 모른다.

2. 항공 중심(重心)에 대한 공격

〔상황 3〕과 〔상황 4〕에서는 행동방안이 제한되는데, 그 이유는 기지로부터 전선까지의 지역 상공 또는 단지 전선 상공에서만 적을 만날수 있기 때문이다. 그렇지만 〔상황 2〕에서는 지휘관이 적의 중심(重心; center of gravity)에 대하여 직접 공격을 수행하게 될 수도 있다. 따라서 노력을 직접 투입해야 할 중심의 선정(選定)이 대단히 중요하다. 그 선정과정은 부분적으로 상대적인 전력의 강도(强度)에 좌우된다. 만약 수적으로 압도적인 우세에 있다면 결과적으로 모든 일을성공하게 될 것이라는 전제하에 사실상 적 항공체계의 모든 부분을 목표로 삼을 수 있을 것이다. 수적으로 충분히 우세하다면 비록 필요 이상의 비용이 들거나 의외(意外)의 시간이 걸리더라도 이런 접근방법이좋다.

공격측의 우세 정도가 점점 줄어들어 동등(同等)하게 되었다가 마침내 열세(劣勢)에 놓이게 되면 적의 중심을 정확하게 평가해야 할 필요성이 더욱 더 증가한다. 만약 수적인 열세에서 공격을 하게 된다면 사실상 승리를 위한 행동방안은 오직 한 가지 밖에 없다. 이때 만약 지휘관이 잘못된 방안을 선택한다면 공중우세를 획득할 수 있는 또 다른기회는 돌아오지 않을 것이다. 올바른 결심과 올바른 계획을 세웠던전형적인 사례는 1967년 아랍공군에 대한 이스라엘의 공격을 들 수가있다. 적의 중심을 잘못 선택한 대표적인 사례는 1940년 영국에 대한독일군의 공격을 들 수 있다. 이 두 가지 경우를 좀더 상세히 살펴보자.

적 공군의 중심은 장비(항공기나 미사일의 수량), 군수체계(보급지원의 양과 회복력), 지리(地理: 작전 및 지원 시설물의 수량과 위치), 인원(人員: 조종사의 수와 자질), 또는 지휘·통제(중요성과 취약성)등에 있을 수 있다.

가. 장비(Equipment)

모든 장비(裝備) 요소들은 그 위치에 따라서 평가되어야 한다. 다시 말하면, 우리가 취하고자 하는 공세가 제작공장으로부터 운용까지에 이르는 개별 장비체인(equipment chain)의 모든 부분에 도달하기는 불가능할 지도 모른다는 것이다. 정유시설(精油施設)은 작전전구(作戰戰區) 밖에 있을 수 있지만 송유관과 저장탱크는 전구 안에 있다. 따라서 적의 교리(敎理)를 주의 깊게 분석하면 이용하거나 또는 회피해야 할 중대한 강점(强點)과 약점(弱點)을 파악해 낼 수 있을 것이다. 가능한 각각의 중심에 대하여 좀더 깊이 생각해 보자.

항공력 문외한(門外漢)은 공중우세를 적 항공기의 파괴와 연결시키는 경향이 있다. 그것이 옳은 생각일 수도 있으나 유일한 접근방법은 아니다. 연속되는 일련(一連)의 과정 중에 잠재되어 있는 취약성(항공기체인 중에서)은 항공기가 미사일을 발사하거나 폭탄을 투하하기 이전에 검토되어야 한다. 원자재(原資材)는 모아서 제련(製鍊)한 연후에 제작공장(製作工場)으로 이동된다. 공장에서는 외부로부터 들어오는 동력(動力)이 노동자들로 하여금 항공기 혹은 그 부품을 조립할 수 있게 한다. 그 후 모든 구성 부품을 갖춘 항공기는 작전지역으로 옮겨지고, 그 곳에서 임무를 준비하는 동안 적의 공격으로부터 보호되어야 한다. 그런 연후에 드디어 항공기는 비행한다. 이론적으로는, 이러한 연결과정(항공기체인) 중의 어느 지점에 대해서나 공격을 성공한다면 적 항공력(航空力)을 제거할 수 있다.

간단하지만 항공기체인에 대한 이상과 같은 고찰은 매우 교훈적이다. 즉, 이와 유사한 다른 독립적인 체계나 연료(燃料) 또는 조종사 훈련 등과 같은 것들도 이런 식으로 공격할 수 있음을 유의해야 한다.

항공기가 비행하기까지의 연결과정인 항공기체인 중에서 가장 공격하기 어렵고 많은 비용이 소요되는 곳이 바로 공중(空中)이다. 대체로, 1대의 우군 항공기는 1대의 적 항공기를 파괴할 수 있다. 1대의 항공기에 탑승한 1명의 조종사가 단일 임무에서 1대 이상의 적 항공기를 격추시킬 수도 있겠지만, 그러나 그것은 흔한 일이 아니다. 기술발달에 따라, 비록 1명의 조종사가 단일 임무에서 1대 이상의 적기를 조우하는 기회는 증대될 수 있을지 몰라도 적의 대응책이 같은 비율로 발달하지는 않는다고 보더라도 대다수의 조종사들은 적을 격추시키지 못하게 될 것이다.2)

항공기가 공중에 떠 있기까지의 항공기체인을 거꾸로 한 단계 되돌아가 보면 지상에 있는 항공기에 이르게 된다. 이상적인 상황에서라면 비행장 공격의 결과는 매우 감동적일 수 있다. 예를 들어, 1941년 6월 22일과 23일 이틀 동안 독일군은 4,000대 이상의 러시아 항공기를 지상에서 파괴하였다.3) 이 기간 중에 러시아전선에 있던 독일군 폭격기와 전투기는 모두 1,400대도 되지 않았다.4) 1967년 이스라엘도 아랍에 대한 공격에서 그와 비슷한 결과를 기록하였다. 그들은 196대의 작전가능 전투기로써 이틀 동안에 지상에 있는 거의 400대에 이르는 아랍 항공기들을 파괴하였다.5)

항공기를 공중에서 보다 지상에서 파괴하는 것이 훨씬 값싸다는 것은 역사적 경험을 통하여 밝혀진 사실이다. 그러나 성공 여부는 기습공격(奇襲攻擊), 적 방어망의 상태, 그리고 지상 항공기에 대한 물리적 보호 등의 함수이다. 가장 유명한 성공 사례는 상대방에 대하여 전술적인 기습공격을 달성하였을 때였다는 점을 명심하자. 20세기의 주요 전쟁경험은 비행장을 파괴하려면 강력하고도 지속적인 공격이 필요하다는 것을 보여주고 있지만 어떤 경우에는 적의 항공기지를 조직적(組織的)으로 기능을 제거시킴으로써 공중우세를 획득할 수 있을지도 모른다. 가벼운 단 한 차례의 공격은 비행장을 아마도 파괴하지는 못하

---

2) 예를 들어, 미군 조종사의 1% 미만이 에이스(적기 5대 이상 격추자)가 되었다. 그러나 이 1%의 조종사가 공중에서 격추된 모든 적기의 30%를 격추시켰다. Gene Gurney, Five Down and Glory (New York: Ballantine Books, 1957, 1965), pp. 207, 242.
3) Suchenwirth, p. 83.
4) Bekker, p. 312.
5) Ezer Weizman, On Eagle's Wings (New York: Macmillan Publishing Co., Inc., 1976), p. 223; 또한 Churchill 전게서, p. 86.

겠지만 일정 기간 동안 항공기를 지상에 묶어둘 수는 있을 것이다.

항공기체인에서 또 한 단계 거꾸로 돌아오면 공장에서 작전지역으로 항공기를 이동하는 과정이 있는데, 여기서는 보통 많은 기회가 주어지지 않는다. 항공기의 자력수송경로(自力輸送經路: ferry routes)는 일반적으로 공격 대상이 아닌 내부 항로상에 있다. 하지만, 이때 적의 행동과는 전혀 무관한 일로 인하여 이동 중인 항공기에 손실이 발생한다면 그것은 정말 무가치한 일이 될 것이다. 태평양 전구에서 일본군이 일본 본토에서 전진기지로 항공기들을 운송하는 과정에서 충격적인 숫자의 항공기를 잃은 사례들이 있었다.[6]

USAF Photographic Collection, National Air & Space Museum, Smithsonian Institution

영국전투 기간 중 영국 상공의 전투임무 수행을 위하여 해협 상공을 비행하는 독일공군 ME 109기들

---

6) Japanese Air Power, p. 14.

항공기체인에서 중요한 또 한 단계 이전(以前)으로 돌아오면 항공기 제작공장(製作工場)이 된다. 항공기 생산은 엔진, 볼베어링, 항공기 기체, 탄약, 화력통제체계 등을 생산하는 다수의 공장들에 의존하여 이루어진다. 때로는 공장을 지탱하는 사람과 시설물들이 훨씬 더 중요할 수도 있다. 여기서는 동력(動力)과 수송(輸送) 분야가 특히 중요하다. 2차대전 후에 있은 면담이나 연구를 통해서, 독일과 일본의 전쟁물자 생산과정에서 동력과 수송 분야가 가장 취약했다고 드러났다.[7]

항공기체인의 최초 단계는 항공기 제작에 사용되는 가공하지 않은 원자재(原資材)와 관련되는 것이다. 이러한 원자재를 생산하는 곳 그 자체는 보통 좋은 목표물이 아니다. 그러나 공장으로 가는 수송망(輸送網)은 2차대전시 일본의 경우처럼 매우 취약할 수 있다.

항공기체인 중에서 어떤 부분을 공격할 것인지 찾는 것이 어렵다는 말은 이제 해결되어야 한다. 목적을 달성하기 위한 여러 가지 가능한 방법 중에서 가장 분명한 방법, 즉 여기서는 비행중인 적기를 공격하는 방법 같은 것은 최악의 선택이 되기 쉽다는 점을 명심해야 한다. 각각의 전투 상황에 따라 사정은 다르겠지만 공격에 대한 투자가 가장 큰 소득을 생산할 수 있는 장소를 찾아야 한다. 어떤 경우에는 실제로 "만병통치약(萬病通治藥)"[8] 같은 표적이 존재할 수도 있다. 이런 표적을 발견하면 지속적으로 이를 공격해야 한다.

항공기체인에 관하여 또 한 가지 짚고 넘어갈 것이 있다. 베트남전쟁에서의 미국이나 아랍전쟁에서의 이스라엘이 경험한 바와 같이, 만약 적의 항공기 생산원(生産源)들이 작전전구 밖에 위치하고 있다면

---

7) Haywood S. Hansell, Jr., Strategic Air War Against Japan (Maxwell AFB, Ala.: Airpower Research Institute, 1980), pp. 76-80; Albert Speer, Inside the Third Reich, transl. by Richard and Clara Winston (New York: Avon Books, 1971), pp. 365-67.
8) 독일에 대한 미군의 폭격전역 계획 및 집행 기간 중 몇몇 계획관들은 단일-표적 체계를 충분히 파괴하면 전승을 얻을 수 있다는 생각을 고수하였다. 이러한 접근방법에 대한 비평가들은 이 같은 표적체계를 "만병통치약"이라고 경멸적으로 비꼬았다. 돌이켜 보면, 석유, 수송망, 및 전력 발전체계는 진짜 만병통치약이라고 하기에 매우 가까운 것들이다. 좀더 세부적인 내용은 이 장에서 계속되고 있는 나머지 글을 참조하라.

증원(增援) 항공기나 미사일이 적에게 공급되는 것을 막는 것은 좀더 쉬워지거나 또는 어려워지거나 한다.

베트남의 경우에는 모든 물자가 해양 수송망을 통하여 그리고 수적으로 극히 제한된 항구(港口)로만 들어오기 때문에 북베트남군이 새로운 장비를 획득하지 못하게 차단시키기란 이론적으로 매우 쉬웠다. 그래서, 일단 항구를 봉쇄하기로 결정하자 미군은 "라인베커(Line-backer) Ⅱ" 공격작전으로 적에게 엄청난 압력을 가하였는데, 결과적으로 북베트남군의 미사일은 곧 바닥이 나버렸다.9)

이스라엘군의 경우에는 항공기나 미사일이 아랍 국가들의 손에 들어가는 것을 차단하기가 불가능하였다. 따라서 항공기나 미사일을 전선에 더욱 가깝게 배치해야 했고 또 1973년 전쟁에서 이스라엘군이 경험한 바와 같이 매우 큰 대가를 지불하였다.

나. 군수체계(Logistics)

적 군수체계(軍需體系)도 실질적인 중심이 될 수 있다. 만약 연료가 없다면 항공기는 비행할 수 없으며 탄약이 없으면 아무 일도 이룰 수 없다. 발사할 미사일이 없다면 지상기반 방공체계는 무용지물이 되고, 예비부품 없이는 지상 또는 공중의 모든 무기체계는 오래 지탱될 수가 없다. 이 분야에서의 성공 가능성은 어디에 있는가?

만약 모든 군수 연결체인이 공격에 노출되어 있다면 가장 효과적인 공격 대상은 석유에 관한 것이 될 것이다. 처음 석유를 채취하는 곳으로부터 정유공장을 거쳐 마지막 사용자에 이르기까지 석유가 거쳐가는 전체적인 연결체인은 그 어떤 것보다도 취약성이 크다. 2차대전시 연합군은 1944년 5월까지만 해도 독일에 있는 석유체인에 관하여 관심을 기울이지 않았다. 그러나 연합군이 독일의 석유 관련 시설을 공격

---

9) A.J.C. Lavalle, ed., The Tale of Two Briddges and the Battle for the Skies over North Vietnam (Washington, DC: US Government Printing Office, USAF Southeast Asia Monograph Series, 1976), p. 151.

한 지 3개월 후에 독일의 항공연료 생산능력은 98%나 떨어졌다. 12
월에 이르러 독일군은 극심한 연료 부족 상황에 처하여, 아르데느
(Ardennes)공세를 성공시키기 위해서는 연합군의 연료 집적소(集積
所)를 강점(强占)하지 않으면 안 될 정도였다.[10]

 물론 연합군은 독일에 있는 석유 처리과정의 모든 부분을 공격하였
으며 그 중에서도 특히 정유공장과 연료 합성공장에 중점을 두었다.
정유공장에 대한 집중 공격이 불가능해진다면 석유체인이 지닌 취약성
은 감소되겠지만, 그러나 현대 군사장비는 연료 없이는 작동할 수 없
다는 단순한 이유에 의해서라도 석유체인은 여전히 잠재적인 핵심 표
적으로 남아 있는 것이다.

USAF Photographic Collection, National Air & Space Museum, Smithsonian Institution

북아프리카로부터 Ploesti 임무에 참가하고 있는 B-24 폭격기들.
루마니아 Ploesti에 위치한 정유공장은 2,000마일이나 떨어져 있는 표적으로써 1943년
8월 1일에 미 제9공군이 임무를 수행하였다.

---

10) Murray, pp. 274-76.

공격자에게는 운이 좋은 것이지만, 석유체인에서 정제된 석유는 어떤 분량이라도 이동이 어려운 것이다. 정제된 석유제품은 철도를 이용하거나 혹은 대형 유조차(油槽車)를 이용하여 도로로 운반하거나, 해상으로 혹은 송유관을 통하여 수송된다. 이러한 여러 가지 수송경로는 공중에서 매우 성공적으로 공격할 수 있다. 특히, 전반적인 연료 사정이 좋지 않을 때의 공격은 가장 효과적이다. 다시 말하면, 일반적으로 비행장은 연료 생산시설이나 수송 수단이 피격되더라도 석유 비축량(備蓄量)이 바닥나기 전까지는 당장 큰 피해를 느끼지는 않는다. 따라서 가능하다면 사용자가 보유하고 있는 비축량마저 없애야 한다. 만약 그것이 현실적인 것이 못된다면, 비행장에는 보통 상당 기간 작전할 수 있는 다량의 유류(油類)를 비축하고 있기 때문에 비록 공급원을 완전히 파괴시켰다 하더라도 인내심을 가지고 좀더 기다릴 필요가 있다.

취약성이나 비축물자 혹은 대체품목 등에 관한 면밀한 분석을 통하여 대가에 비하여 공격할만한 충분한 가치가 있다고 판단될 때는 군수기지의 다른 부분들도 공격할 수 있으며, 또한 반드시 그렇게 해야 한다. 예를 들어, 부품이나 탄약을 생산하는 공장을 지속적으로 공격한다면 장기적인 시각에서 만족할만한 결과를 얻을 수도 있다. 그러나 만약 시간이 매우 중요한 요소가 될 때 군수기지 내의 비교적 까다롭고 또 대부분 분산되어 있는 어떤 부분을 선택하는 것은 오류가 될 수도 있다. 다시 말하면, 군수체계를 공격하는 방법과는 무관하게 성공적인 공격과 적 공군 활동의 현저한 감소 사이에는 시간의 지연(遲延)이 분명히 존재한다는 것이다. 따라서 인내와 끈기는 여기서 핵심적인 요소이다.

1939년 폴란드에 대한 독일의 항공공격은 전쟁 시작과 동시에 항공력을 중요하게 사용한 최초의 시도였다. 이때 독일공군의 참모들은 전구 상공의 공중우세를 획득해야 할 필요성을 인식하고 있었고,11) 또 공중우세는 지상에 있는 적 항공기를 폭격하거나 비행장의 물리적 시

---

11) Bekker, p. 7.

설물들을 크게 공격함으로써 획득할 수 있으리라고 가정(假定)하였다.

이와 같은 가정의 첫 번째 부분은 사실로 입증되었지만, 비행장 시설물들에 대한 공격은 폴란드 항복 이후에 예기치 못한 결과를 몇 가지 낳은 것으로 드러났다. 격납고와 활주로에 대한 공격은 별로 효과적이지 못하여 노력만큼의 성과를 얻지 못하였다. 그리고 우연한 결과이지만, 비행장(그리고 철도)에 대한 독일공군의 공격은 통신망을 너무나도 완벽하게 파괴하였기 때문에, 독일의 역사학자 베커(Cajus Bekker)가 말한 바와 같이, "전쟁 초기부터 군사적 지휘가 효과적으로 이루어지지 않았다."12)

다. 지리(Geography)

폴란드의 경우에는 독일군이 항공력을 다소 잘못 사용했음에도 불구하고 성공하였다. 그러나 그 후 영국을 공격했을 때는 운(運)이 따르지 않았다.

1940년에 영국에 대하여 수행한 독일군의 항공전역은 일을 어떻게 망치는가를 보여주는 전형적인 사건이 되었다. 독일군은 영국 상공에서의 공중우세 획득을 위하여 1940년 여름에 작전을 개시하였다. 그 후 두 달 동안의 작전수행 과정에서 그들은 정확한 중심을 식별하지 못한 채 자꾸만 목표를 바꾸었으며 인내와 끈기가 두드러지게 부족한 모습을 보여주었다. 그 중에서도 영국 공군기지에 대한 단기간의 공세는 매우 특기할만한 것이다. 8월 두 째 주에 공세를 시작하면서 독일 공군은 영국 공군기지를 공격해야 할 우선적인 대상 중 하나로 삼았다. 그러나 그들의 노력중 일부는 허사가 되고 말았는데, 그 이유는 독일군이 영국공군 항공기가 연료(燃料)와 무장(武裝)을 보급 받고 긴급 재출동(再出動)할 수 있도록 마련된 전진기지(前進基地)들만을 공격했기 때문이었다. 이 기지들은 비교적 수리복구(修理復舊)가 용이하였다.

---

12) 상게서., p. 31.

USAF Photographic Collection, National Air & Space Museum, Smithsonian Institution

미공군 표지를 달고 영국 상공을 비행하는 영국제 Spitfires기들.
미국 표지를 달고 있는 영국 항공기나 영국 표지를 달고 비행하는 미공군 항공기를 보
는 일은 그리 드문 일이 아니었다.

물론, 영국 공군기지 공격계획 중 일부는 주력기지(主力基地)들을
대상으로 하는 것도 있었는데, 이 공격은 1940년 9월 6일까지 계속되
었다.

회고해 보면, 비행장 공격계획은 확실히 영국공군을 약화시키는 것
이었다. 그런데도 독일군은 1940년 9월 7일 비행장 공격을 포기하고
그 대신 런던을 직접 공격하기 시작했는데, 그 이유는 그렇게 함으로
써 영국공군을 공중(空中)으로 끌어내어 독일공군 전투기가 그들을 패
퇴(敗退)시킬 것이라고 생각했기 때문이었다. 비행장 공격 계획을 취
소한 다른 이유들 중 한 가지는, 공격 성공의 진척상황(進陟狀況)이

쉽게 나타나는 지상군의 기동과는 달리 항공공격의 성공은 도시화(圖示化) 되기가 쉽지 않았다는 것이다. 또 한 가지 이유는 공중에서 항공기를 격파하는 것이 상대적으로 용이하고 값싸다는 가정에 있었다.13) 지금까지 우리가 고찰한 역사적 사실들을 통해서 우리는 항공전 수행과 관련하여 여기서 가장 큰 진리(眞理)를 찾을 수 있다.

끝으로, 잘못된 결과에 대한 것이긴 하지만 좀더 냉정한 군사적 논리가 요구되었던 것은 영국공군이 베를린을 대상으로 수행한 매우 기분 나쁜 공습에 대하여 그와 똑같은 방법으로 영국에게 보복하고자 했던 히틀러의 감정적인 욕구였다. 이런 종류의 과오에 대해서는 다음 단락에서 좀더 세부적으로 살펴볼 것이다.

지상작전(地上作戰)의 진행을 표시하는 것과 같은 방법으로 공중상황의 진전을 측정할 수 없다는 것은 어떤 현상을 단지 2차원적으로밖에 보지 못하는 독일군의 편견(偏見)을 보여준 것으로서, 이런 현상은 오늘날에도 흔히 있는 일이다. 이러한 편견은 수천 년에 걸쳐 내려온 지상전의 유산(遺産)이다. 이와는 반대로, 적의 공군력을 파괴하는 장소는 공중이라는 가정은 전투조종사(戰鬪操縱士)가 가지고 있는 전형적인 편견이다. 이런 종류의 여러 가지 편견은 모든 사람이 가지고 있는 것이다. 성공적인 지휘관은 감정적으로 생각하는 사람이 아니라 이성적으로 생각할 수 있는 사람이다.

지금까지의 논의에서 우리는 비행기지에 대한 공격이 항공전역에서 매우 중요하다는 것과, 그리고 한편 그것은 대단한 인내와 끈기를 요구한다는 것을 살펴보았다. 비행장에 대한 공격을 한 차례 성공했다고 해서 잔여 전쟁기간 동안 잊어버려도 되는 것은 아니다. 여기서 우리는 비행장 공격의 유용성(有用性)을 판단하는 데 지리적 위치(地理的 位置)가 매우 중요한 역할을 한다는 것도 알게 되었다. 만약 적의 비행장이 고립되어 있어서 상호지원이 용이하지 못한 곳에 있다면 일시에 그 비행장을 집중 공격하는 작전이 적절할 것이다. 반면에, 다수의

---

13) Taylor, pp. 138-39, 151-59.

비행장이 상호지원 가능한 위치에 있다면, 적이 공격에 대응하여 용이하게 전력을 집중시킬 수 있기 때문에 비행장 공격이 매우 어렵거나, 대가가 비정상적으로 크거나, 혹은 실용적인 것이 못 될 수도 있는 것이다. 물론 일반적으로 보자면, 비행장들은 대개 완벽한 상호지원과 완벽한 고립 사이의 어떤 상태로 배치되어 있을 것이다. 따라서 만약 비행장 공격이 필요하다고 판단되면 계획 수립자들은 좀더 세부적인 공격이 가능한 측면(側面: flank)이나 취약한 부분을 찾지 않으면 안 된다.

라. 인원(Personnel)

항공기이건 미사일이건 전문가가 그것을 유용하게 사용할 수 없다면 그 장비는 아무런 가치가 없다. 미사일시스템 작동 요원이나 항공기 정비 요원들은 고도로 숙련된 인력이며 쉽게 대체할 수 없다. 항공승무원 양성에는 힘들고도 오랜 훈련과정이 필요하며 또한 숙련된 요원의 규모가 비교적 작아서 이들의 예기치 못한 많은 손실은 비록 항공기가 부족하지 않더라도 신속한 항공전력의 감소를 초래할 수 있기 때문에 전시(戰時)에 항공승무원은 특히 소중하다.

항공승무원의 부족 현상은 1944년과 1945년 독일에서 정확하게 발생하였다. 독일은 연합군이 하늘을 지배하는 상황하에서는 살아남을 수 없다는 중요하고도 때늦은 인식의 결과로 1944년에는 항공기 생산량을 최대로 기록하기에 이르렀다. 그러나 불행하게도 독일에게는 이러한 특기할만한 항공기 생산량이 무용지물(無用之物)이 되었는데 그것은 항공연료 산업과 마찬가지로 1944년도의 조종사 양성계획 역시 몰락했기 때문이었다.14)

적 조종사집단의 숫자를 줄이는 방법에는 기본적으로 두 가지가 있다. 첫째는, 의도적으로 그렇게 하든지 아니면 다른 작전과 연결되어

---

14) Murray, pp. 274-76.

발생하든지 간에 공중전투를 통하여 다수의 조종사가 죽거나 부상당하거나 또는 포로가 되는 경우이다. 만약 조종사가 적 지역에서 격추된다면 적어도 상당 기간 동안은 그 조종사를 잃은 것이다. 그러나 공군이 시간의 제약(制約) 없이 작전을 수행할 수 있거나 혹은 일일 출격 소티(sorties)의 상당 비율을 구조작전(救助作戰)에 할애할 수 있을 때에는 예외가 발생한다. 하지만, 만약 조종사가 낙하산으로 우군지역에 안전하게 착륙한다면 그는 바로 당일에 다른 항공기로 비행하는 것도 가능할 것이다. 이런 일은 영국전투 기간 중 영국공군 조종사들에게 자주 있었다.

적 조종사의 수를 감소시킬 수 있는 두 번째 방법은 조종사 훈련시설을 직접 또는 간접적으로 공격하는 것이다. 직접적인 공격은 비행장 공격계획에서 겪어야 하는 어려움과 똑같은 난관에 직면하게 된다. 더욱이, 만약 지리적 조건이 허락한다면 조종사 훈련기지는 가능한 한 그 나라 안에서 가장 깊숙한 곳에 위치할 것이기 때문에 석유체계에 대한 공격과 같은 간접적인 접근방법이 성공할 가능성이 높을 수도 있다.

조종사는 분명히 공중작전 수행에 있어서 핵심이다. 적 조종사들에게 피해를 주기 위해서는 적 항공기를 격추시킨다든지 혹은 조종사훈련을 지원하는 군수기지의 주요 부분을 파괴하는 것 등과 같은 행동을 취해야 한다. 이러한 일련의 행동은 적 조종사 숫자를 직접 감소시키려고 하는 노력보다 오히려 더욱 직접적으로 또는 적어도 더 두드러지게 항공전투에 영향을 미친다. 그러므로 적이 다수(多數)의 조종사를 한 곳에 집중적으로 모아두고 있는 경우를 제외하고는 비교적 다수의 항공기를 보유하고 있을 때 조종사 집단을 직접 공격할 수 있는 중심대상으로 선정해서는 안 될 것이다. 오히려, 다른 요소에 대한 공격이 조종사 숫자를 감소시키는 부수적인 영향을 줄 수도 있다는 점을 명심하는 것은 매우 중요하고도 유용한 일이다. 또한 이러한 종류의 공격들은 공중우세를 획득하는 과정을 상당히 단축시킬 수도 있을 것이다.

U.S. Air Force Photo

B-52 Stratofortress기의 비행 장면.
이 장거리 폭격기는 1957년부터 운용되었는데 지금까지도 미공군 전략공군사령부(SAC)
전력의 근간이 되고 있다.

그리고 적 조종사전력의 질과 양을 알아낼 수 있을 정도가 되면 조
종사 손실률을 가속화시킬 수 있는 또 다른 기회를 얻을 수도 있게 될
것이다.

마. 지휘·통제(Command and Control) 체제

지휘는 군사작전에서 없어서는 안 되는 요소이다. 지휘가 없다면 군
사조직은 오합지졸(烏合之卒)에 불과할 뿐이며 머리 없는 동물과 같
다. 물론, 중대(中隊)나 편대(編隊) 단위에서부터 비행단(飛行團)이나
사단(師團)을 거쳐 최고 전구에 이르기까지 그리고 심지어 국가통수권
에 이르기까지 지휘는 모든 차원에서 존재한다. 어떤 차원에서나 지휘

계통이 파괴되거나 고립된다면 그 예하 부대들이나 단위부대(單位部隊)들은 심각하고도 치명적인 영향을 받게될 것이다. 분명히 지휘는 그것과 필수적으로 관련되는 통신과 정보수집 기능과 함께 명백한 중심이며, 이러한 사상은 옛날부터 있어 왔다. 전투지역에서 왕(王)이 죽는다는 것은 그 군의 패배를 의미하는 것처럼 현대전에서도 지휘구조가 완전히 고립되면 그 예하 부대는 신속히 괴멸된다.

한 세기(世紀) 전만 해도 그렇지 않았으나 오늘날의 지휘관이 당면하고 있는 중요한 한 가지 문제는 지휘부를 어디에 두느냐 하는 것이다. 옛날에는 장군이나 군주(君主)의 위치가 적군이나 아군 모두에게 쉽게 식별될 수 있었다. 그의 죽음이나 생포는 쌍방에게 즉시 명백해졌으며 그 결과 역시 곧 바로 나타났다. 오늘날에도 단일(單一) 지휘관은 그가 특별하게 현명하거나 혹은 어리석다면 승리 혹은 패배를 결정짓는 충분한 핵심이 될 것이다. 그러나 이런 경우는 모두 극단적인 경우이다. 정상적인 상황이라면, 오늘날에는 참모(參謀)들 스스로도 충분히 보편적인 방향에 따라 작전을 수행해 나갈만한 능력을 지니고 있다. 따라서 중심은 전적(全的)으로 지휘관에게만 있는 것이 아니라 오히려 그를 보좌하는 참모조직에 있다고 할 수 있을 것이다.

그러나 불행하게도, 참모들은 보통 전선으로부터 충분히 후방에 위치한 방호된 건물 안에서 일하고 있기 때문에 그들을 살상하거나 생포하기는 어렵다. 더욱이, 상식적으로 생각해 볼 때 참모부서(參謀部署)에서 근무하는 개인은 타부서의 다른 장교로 대체될 수 있는 것이다. 참모요원에 대한 물리적인 상해가 어려울 뿐 아니라 오래 지속되는 것도 아니라는 것이 분명하다면 지휘 능력을 손상시키기 위해서는 당연히 다른 접근방법을 찾아야 할 것이다.

지휘관과 참모가 효과적으로 기능하기 위해서는 쌍방의 전선에서 일어나고 있는 일에 대하여 신뢰성 있는 정보를 획득해야 하며 또한 이들은 그것을 상·하급 제대(梯隊)에 보낼 수 있는 어떤 방도를 가지고 있어야 한다. 지휘부는 정보를 주고받으면서 결정을 내려야 한다. 이러한 관점에서 지휘부는 다음과 같은 세 가지 분야가 공격 대상이 된다. 즉 정보(情報) 분야, 결정(決定) 분야 및 통신(通信)분야가 그것이다. 만약 이들 중 어느 하나라도 심한 혼란을 일으킨다면 작전의 효율성은 극도로 떨어질 것이다. 효율성이 감소하는 정도는 적으로부터 영향을 받는 압력의 정도와 상황에 따라 달라질 것이다.

만약 적이 느린 속도로 재래식이면서도 규칙적인 방법으로 공격 및 방어작전을 수행하거나 또는 우리 군이 이와 비슷한 방법으로 대응한다면 정보를 획득하고, 결정을 내리고, 또한 이를 상·하급 제대에 전파해야 하는 긴박성(緊迫性)은 상당히 줄어든다. 사실, 어떤 긴박감이 없다면 상급 제대의 지침이 많지 않아도 하급 제대를 지휘할 수 있으며 경우에 따라서는 상부의 지침이 없이도 상당 기간 지휘를 할 수 있을 것이다. 이러한 상황에서는, 비록 상급 지휘부가 마비되면 시간이 경과할수록 여러 가지 일들이 일어나겠지만, 지휘구조에 대한 공격은 곧바로 극적인 결과가 나타나지 않을 수도 있다. 반대로, 만약 적이 대단히 빠른 속도로 공격과 방어작전을 잘 수행하고 있고 아군도 이와 같이 하고 있다면 정보나 결심 혹은 통신의 필요성이 기하급수적(幾何級數的)으로 증가할 것이다. 따라서 이때는 지휘과정에서 약간의 혼란조차도 위험할 수 있고 심한 경우에는 파멸을 초래할 수도 있다.

지휘부는 확실히 중심이며 공격할 수만 있다면 어떤 상황이건 공격할만한 충분한 가치가 있다. 그러나 적이 그 공격에 대해서 심한 압박감을 느끼게 되지 않는다면 때로는 그 성과가 확실하게 나타나지 않을 수도 있음을 잊지 말아야 한다. 지휘요소가 파괴되더라도 특별한 일이 없다면 예하 부대는 단순히 어떤 작전을 타성적으로 지속할 수 있기 때문에 전장에서 즉각적인 뚜렷한 성과가 나오지 않을 수도 있다. 그러므로 여기서도 인내와 끈기가 절대적으로 필요하다.

실례로, 영국전투시 독일군은 영국의 레이더기지를 핵심 공격표적으로 결정하였다. 독일군은 8월 초에 영국 레이더기지들에 대하여 공격을 시작하여 그 중 하나를 파괴하였다. 그러나 영국군은 독일군으로 하여금 그들의 공격이 허사가 되었다고 생각하게 하기 위하여 그 파괴된 레이더기지 위치에서 거짓 신호를 발송하였다. 독일군은 영국군이 기대한 바와 같이 정확하게 반응하여, 독일공군의 정치·군사 사령관 괴링(Göring) 원수로부터 긴급명령을 받고 레이더기지 공격작전을 중단하게 되었던 것이다. 영국의 속임수에다 독일군 자신의 성급함과 끈기의 부족으로 독일군은 그 중요한 목표에 대한 공격을 중단함으로써 영국으로 하여금 효과적인 방어태세를 갖출 수 있게 한 것이다.15)

지휘의 세 가지 구성 요소(정보수집, 결정 및 통신)는 공중우세를 획득하기 위한 노력의 한 부분으로서 개별적으로나 혹은 전부를 동시에 공격할 수 있다. 그리고 각 요소들은 직접 혹은 간접적인 공격의 대상이 될 수 있다. 어떤 것이 최선의 방법이냐 하는 것은 당시의 상황에 따라 좌우된다. 세 가지 요소 중 결정(決定) 요소는 가장 핵심적인 것임에 틀림없다. 왜냐하면 그 요소가 없이는 다른 두 가지 요소가 아무런 가치가 없기 때문이다. 불행히도, 결정 요소는 직접적으로 공격하기가 가장 어렵다. 따라서 보통 다른 두 가지 요소가 최상의 가능성을 제공한다. 몇 가지의 사례들을 통하여 문제점과 가능성에 대하여 살펴보자.

영국전투에서 독일군이 영국군의 레이더기지를 공격한 것은 영국군의 정보수집 기능을 마비시키고자 하는 시도였다. 앞에서 살펴본 바와 같이 그 시도는 영국의 기만작전 때문에 실패로 돌아갔는데, 사실 이와 같은 영국의 기만작전은 독일 지휘부에 대한 공격 그 자체였다.

독일군에게 거짓 정보를 제공함으로써 영국군은 독일군이 그릇된 결정을 내리도록 유도하였다. 전쟁 후반기에 영국 공군과 미 공군은 독일에 대한 폭격의 방향과 범위를 은폐하기 위하여 채프(chaff: 레이더 방해용 금속 조각)를 투하함으로써 독일군 레이더를 간접적으로 공격하였다. 2차대전 이후의 모든 주요 전투에서는 적으로부터 정보를 탈취하는 수단으로 채프를 사용해 왔다.

---

15) Bekker, pp. 200-201; Taylor, p. 145.

USAF Photographic Collection, National Air & Space Museum, Smithsonian Institution

B-25 Mitchell 중(中)폭격기 한 대가 1942년 4월 10일 Doolittle 공습편대의 일원으로 미해군 항공모함 USS HORNET 호의 갑판에서 이륙하고 있다.

지휘의 결정 요소에 대한 공격은 오직 상상력(想像力)에 의해서만 제한을 받는다. 공격은 적의 지휘소에 대한 직접적인 공격으로부터 적을 현혹시켜 부적절한 행동을 하도록 유도하는 복잡한 작전에 이르기까지 여러 가지 방법으로 수행할 수 있다. 전자는 말 그 자체로서도 충분히 설명될 수 있다. 후자의 이익에 관해서는 예를 들어 살펴보자.

영국전투에서, 독일은 여러 곳에 분산되어 있는 영국 전투기 전력에 대하여 크고 작은 공격을 집중시킴으로써 전투를 시작하였다. 그들은 영국이 베를린을 공습할 때까지 상당한 성과를 올리고 있었다. 영국군의 베를린 공습은 군사적으로 두드러진 것은 아니었으나 히틀러로 하여금 런던을 직접 공격하도록 결심하게 한 중요한 동기(動機)가 되었다. 독일공군이 공격목표를 런던으로 전환한 것은 영국공군에게 오히려 많은 압박감을 제거해 주는 결과가 되어 영국군이 그들의 모든 노력을 독일공군에게 집중시킬 수 있도록 해주었다. 영국의 기지들은 더 이상 전투기의 보호를 필요로 하지 않았고 영국공군은 그 전투기 전력을 당시 공격이 예상되는 독일공군에 대하여 집중시킬 수 있었다.16) 이 사례에서는, 독일공군이 런던을 공격하도록 유도하기 위해 영국공군이 베를린을 공격했다고 생각할만한 어떤 증거도 없다. 그러나 적이 비논리적(非論理的)으로 반응하도록 만드는 일의 중요성은 충분히 보여주고 있다.

이와 유사한 또 다른 경우는, 1942년 도쿄(東京)에 대한 두리틀 폭격편대의 공습을 들 수 있다.17) 공습 그 자체만을 볼 때 그것이 군사적으로는 예외적인 것이었지만, 일본으로 하여금 앞으로는 본토방위가 보장받을 수 없으며 본토에 대한 방어적 여건을 확대 및 강화하지 않으면 안 된다는 결론을 내리게 만들었다.18) 그 결과로 미군은 이미 계획된 미드웨이 침공작전에 대한 큰 지원을 신속히 얻게 되었고, 육군은 두리틀부대의 폭격기가 착륙하고자 하는 비행장을 점령하기 위하여 중국 동부지역 전역을 시작했으며, 또한 일본군은 다른 지역에서 운용될 필요가 있었던 4개의 전투기 전대(戰隊)가 일본 본토방위를 위하여 1943년 말까지 일본에 묶여 있어야만 하였다.

이러한 세 가지 종류의 행동은 태평양전쟁의 전환점이 되었던 미드웨이(Midway) 전역의 승리처럼 그렇게 극적이고 위대한 것은 비록 아니

---

16) Bekker, p. 240.
17) 두리틀(James H. Doolittle) 미 공군 중령은 1942년 4월 10일 16대의 B-25 Mitchell 중형(中形) 폭격기로서 미 해군 항공모함 USS Hornet호에서 출격하여 도쿄, 요코수카, 나고야, 및 코베에 위치한 군사 표적을 용감하게 공습하였다. 2차대전 중 도쿄에 대한 첫 번째 공습인 이 공격은 전투를 일본의 심장부까지 옮겨간 것으로서 미군의 사기양양에 크게 기여하였고, 일본군의 공세를 지연시켰으며, 그리고 결과적으로 두리틀 중령은 Medal of Honor 훈장을 받았다.
18) Gordon W. Prange, Miracle at Midway(New York : Mcgraw-Hill Book Company〔Penguin Books〕, 1983), pp. 25-27.

었다 할지라도 각각의 사건에는 후속적(後續的)인 반응들이 뒤따랐다.19) 16대의 폭격기에 대하여 일본군이 취한 대응행동은 얼마나 비합리적인 의사결정이 나올 수 있는지, 또한 의사결정이 교묘한 조작(操作)에는 얼마나 취약할 수 있는지를 보여주는 또 하나의 증거가 된다.

오늘날까지 지휘체계 중에서 통신부문에 대하여 공격을 성공한 적절한 사례는 존재하지 않는다. 그러나 지상전과 공중전으로부터 좀더 광범한 적용력(適用力)을 갖는 전술적 수준의 몇몇 사례들을 찾아 볼 수가 있다. 노르망디 상륙작전과 관련한 대규모 항공공격에 뒤이어 서부전선 독일군 사령관이었던 룬드슈테트 원수는 "폭격기 공격으로 인한 무선 통신장비의 큰 손실은……보고를 어렵게 만든 특별한 사건이었다."20)라고 술회하였다.

좀더 최근의 예로서 지휘의 세 가지 요소를 종합한 것으로는 1982년 레바논에서의 이스라엘군 작전을 들 수 있다. 1982년 늦봄에, 이스라엘은 시리아가 베카 계곡에 설치한 지대공 미사일체계를 무력화시키기로 결심하였다. 그들은 새로운 아이디어와 장비들을 다양하게 사용하였는데, 그것은 인근의 레이더들을 제거하기 위한 육군의 포대를 포함하여 지휘관에게 실시간(實時間) 전황을 제공하는 TV 카메라를 장착한 원격조종(遠隔操縱) 무인(無人)항공기와 대공 공중통제를 담당하는 F-15 전투기들을 운용하는 것이었다. 작전 수행의 순서는 대략 다음과 같았다. 먼저 이스라엘군은 전투기와 비슷한 모양으로 레이더에 잡히는 원격조종 무인항공기를 띄워서 시리아에 허위 정보를 제공하였다. 그러자 시리아군은 여기에 속아서 SA-6 미사일을 발사함으로써 상대방이 보유한 다양한 화력체계에 대하여 자신의 위치를 노출시키게 되었다. 그 다음, 이스라엘군은 시리아의 레이더사이트들을 타격함으로써 시리아의 정보수집 능력을 크게 감소시키고 각각의 미사일사이트에 대한 공격의 길을 열었다.

---

19) Japanese Air Power, p. 10.
20) Murray, p. 282.

미사일에 의한 대응에 실패한 후 시리아군은 이스라엘 항공기를 요
격하기 위하여 수 차례 전투기를 출격시켰다. 그러나 이스라엘군은 시
리아 조종사가 의존하는 데이타 및 음성통신(音聲通信)을 교란시켰
다.21) 그 결과, 시리아 전투기들은 무질서한 개인이 되어 질서정연하
고도 수적으로 우세한 적과 조우하지 않을 수 없게 되었다.22) 정보수
집체계와 통신의 마비 때문에 시리아 지휘부는 더 많은 전투기를 성과
없는 싸움터로 보냈다. 한 주일 동안 계속된 작전에서 시리아는 85대
의 전투기와 29대의 지대공미사일 발사대를 잃었다.23) 소식통에 의하
면, 이스라엘군은 시리아군과의 공중전에서는 한 대의 항공기도 잃지
않았지만 단지 지상 포화(砲火)에 의하여 2-3대의 항공기를 잃었을 뿐
이라고 한다.

이스라엘군의 승리는 당연한 것이었다. 그것은 시리아군 지휘부의
모든 요소를 효과적으로 공격한 결과였다. 그러한 성공이 더 넓은 전
선에서도 통할 수 있을 것인지는 숙고해 볼 문제이다. 그러나 작전의
효율성을 20%만 얻을 수 있다 하더라도 더 넓은 지역에서의 작전은
매우 성공적인 것이 될 것이다. 오늘날에도 논의 중에 있는 바와 같이,
기회는 때와 장소를 불문하고 찾아올 수 있으며 우리의 기지(基地)들
이 적의 공격으로부터 비교적 안전할 때 성공의 가능성이 가장 커지기
때문에 적의 지휘계통에 대하여 잘 조화된 공격을 할 수 있도록 최고
의 관심을 기울여야 한다.

3. 항공교리

공중우세 획득을 위한 전역의 중점을 어디에다 둘 것인지를 결정함
에 있어서는 적의 교리(敎理)를 주의 깊게 분석하는 것이 매우 중요하

---

21) Benjamin S. Lambeth, Moscow's Lessons from the 1982 Lebanon Air War (Santa
    Monica, Calif.: Rand Corporation, 1984), pp. 4-7
22) Paul S. Cutter, "EW Won the Bekaa Valley Air Battle," Military Electronics /
    Countermeasures, January 1983, p. 106.
23) Lambeth, p. 8.

다. 이 과정에서는 자군(自軍) 중심의 편협된 사고를 버리는 것이 특별히 중요하며, 우리 군에게 논리적으로 타당한 것이라고 해서 적도 반드시 그렇게 생각할 것이라고 가정해서는 안 된다. 어떤 면에서 보면, 전쟁은 어떤 시대의 것이든 교리의 싸움이었다. 실제로 결정적인 승리는 적이 전혀 대응할 수 없는 새로운 교리 개념을 개발하여 적용하는 측에게 제공되어 왔다. 칸네(Cannae)전투에서 중앙부퇴각(中央部退却: the refused center) 전술은 횡대돌격(橫隊突擊: line clashes) 전술교리를 뒤엎었다. 백년전쟁(百年戰爭)의 크레시(Crecy)전투24)에서도 대궁(大弓) 사용 전술은 중기병돌격(重騎兵突擊) 교리를 무력화시켰다. 1차대전에서는 어느 정도, 그리고 2차대전에서는 큰 활약을 보인 전차(戰車)는 선형(線形) 전술교리를 패배시켰다. 마지막으로 공중폭격교리는 육군과 해군 중심의 보호 및 정복에 의존하는 교리를 따르는 국가들을 철저히 패배시켰다.

2차대전으로부터 오늘날에 이르기까지 좋든 나쁘든 전투나 전쟁의 결과에 중요한 역할을 한 항공교리(航空敎理: air doctrine)의 사례는 대단히 많다. 전형적인 사례는 독일의 교리인데, 폴란드전역에서의 대성공(大成功) 이후 항공교리 분야에서 매우 발전된 국가로 인정을 받았던 독일은 그들이 목표한 전쟁에서는 사실상 승리하지 못하는 근본적인 실수들을 범하였다.

---

24) 이 승리는 1346년 8월 26일 백년전쟁 초기 10년 기간 중 프랑스군에 대하여 영국군이 거둔 것이다. 당시 영국의 에드워드 3세는 1346년 7월 중순 Cotentin 반도에 4,000명의 무장병과 10,000명의 대궁(大弓) 사수들을 상륙시켜 Seine 강 서쪽의 남부 Normandy와 Poissy의 남단까지 파괴하였다. 프랑스의 필립 4세는 12,000명의 무장병으로 에드워드 쪽으로 전진하였다. 이때 에드워드는 북동쪽으로 급히 선회하여 Poissy 지역의 Seine 강과 Abbeville에서 흘러 내려오는 Somme 강을 건너 Crecy-en-Ponthieu에 있는 방어 진지들을 빼앗고, 거기서 그는 부대 한가운데는 무장병을, 그 좌 우측에는 기병을, 그리고 양쪽 날개 쪽에는 궁사들을 배치하였다. 필립을 위해 싸우는 이태리인 석궁 사수들은 영국군의 진지들을 공격하기 시작하였다. 그러나 그들은 대궁 사수들에 의해서 차단 당하고 결국 프랑스군 기병이 진입해야 할 경로로 몰리고 말았다. 점점 더 많은 프랑스군 기병이 의외로 영국군의 중앙부로 몰려들게 되었다. 그러나 영국군의 중앙부가 완강하게 대응할 동안 대궁 사수들은 앞으로 전진하여 이탈하는 기병들을 향해 양 방향에서 대궁을 발사하여 그들을 닥치는대로 쓰러뜨렸다.

가. 독일군

독일군의 항공교리 발전은 1930년대부터 시작되었다. 세계의 다른 주요국 공군들처럼 독일공군 역시 줄리오 두헤(Giulio Douhet)[25]가 그의 서사시적(敍事詩的)인 저서(著書)「제공권(制空權: The Comm-and of the Air」(1921년 발간, 1942년 영역판 발간)에서 주장한 바와 같은 공중폭격(空中爆擊)개념에 관심을 가지게 되었다. 그리고 그들은 항공기 하드웨어의 급격한 발전에 힘입어 우랄산맥 너머까지 충분히 도달할 수 있는 4발-엔진 폭격기를 만들게 되었다.

그러나 독일공군에게 폭넓은 전략적 시계(視界)를 제공했던 참모총장 베버(Walter Wever) 장군이 1936년에 항공기 추락사고로 사망하자, 그 후계 장교들은 그와 같은 폭넓은 시계와 행정능력을 이어받지 못하였다. 더욱이, 스페인내전(Spanish Civil War) 이후에 항공무기 연구소 소장은 모든 폭격기는 폭격의 정확도를 높이기 위하여 급강하(急降下)할 수 있어야 한다고 믿게 되었다. 이러한 문제들이 복합적으로 작용하여 폭격기 엔진 개발에 있어서 기술적인 문제점들을 불러 일으켰다.[26]

결국 이러한 요소들이 독일로 하여금 오직 장거리 항공기로만 도달할 수 있는 영국과 소련 두 나라를 상대로 전쟁을 하게 되었을 때는 오히려 단거리 전술공군력(戰術空軍力) 밖에 갖지 못하는 곤경을 맞게 되었던 것이다.

장거리 공군력이 없다는 것은 여러 세기(世紀)에 걸쳐 육군들이 전선에서 서로 대결(對決)했던 것과 같이 독일공군 역시 전선 상공에서

---

25) 두헤(Douhet, 1869-1930)는 이태리군 장교로서, 일반적으로 전략항공력의 아버지라고 불려진다. 포병장교 출신으로서 1912년부터 1915년까지 이태리군 최초의 항공부대인 항공대대를 지휘하였다. 이태리가 제1차 세계대전에 참가하게 되자 그의 노력으로 개발된 3발-엔진의 카프로니(Caproni) 폭격기가 이미 전쟁에 사용될 준비가 되어 있었다. 적의 전쟁노력을 와해 및 파괴하는데 전략폭격의 중요성을 역설한 두헤의 이론은 차후 이태리와 미국의 군사기획에 큰 영향을 미쳤다. 동시에 그는 공군의 독립도 역설하였다.

26) Murray, pp. 6-14.

적을 만나 격파하지 않으면 안 된다는 것을 의미하는 것이었다. 이러한 방식은 과거에 오랫동안 계속 되어온 것이긴 하지만 그것은 쌍방이 유사한 제약조건(制約條件)을 가지고 있거나 수적(數的)으로 우열(優劣)이 거의 없는 경우에 적용되었던 방식이었다. 따라서 이러한 조건은 2차대전시의 독일에게는 별로 좋은 것이 아니었다. 서부전선(西部戰線)에서 영국과 미국은 독일의 전 영역, 즉 공장에서 전선에 이르기까지 모든 지역을 공격할 수 있는 장거리 폭격기를 보유하고 있었다. 1944년까지 독일 전 지역은 연합군의 폭격을 받았지만 반면에 영국군과 미군의 후방지역은 독일공군의 폭격으로부터 실제로 안전하였다. 동부전선에서 독일은 러시아와 맞섰는데, 러시아는 우랄산맥 후방으로 산업시설들을 옮겼기 때문에 군사장비 생산이 독일을 크게 능가하였다. 독일군은 러시아의 공장지대에 도달할 수 없었으며, 그 결과로 수적 우세가 압도적이었던 러시아군의 장비들을 전선지역에서 맞닥뜨리지 않을 수 없게 되었던 것이다. 핵심적으로 말하자면, 독일군은 임무에 걸맞지 않은 교리와 장비를 가지고 전쟁에 돌입했던 것이다.

그러면 다음으로는, 독일군의 전략, 교리 및 장비의 부조화(不調和)를 일본을 상대한 미국의 경험과 비교해 보도록 하자.

나. 미군의 항공교리

1920년대부터 1930년대 미국의 항공이론가들은 공중에서 적의 본토를 직접 공격함으로써 적을 패배시킬 수 있다는 결론을 이끌어 냈다. 이론가들은 모두 독일에 대하여 "전략적 폭격(戰略的 爆擊: strategic bombing)"을 해야 한다고 의견을 모았으며, 그들 중 한 사람인 헤이우드 핸셀(Haywood Hansell) 장군은 태평양에서도 이와 같이 해야 한다고 주장하였다. 그는 일본이 가지고 있는 국력(國力)의 바탕은 바로 일본 본토에 있다고 주장하면서, 만약 항공력이 강력하게 일본 본토의 섬들 직접 공격하게 되면 변경(邊境) 여러 지역에 배치된 육군은 거의 쓸모없게 될 것이라고 하였다.

그러나 이러한 계획을 수행하기 위해서는 1944년에 배치되기 시작한 B-29 폭격기의 행동거리 때문에 최소한 공군이 일본으로부터 대략 1,600마일 이내에 기지를 가지고 있어야 했다. 따라서 그는 이미 계획되어 있는 중태평양(中太平洋) 진격계획을 마리아나(Mariana) 군도(群島)에서 적절한 비행기지를 확보하는 계획으로 전환해야 한다고 주장하였다. 그에게 있어서 남서태평양에서의 작전들은 사소한 것들일 뿐이었다. 워싱턴에서의 장시간에 걸친 회의 끝에 결국 그의 주장이 합동참모부의 항공참모(航空參謀: Air Staff)에게 받아들여져 마리아나 군도의 비행기지 점령 임무를 최우선시하는 전역이 인가되었는데, 이 마리아나 군도는 사실상 미군이 일본에 대하여 강력한 공중폭격을 수행할 수 있을 뿐 아니라 일본군에 대하여 해상 및 공중 봉쇄(封鎖)가 가능한 곳이며, 또 필요시에는 일본을 적절히 침공할 수 있는 곳이었다.27) 당시 합동참모들은 자신감을 가지고 의욕적으로 그런 의사결정을 하였던 것이다.

비록 일본 본토에 대한 비행 임무는 금지된 채였지만 핸셀 장군은 마리아나 군도의 기지에 배치된 B-29 폭격기부대를 최초로 지휘하는 기회를 갖게 되었고, 차후에 그의 임무를 후임자 커티스 르메이(Curtis Lemay) 장군에게 넘겨주어 그가 일본 본토에 대한 직접적인 화염공세(火焰攻勢)를 지시할 수 있게 하였던 것이다. 이 폭격공세는 1944년 말경에 시작되었으며 1945년 3월 도쿄에 대한 소이탄(燒夷彈) 공격으로까지 강력하게 진행되었다. 1945년 늦봄이 되자, 일본정부는 최초로 종전협상(終戰協商)에 관심을 보이기 시작하였다. 그로부터 얼마되지 않아 일본은 오직 제국(帝國)의 존립(存立)만을 조건으로 하는 항복의 길을 찾기 시작하였다.28)

---

27) Hansell, pp. 18-19.
28) US Strategic Bombing Survey, Summary Report (Pacific War) (Washington, DC: US Government Printing Office, 1946), pp. 25-26.

USAF Photographic Collection, National Air & Space Museum, Smithsonian Institution

1944년 사이판의 주기장으로 유도되고 있는 499 폭격전대의 B-29 폭격기.
이들은 도서(島嶼)에 위치한 기지에서 발진하여 도쿄를 공습하였다.

    일본은 2발의 원자폭탄(原子爆彈)이 두 도시에 떨어진 직후에 무조
건 항복하였다. 여기서 원자폭탄 투하가 과연 필요했는지를 논의할 필
요는 없다. 그러나 분명한 것은 일본이 본토 상공에서 공중우세를 잃
었다는 것이다. 이미 훈련된 인력을 많이 상실했고 또 고물(古物)이
다된 항공기로서는 습격해오는 미공군 폭격기들의 저지가 거의 불가능
하였다. 항복 시에 일본군은 본토에만 2백만의 병력과 9,000대의 항공
기를 남겨두고 있었다. 미국의 전략폭격조사보고서는 이러한 사실에
대하여, "비록 원자폭탄의 투하가 없었더라도 일본 상공에 대한 공중
제패(空中制覇)는 일본 본토 침공의 필요성을 제거하고 무조건 항복을
받아내기에 충분한 압력이 된 것은 분명한 것으로 보인다."29)라고 결

---

29) 상게서.

론지었다.

독일군과는 달리 미군은 문제해결에 적합한 교리와 항공기 그리고 훈련을 발전시켜 왔다. 그리하여 승리하였다.

일본 본토는 그 자체가 정치적인 중심이었다. 그것이 심한 위협을 받는다면 전쟁은 언제나 끝날 수 있었다. 여기서 중요하게 생각해야 할 점은 어떤 전쟁에서든지 이와 유사한 중심이 거의 확실하게 존재한다는 것이다. 만약 침투 경로상의 방어망을 처리하지 않고도 직접 그곳에 도달할 수만 있다면 당연히 그렇게 하도록 고려되어야 한다.

그 중심에 어떻게 영향을 미치는가 하는 것은 그 다음 문제이다. 전략폭격조사보고서가 제안하는 바에 따르면, 어떤 정부도 적이 그 지역 상공에서 자유롭게 작전할 수 있을 때, 즉 적이 공중우세를 확보하고 있을 때는 오래 기능(機能)할 수 없다는 것이다. 이러한 제안은 국민 정부가 아닌 더 낮은 수준의 집단에 대해서도 당연히 적용된다. 그러나, 공중우세에 대해서는 조그마한 가능성에 대해서라도 심사숙고(深思熟考)해야 한다. 왜냐하면 그것이 목적 그 자체가 될 것인지 혹은 목적 달성을 위한 수단이 될 것인지를 분명하게 생각해야 하기 때문이다.

다. 시리아군의 교리

독일과 일본이 패망한 지 거의 40년이 지난 후 이스라엘군은 시리아군이 채택한 교리가 내포하고 있는 약점을 교묘하게 이용하였다. 시리아군의 항공교리는 거의 소련교리를 본 딴 것으로 전투기를 지상 기지에서 긴밀하게 통제하는 것이었다. 이 교리는 정보수집과 의사전달 능력에 큰 비중을 두는 것이었으며, 또한 상당한 취약점이 예상되는 것이었다. 실제로 누가 시리아의 전투 경험에 관한 기록을 읽어보지 않더라도 그 교리를 읽어본다면 그는 시리아군의 지휘 및 통제체계가 특별히 유력한 공격 표적이 될 수밖에 없다는 점을 논리적으로 판단할

수 있을 것이다. 이런 일은 앞에서 언급한 바와 같이 1982년 전투에서 실제로 발생하였다.30)

이 장의 서두에서 언급한 바와 같이 아군의 비행장과 후방지역은 적의 공격으로부터 안전하지만 적의 비행장과 후방지역은 안전하지 못한 경우, 이것이 있을 수 있는 최선의 상황이다. 그렇다고 해서 이러한 상황 자체가 곧 승리를 보장하거나 승리를 쉽게 얻도록 해주는 것은 아니다. 적의 교리에 대한 분석을 바탕으로 적의 중심을 세심하게 고려하는 것이 성공에 이르는 첫걸음이다. 그 다음 단계로는 노력을 집중하는 것이다. 특히, 우군이 수적으로 우세하다고 생각되는 상황일 때에는 어떤 행동이라도 무작정 시도해 보려고 하는 경향이 다분히 있지만, 그러나 어떤 일에서나 마찬가지로 그 노력의 순수한 결과는 바라는 만큼 효율적으로 되지는 않을 것이다.

명심해야 할 매우 중요한 일은 〔상황 2〕가 다른 상황들과는 다르다는 것이다. 이 상황은 특히 적군의 후방지역에는 도달할 수 없는 상황과는 매우 다르다. 〔상황 2〕에서의 전쟁을 〔상황 4〕에서의 전쟁(정치적 혹은 군사적 이유 때문에 적의 후방지역을 공격할 수 없는 상황)처럼 싸운다면 전쟁을 성공적으로 종결시키기 위해 소요되는 시간이 최대로 길어진다. 다시 말하면, 적의 기지와 지원체계를 공격할 기회가 있음에도 불구하고 그 기회를 이용하지 않는다면 그 기회를 무시한 대가가 크다는 것이다. 논리적인 측면과 역사적인 경험들이 매우 분명하게 드러내고 있는 바와 같이 적 공군을 가장 비싸게 파괴하는 방법은 전선 상공에서 적 공군과 정면대결(正面對決)하는 것이다. 1대의 항공기가 공장이나 발전소에 투하한 폭탄은 직·간접적으로 다수의 적 항공기를 파괴할 수 있지만, 반면에 전선 상공에서의 1대의 항공기는 1대의 적기도 파괴하기가 쉽지 않다. 이와 같은 원칙이 차단작전(遮斷作戰: interdiction)에서도 똑같이 적용되는데 이것은 6장에서 고찰할 것이다.

---

30) Cutter, p. 106.

  정치지도자들은 때때로 적의 후방지역에 대한 공격을 꺼려할지도 모른다. 어쩌면 거기에는 상당한 정치적 혹은 전략적 이유가 있기 때문일 것이다. 그러나 이때 작전지휘관은 정치지도자들이 군사적으로는 분명히 비논리적인 방향으로 가고 있다는 것과 전쟁의 대가와 소요시간이 그렇게 하지 않을 때보다도 훨씬 값비싸게 되고 또 길어진다는 점을 그들에게 분명히 인식시킬 필요가 있다.

  지휘관이 지휘하기에 가장 이상적인 상황으로부터 다음은 가장 위험한 상황, 즉 공군 지휘관이 순수하게 방어작전만을 해야하는 상황으로 넘어가 보자.

44

방 어 작 전

적의 기지는 아군의 공격에 개방(開放)되어 있지만 적은 아군 기지를 공격할 수 없는 〔상황 2〕는 공군 지휘관에게 있어서 가장 이상적인 상황이다. 그러나 이와는 반대로, 적이 그들의 기지가 안전한 상태로 아군의 기지를 대상으로 작전할 수 있는 〔상황 3〕은 가장 좋지 않은 상황이다.

〔상황 3〕에서 공중우세를 획득하기 위한 전투수행은 가장 어려울 뿐만 아니라 공중우세를 상실함에 따르는 결과 또한 가장 심각하여 전체 전쟁을 패전하게 될 가능성이 커진다.

〔상황 3〕은 여러 가지 과정으로부터 발전될 수 있다. 장거리 항공기와 같은 장비(裝備)가 적과의 전쟁을 수행하는 데 부적절할 수 있다. 전쟁을 하려고 하는 의지(意志)의 부족이 적에 대한 공격작전 수행을 방해할지도 모른다. 전의(戰意)의 부족은 일부 조종사들이 지닌 공포심(恐怖心)으로부터 혹은 적이 이미 행동한 것보다 더 심한 행동을 못하게 하는 것에 만족하고자 하는 정치적 희망이 이를 제한할 수도 있다. 교리가 영향을 미치거나 상황을 통제할 수도 있다. 폭격기가 엄호기 없이도 어떤 곳이나 침투해 들어갈 수 있다고 확신한 1930년대의 이론가들처럼 어떤 사람들은 현존 방공체계로도 충분하고 또 공세작전은 무익한 것이라고 생각할 수도 있다. 그리고 심지어 교리가 공세작전을 명시한다고 해도 평시에 이러한 작전을 충분히 훈련하지 못했을 수도 있고, 또한 결과적으로 이처럼 복잡하고도 정교한 작전을 수행할 수 있는 부대(部隊)가 준비가 되지 않을 수도 있다.

결국, 여러 가지 다양한 상황들이 공세(攻勢)를 가로막을 수 있다. 그리고 또 한 가지 있을 법한 일은, 최초로 수행한 적의 공격이 너무나 강력하여 우리가 수행할 공세에 투입할 인력과 무기체계를 파괴해 버릴 가능성이다. 여하튼, 〔상황 3〕과 같은 경우는 실제로 폴란드에서, 프랑스에서, 또한 북한에서, 1967년과 1973년의 아랍에서, 그리고 북베트남에서 일어난 것처럼 분명히 발생할 수 있다.

1. 하나의 취약점 (脆弱點)

클라우제빗츠가 인정한 바와 같이 전형적인 지상전에서는 방어가 공격보다 훨씬 강력할지도 모른다. 그러나 항공전에서는 이와 반대인 것 같다. 이러한 사실을 명백히 설명해 주는 몇 가지 이유가 있다.

- 첫째, 공군은 지상군이 할 수 있는 것보다 다양한 각도에서 공격할 수 있는 엄청난 기동력(機動力: mobility)을 가지고 있다.
- 둘째, 지상군 공격을 방어하기 위하여 집중(集中)하기보다 신속성(迅速性: rapidity)을 가진 공군의 이동에 대한 집중이 훨씬 어렵다.
- 셋째, 지상전에서의 방어자(防禦者)는 결정적으로 불리한 개활지(開豁地)를 건너오지 않으면 안 되는 공격자(攻擊者)에 대하여 사격할 수 있는 진지(陣地)를 사전에 구축할 수 있다.
- 끝으로, 쌍방의 공군이 공중에서 만난다면 공격자와 방어자 간의 차이가 거의 없어지는 경향이 있다. 공중전에서 공격자와 방어자 간의 차이가 없어진다는 것은 곧 알게 되겠지만 쌍방에게 중요한 결과를 가져온다.

역사적으로 볼 때 공중전에서 순수한 방어만 한다는 것은 매우 위험한 일이다. 그 위험성은 방어해야 하는 대상의 특성에 따라 크기가 좌우된다. 가장 방어하기 쉬운 경우는 방어자가 주변 가까운 곳에서 공격자를 만날 수 있고 또 방어자들 끼리 상호지원(相互支援)이 가능한 곳으로서 방어체계가 복합적으로 잘 짜여진 경우이다. 방어하기가 가장 어려운 경우는 거리(距離) 관계로 방어자들의 상호지원이 불가능하고 또 공격자가 어떤 시간에도 여러 가지 표적을 마음대로 선택할 수 있는 길고도 협소한 지역에서 작전하는 경우이다. 이 두 가지 경우에 대해서는 해명(解明)이 필요할 것이다.

첫째, 여기서 우리는 전구(戰區) 규모의 작전에 대하여 논의하고 있지 하나의 비행장이나 공장 혹은 도시를 방어하는 것에 대하여 논의하고 있는 것이 아니다. 둘째, 여기서 우리는 예상 가능한 미래까지도 항공기를 가장 효과적으로 대응할 수 있는 것은 항공기일 것이라는 가정을 하고 있다. 앞에서도 언급한 바와 같이 이 논의가 지상기반의 방공체계를 무시해도 좋다거나 혹은 그것이 위험스런 것이 아니라고 말하는 것이 아니다. 사실, 지상기반의 방공체계는 우리가 그것을 하나의 수단이나 혹은 여러 가지 수단으로 무력화시킬 수 있다는 확신 없이 공세작전을 시작할 사람은 아무도 없다고 말할 수 있을 만큼 대단히 위험한 것이다.

공격자와 방어자 사이에 존재하는 전력의 양적(量的) 우열(優劣) 문제 때문에 방어자에게는 지리적(地理的)인 문제, 좀더 구체적으로 말하자면 비행장들의 배치가 가장 중요한 문제가 된다. 전구 차원에서 볼 때, 공격자 측에서는 상대방에게 적절한 피해를 입히기 위하여 전력 규모를 상당한 정도로 갖출 수 있을 것이다. 물론, 적 방어망을 침투할 수 있다고 가정할 때 유도무기(誘導武器)를 장착한 1대의 항공기가 교량(橋梁)과 같은 점표적(點標的: point target)을 파괴할 수 있다는 것도 사실이지만, 그러나 1대의 항공기로써 비행장이나 조차장(操車場) 혹은 중요한 군사표적을 무력화시킬 수는 없는 것이다. 그런 일은 대량(大量)의 항공기로써만 가능하다. 그러나 모든 공군들이 이러한 기본 원칙을 아는 것은 아니기 때문에 어떤 공군은 소규모 전력으로서도 공격작전을 수행하려 할 수도 있을 것이다. 방어자에게는 매우 운(運)이 좋은 이와 같은 일이 발생할 수도 있겠지만, 적의 어리석음을 예상하고 계획을 세울 수는 없는 것이며, 공격자는 항상 강력한 전력으로 공격을 해올 것이라고 생각하지 않으면 안 되는 것이다. 따라서 강력한 공격자는 더욱 강력한 전력으로 상대해야 한다.

항공전(航空戰)의 역사는 비록 짧아도 항공전에서 대량의 전력은 오직 대량의 대응전력으로서만 막을 수 있다는 것을 역사는 분명히 보여주고 있다. 열세(전구에 있는 전체 전력의 열세가 아닌 특정 전투 상황에서의 열세)의 전력으로서 방어작전을 수행하려는 어떠한 시도, 혹은 반대로 열세의 전력으로 공격작전을 수행하려는 시도(특정 교전 상황에서) 등은 특히 성공하지 못했다.[1] 우리는 이러한 원칙과 관련 있는 사례들을 태평양전쟁 및 유럽전쟁을 통해서 이미 고찰한 바 있다. 앞으로 더 많은 사례들을 보게 될 것이다.

---

[1] 작전지휘관의 의무는 특정 시간과 장소에 우세한 전력을 집중시킬 수 있도록 보장하는 일이다. 전구에 배치된 전체 전력이 열세라 하더라도 이러한 의무가 면제되는 것이 아니다. 사실, 전력의 대량 집중은 장군의 덕목 중 핵심이다.

방어에서 대량의 원칙이 중요하다고 한다면 이제 문제는 필요한 시기에 대량의 전력을 어떻게 만들어내느냐 하는 것이다. 이제 우리는 우리의 생각과 관점을 공중전투 개념에 맞추어 보자. 대량의 원칙은 그것이 적의 공격과 직접 맞부딪칠 때에만 중요하다. 따라서 공중전투에 직접 참가할 수 없는 항공기는 여기서 아무런 관계가 없다.

그러면, 〔상황 3〕 경우 공중우세 전역에서 실패하지 않으려면 어떻게 해야 할 것인가?

질문을 소극적(消極的)인 어법으로 만들었는데 그 이유는, 사실 방어자가 얻을 수 있는 최선의 결과는 바로 패배를 모면하는 것이기 때문이다. 성공적인 방어가 비록 차후의 공격을 위한 방도(方道)를 준비할 수 있도록 해주기도 하지만 방어로부터 얻을 수 있는 적극적(積極的)인 것은 별로 없다.

다행히도, 방어적인 자세가 되면 아주 작은 이점(利點)이 하나 있는데, 그것은 단순히 공격하는 적이 가지는 공격에 대한 적극성과 그에 따른 보복을 감내(堪耐)하고자 하는 열의(熱意)에 비하여 방어자의 열의가 훨씬 크다는 것이다. 공격자는 쉽사리 그가 보유하고 있는 모든 공군력을 전투에 투입하려고도 하지 않을 것이며 또 공격을 포기하기로 결심하기 이전에 투입한 모든 전력을 손실하려고 하지도 않을 것이다. 그렇지만 반대로 방어자는 그 자신을 보호하는 데 그가 보유하고 있는 모든 전력을 소모하는 것이 불합리하다고 생각하지 않을 수도 있을 것이다. 이러한 사실이 방어자로 하여금 이용할 수 있는(또한 반드시 이용해야 하는) 약간의 심리적인 이점(利點)을 만들어 주는 것이다.

2. 적에게 높은 손실을 부과(賦課)하라

패배(敗北)를 방지(防止)하는 관건은 적이 더 이상의 대가(代價)를 지불하지 못하게 되거나 혹은 지불하지 않으려고 하게 될 만큼 적에게 충분한 피해를 입히는 것이다. 그런데, 이것이 정말 다시 한번 고찰해 볼 필요가 없는 진실(眞實)인가? 그것이 진실일 수는 있으나 사실상 실행하기가 쉬운 일은 아니다. 공격자가 공격을 포기하도록 유도하기 위하여 정확히 무엇을 해야 할 것인지 방어자는 반드시 생각하지 않으면 안 된다.

방어작전에서 적에게 피해를 줄 수 있는 유일한 길은 항공기를 격추시키고 그 조종사를 사로잡거나 없애는 것이다. 격추시킨 항공기의 숫자가 중요하지만 보다 더 중요한 것은 항공기를 격추시키는 시간(時間)이다. 공격하는 적은 항공기의 손실을 어느 정도 예상하고 있으며 또 사전에 그 수준을 결정하였을지도 모른다. 1% 정도의 손실률(損失率)은 대부분의 공군이 전역계획의 큰 변화 없이 작전을 계속할 수 있는 손실률이다.

예를 들어, 1,000대의 항공기를 보유한 공군이 하루 1%의 손실률로서 10일을 보낸다고 가정할 때 총 손실 항공기는 100대에 달할 것이다. 10일 동안 작전의 성과가 좋았다면 지휘관은 아마 작전을 계속할 것이다. 그러나 여기서 동일한 크기의 손실을 하루만에 입게 되었다고 생각해 보자.

그렇게 된다면 거의 모든 지휘관이 작전의 수행을 재고(再考)하게 될 것이다. 첫째, 그는 분명히 그러한 막대한 양의 손실을 두 번 이상 경험하려고 하지 않을 것이다. 둘째, 그러한 양의 손실은 몇 개의 비행부대가 후방으로 철수하지 않으면 안 될 정도로 분명히 그 부대들을 심하게 손상시킬 것이다. 셋째, 조종사들은 무적(無敵)을 자랑해온 그들의 자부심과 사기에 큰 타격을 받게 될 것이다.

간단히 말하여, 매일 소규모의 손실을 입는 것과 특정 일에 대규모의 손실을 입는 것과는 상당한 차이가 있다는 말이다. 따라서 방어작전에서는, 비록 오늘의 작전수행 때문에 내일의 작전능력이 현저히 감소되는 경우가 생긴다 하더라도 공격자에게 큰 손실을 입힐 수 있는 날들이 가능한 한 많아지게 해야 한다.

앞에서 생각해 본 예에서 우리는 하루 1%의 손실은 견딜만하지만

10%의 손실은 감당하지 못한다고 하였다. 실제로는 약간의 차이가 있을 수 있겠지만 이러한 비율은 역사적 사실에 근거하는 것이다.

2차대전시 미 공군은 일반적으로 10%의 손실률을 작전의 어떤 변동 없이 수용할 수 있는 최대의 손실률로 보았다. 1943년 10월, 실제로 독일공군은 전쟁 중 최고의 달(月)을 맞았는데 그들은 미 공군에게 12-16%의 항공기 손실을 입히는 데 성공하였다. 그러한 손실률은 정말 견디기 힘든 것으로써, 이후 미 제8공군사령관은 맑은 날 독일 본토 내부로 깊숙이 들어가는 공습을 4개월 동안이나 중단하였다.[2]

30년 후, 이스라엘공군은 골란고원에서 하루에 40대의 전투기를 잃었다. 이 손실률은 10%를 넘는 것으로써, 이스라엘공군은 당시 그들이 저지하려고 했던 시리아 지상군의 돌파(突破)작전이 만약 성공했더라면 이스라엘군 전체가 매우 큰 손해를 볼 수 있었음에도 불구하고 좀더 나은 작전 방법을 찾아낼 수 있을 때까지 작전을 중단하였다.[3]

따라서 목표는 가능한 한 짧은 시간 내에 적에게 가장 큰 손실을 입히는 것이다. 그러면, 어떻게 그 목표를 달성할 수 있는가? 여기에는 두 가지 원칙이 있다.

• 첫째는, 전력을 집중시켜 특정 전투, 지역 혹은 시간대(時間帶)에 적보다 우세한 숫자로 적과 싸우는 것이다.

• 둘째는, 어떤 지역(地域)이나 혹은 어떤 적(敵)이라도 다 방어하기는 불가능하다는 사실을 받아들이는 것이다. 모든 것을 방어하려다 아무 것도 방어하지 못하게 된다. 침투(浸透)는 계속 이루어진다. 이러한 사실을 수용할 때 방어자의 손실이 크지 않은 가운데 큰 승리를 얻을 수 있도록 전력의 집중을 쉽게 할 수 있다.

---

2) Wesley F. Craven and James L. Cates, The Army Air Forces in World War II, vol. II (Chicago: The University of Chicage Press, 1949), pp. 704-6.
3) The Insight Team of the London Sunday Times, The Yom Kippur War, p. 161 참조. 추가로, 이스라엘군의 모든 항공기 손실은 적 지상기반 방공망에 의하여 발생된 것이다. 이것은 이 방어망이 이 같은 크기의 영향력을 미친 최초의 사례로 알려지고 있다.

3. 전력의 집중 (集中)

공군지휘관은 중요한 또 한 가지 현상(現象)을 알아야 한다. 즉, 전력의 손실률이 참전하는 전력 비율에 반비례(反比例)한다는 것이다. 쌍방의 전력이 양적으로 대등하면 -또한 장비와 비행역량(飛行力量) 면에서도 대등하다면- 쌍방이 조우했을 때 대등한 손실률을 갖는 것이 일반적인 현상이다. 그러나 장비와 인력의 질은 대등하지만 전력 규모가 작아지게 되면 작아지는 측에서는 작아지는 전력 비율보다 훨씬 큰 손실률을 맛보게 된다.

이와는 반대로, 전력 규모가 더욱 커지고 있는 측에서는 커지는 전력 비율보다 손실률이 훨씬 크게 감소된다. 따라서 긍정적이든 부정적이든 손실률의 변화는 선형(線形: linear)함수가 아니고 지수(指數: exponential)함수가 된다는 것이다. 더욱이, 전력 비율의 증가가 계속됨에 따라 손실률의 증가율이 감소되기 시작하는 점도 없는 것 같다. 이것은 전력의 규모가 크면 클수록 아군이 감당해야 할 손실률은 감소하지만 상대방에게는 더욱 큰 손실을 부과할 수 있음을 의미하는 것이다.[4]

하지만 방어자가 공격자에 대하여 어느 정도 우세한 전력을 유지해야 하는지에 대한 좋은 규칙은 불행히도 찾아볼 수가 없다. 여기에는 약간의 아이디어를 제공해주는 몇 가지 사례들이 있을 뿐이다.

- 일본군은 108대의 폭격기와 전투기로서 미드웨이(Midway)를 공격하였다. 미드웨이에 있던 미 해병대의 전투기 26대는 거의 100% 손실을 보았다.[5]

- 1944년 1월 11일, 미공군은 238대의 폭격기와 49대의 엄호 전투기

---

4) The Relationship Between Sortie Ratios and Loss Rates for Air-to-Air Battle Engagements During World War II and Korea-Saber Measures(Charlie) (Washington, DC: Headquarters, US Air Force, Assistant Chief of Staff, Studies and Analysis, 1970), p. 15.

5) J.F.C. Fuller, The Decisive Battles of the Western World, Vol. III (London: Eyre & Spottiswoode, 1963), p. 471.

로 독일 내부 깊숙이 위치한 목표물들을 공격하였다. 독일군은 207
대의 전투기로 대항하였다. 34대의 폭격기가 격추되었다. 한 달 후,
2월 19일에는 전투기 700대의 엄호를 받는 941대의 폭격기가 투입
되었는데, 이때는 독일군 전투기 250대의 저항을 받게 되었다. 이
전투에서 미공군은 가장 낮은 손실률을 기록하여 21대의 폭격기를
잃었다.

- 1982년 6월, 이스라엘군은 90대의 전투기로서 시리아군 전투기 60
  대를 방어하게 되었다. 이스라엘군은 손실이 하나도 없었던 반면, 시
  리아군은 23대를 잃었다[6)]

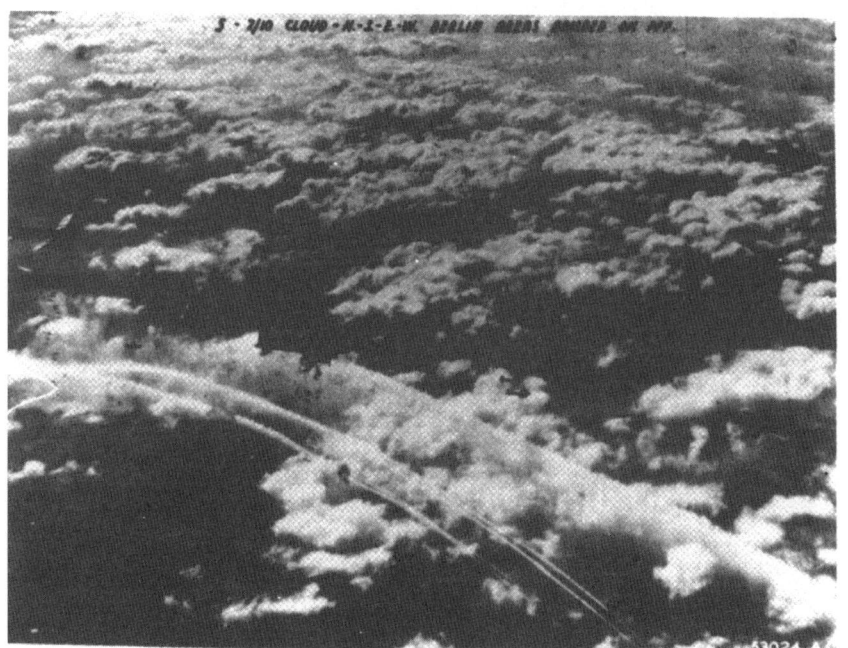

USAF Photographic Collection, National Air & Space Museum, Smithsonian Institution

1944년 베를린 폭격 전역에 참가하고 있는 B-17 폭격기들

---

6) Lambeth, p. 8.

현대무기는 여러 가지 면에서 2차대전과 한국전을 통하여 얻은 경험들을 무용지물로 만들어 왔고 또 마지막으로 언급한 이스라엘군의 전투는 예외적인 경우라고 하는 논쟁이 있을 수도 있다. 그러나 이와 같은 논쟁들은 있을 가능성은 있지만 실제로 발생하기가 쉽지 않다. 다수의 항공기가 소수의 항공기를 표적으로 공격한다는 것은 다른 방법보다도 더 나은 성과를 충분히 얻는다. 이러한 결론은 질(質)과 양(量)을 비교하는 논쟁과는 아무런 관계가 없다. 성능이 좋은 항공기가 나쁜 항공기보다 임무를 더 잘 수행한다는 것은 1918년 독일의 위대한 에이스 만프래드 리히토펜(Manfred Von Richthofen)도 언급한 사실이다. 그는 "영국군 항공기는 성능이 좋은데다 양적으로도 우세하였다. 우리 조종사들도 매우 우수하였지만 결과적으로는 패하고 말았다."7)라고 말한 바 있다.

우리는 항공지휘관이 쉽게 적용할 수 있는 어떤 고정적(固定的)인 비율은 없다는 것을 앞에서 말하였다. 그러나 공격자에 대하여 방어자의 비율이 크면 클수록 방어작전을 성공시키기는 쉽다는 것을 알게 되었다. 따라서 방어작전을 수행하는 지휘관은 그 비율을 자신의 판단에 따라 결정해야 한다.

수량(數量)에 관한 이와 같은 모든 강조사항들은 〔상황 3〕에서의 공중우세 전역의 성과는 전쟁 발발 당시의 생산 능력에 의해 물론 결정되는 것이긴 하지만 전쟁 이전의 상대적인 전력의 크기를 근거로 판단할 수도 있다는 것을 시사한다. 또한 이것은, 만약 방어군 지휘관이 공격군보다 소수(小數)의 항공기를 보유하고 있을 경우 그는 절망적이라고 말하는 것일지도 모른다. 그러나 이와 같은 생각들은 모두 사실이 아니다. 정적(靜的)인 균형(均衡)이 매우 중요한 것이긴 하지만 수량이 압도적으로 차이가 없는 한 전쟁의 결과에는 그렇게 큰 영향을 미치지 못한다. 왜냐하면 중요한 것은 쌍방의 전력이 실제 전투에서 만

---

7) John H. Morrow, German Air Power in World War I (Lincoln: University of Nebraska Press, 1982), p. 109.

나는 수량이기 때문이다.

소규모 전력이라도 항공기를 적절히 잘 운용하거나 또는 특정 교전(交戰) 상황에서는 공격군보다 더 많은 숫자가 되도록 전력을 집중적(集中的)으로 운용한다면 승리할 수도 있다. 따라서, 전력을 집중시켜 양적인 우세를 얻는 것이 필수적이며, 심지어 그것이 공격해온 적 항공기들을 요격하지 못하고 도주케 하더라도 좋은 것이다. 더욱 중요하고도 효과적인 일은 매일 1-2%씩 지속적인 손실을 입히는 것보다 하나의 전투나 혹은 어떤 날 하루에 큰 손실을 입히는 것이다.

또한, 방어측 지휘관 특히 전체적인 전력의 양에 있어서 적보다 열세에 있는 지휘관은 어떤 하나의 교전에서 적군보다 아군의 숫자가 우세하면 자군(自軍)의 손실률이 감소된다는 것을 인식하는 일이 매우 중요하다. 그리고 다시 강조하지만, 한 차례의 공습에서나 혹은 단 하루만에 적의 손실율을 크게 만든다는 것은 쌍방의 사기에 큰 영향을 미치는 것이다.

그러면 사전(事前)에 전력의 집중 및 수적인 우세를 얻으려면 어떻게 해야 하겠는가? 그러한 훈련이 평시에 잘되어 있지 못하면 전시에는 훈련을 하기가 더욱 어려울 것이다. 독일공군의 갈란트(Galland) 장군은 미군 폭격기가 엄호기(掩護機)를 대동(帶同)하기 이전에도 3-4대 1의 수적 우세가 필요하다고 결론지은 후 그의 조종사들이 단위편대(單位編隊) 이상의 편대군(編隊群)으로 작전하는 데는 큰 곤란을 겪고 있다는 것을 발견했는데, 그것은 영국전투(Battle of Britain) 이래 3년간이나 그런 비행을 해보지 않았기 때문이었다.[8]

훈련은 필수적이다. 그래야 마음속에 "수적으로 우세한 상황에서 싸워야 이긴다"는 신념이 생긴다. 전투조종사는 어떤 전투상황에서도 용감하게 싸우려는 경향이 있는데 그러나 이러한 행동이 자칫하면 실패를 초래할 수도 있다. 만용(蠻勇)이 될 수 있기 때문이다. 수적으로 열세한 공군이 승리하기 위해서는 좀더 현명하게 그리고 잘 싸워야 한

---

8) Galland, pp. 150-1, 187.

다. 공군지휘관은 전투가 벌어지면 수적 우세를 얻을 수 있도록 이러한 방식으로 전력을 집중시키지 않으면 안 된다. "수적으로 우세한 전력으로 싸워서 이긴다."라는 정치적 슬로건은 전쟁의 작전수준에서는 별로 적용되지 않는 것이다.

4. 경보(警報) 및 통제체계의 활용

방어태세에 있는 공군은 다수의 항공기를 신속하게 지상에서 이륙시킬 수 있는 방법을 강구해야 한다. 이것은 공군기지들이 잘 분산 배치되어 있지 않은 경우에 특히 중요하다. 그러나 잘 조직되고 생존성이 있는 경보(警報) 및 통제(統制)체계를 가지고 있지 못하다면 이러한 방법도 아무런 소용이 없을 것이다. 물론 전투기가 기지를 이륙하도록 유인(誘引)해서 연료가 떨어질 때 공격하려는 적의 속임수에 대하여 지휘관은 예의주시(銳意注視)해야 하지만 경보는 잘할수록 좋은 것이다. 만약 방어측이 여러 차례 집중에 성공하여 그 결과로 적에게 큰 손실을 입혔다면 적은 속임수에 의존할 가능성이 특별히 높다.

따라서 적의 전략과 전술이 우리들로 하여금 전력의 집중 노력을 더욱 복잡하게 하거나 아니면 단순하게 할 것이다. 영국전투에서, 독일공군은 처음에는 영국의 전투비행장과 항공기 생산시설을 공격목표로 정하였다. 그런데, 이 비행장과 공장들이 영국 동남부 지역에 분산 배치되어 있었기 때문에 영국군이 처음에 독일 공군기를 레이더로 포착하였을 때 그들이 어디로 침투해 들어갈 것인지를 정확히 알기가 어려웠다. 당시 독일공군은 공세 전력을 집중하고 있었고, 전력을 집중할수록 더 큰 성공을 거두고 있었다. 여러가지 이유 때문에, 독일군은 9월 초에 그들의 공격목표를 런던으로 전환함으로써 방어군에게 어디로 향하여 들어가는 것인지에 대한 의문을 제거해 주고 쉽게 전력을 집중시켜 방어할 수 있도록 해 주었다. 또한 영국군 전투기지(戰鬪基地)에 대한 공격을 중단함으로써 영국공군으로 하여금 기지로부터의 작전을 쉽게 수행할 수 있게 해주었던 것이다.

드디어, 적이 전투에서 패배하고 있다고 독일군이 생각하게 되었을 때 영국군은 "울트라(ultra)"[9] 암호(暗號) 해독장치의 도움으로 독일군이 계획한 9월 15일의 대공세(大攻勢)를 방어하기 위하여 평소에는 런던지역에 투입하지도 않던 전력까지도 포함하여 모든 전력을 집중시킬 수 있었다. 결과적으로 영국군은 독일군에게 막대한 손실을 입혔으며, 독일군은 또한 영국군이 전보다 더욱 강해진 것에 대하여(실제로는 그렇지 못했지만) 놀란 나머지 이후 영국 본토에 대한 현저한 공중공습을 포기하게 되었던 것이다.

회고하건대, 만약 독일공군이 영국 공군기지에 대한 공격을 중단하지 않았거나 또한 영국군이 전력을 집중시켜 방어작전을 수행할 수 있게 한 원인이 되었던 런던으로의 공격목표 변경이 없었더라면 이 항공전에서 독일공군은 분명히 승리하였을 것이다.[10]

나중에 다른 장에서 좀더 상세히 논의하겠지만, 영국이 사용한 다른 하나의 접근방법에 대하여 여기서 언급할 가치가 있다고 생각된다. 영국군은 예비전력(豫備戰力)을 유지하였다.[11] 그들은 중요한 부대 근무를 주기적으로 순환(循環)시킴으로써 부대들의 원기(元氣) 회복이 가능토록 하였다. 따라서 휴식하고 있는 부대들은 전투가 결정적인 단계에 이르렀을 때 운용이 가능하였다. 영국군이 부대를 순환시키면서 예비전력을 유지하고 있었던 반면, 독일군은 그들이 보유하고 있는 모든 병력과 물자를 다 사용하였기 때문에 결정적인 타격의 시간이 왔을 때 추가로 지원해 줄 아무 것도 남아 있지 않았던 것이다.

[상황 3]에서의 공중우세 전투는 지휘관이 그의 전력을 잘 운용할 때 승리할 수 있다. 만약 그가 전력을 집중하거나, 다른 적들을 격파하기 위하여 일부 적의 침투를 허용하거나, 또한 성능이 좋은 경보 및

---

9) "울트라(Ultra)"는 독일군의 암호를 연합군 측에서 해독하여 활용한 암호해독기의 비밀 명칭이다.

10) Bekker, pp. 232-42; 및 Taylor 전게서, pp. 151-61.

11) Galland, pp. 30-31.

통제체제를 개발하여 사용한다면 그는 전력 규모가 큰 적이라도 물리칠 수 있다. 이와는 반대로 그가 어느 곳이나 모두 방어하려고 하거나, 그의 전력을 조금씩 분할하여 투입하거나, 또는 집중에 실패하면 패배할 것이다-그리고 공격자가 그보다 더 현명할 때는 전력 규모가 매우 작은 적에게도 패배할 수 있을 것이다.

항공전, 특히 항공 방어작전(防禦作戰)은 매우 복잡하며 요구사항이 많다. 신중한 사고와 냉철한 집행이 필수적이다.

순수한 방어작전으로부터 다음은 여러 가지 이유로 인하여 항공력이 전쟁을 결정하는 하나의 요소가 아닌, 혹은 양측이 서로 상대방의 후방지역은 공격하지 않고 전선 상공에서 싸워야만 하는 특수한 상황으로 넘어가 보자. 이런 경우에 쌍방의 지휘관들은 모두 크게 당황하게 될지도 모르지만 그러나 앞에서 논의해온 일반적인 원칙은 여기서도 적용이 가능하다.

5

한정된 선택안

지금까지 우리는 적을 패배시키기 위하여 혹은 적이 우리를 압도하지 못하게 하기 위하여 지휘관이 사활(死活)을 건 투쟁을 해야 하는 공중우세(空中優勢) 획득을 위한 상황들에 대하여 논의해 왔다. 그러나 제1장에서도 설명한 바와 같이, 항공전투 대부분이 전선(前線) 지역 상공에서만 한정적(限定的)으로 수행되거나 또는 항공력이 전쟁에서 큰 역할을 수행하지 못하는 상황도 존재한다.

이 두 가지 상황은 각기 다른 시각에서 살펴볼 필요가 있다.

정치적 제약(制約) 때문이거나 혹은 적절한 공격표적에 도달할 수 있는 물리적(物理的) 능력이 없기 때문에 쌍방의 후방지역이 비교적 안전한 경우에 작전을 수행하는 데는 많은 어려움이 존재한다 하더라도 전반적인 전역(戰役) 계획은 훨씬 용이하다. 이러한 상황에서는 공중우세 그 자체가 전역의 목적이 되지 못한다. 오히려 전선지역이나 그 부근 적지(敵地) 상공에서 아군의 항공작전이 가능토록 하면서 지상군 작전을 방해하려는 적의 공중활동을 그 지역 상공에서 차단해야 할 필요가 있다.

적 후방지역에 도달할 수 없을 때 아군이 선택할 수 있는 방안은 매우 제한된다. 이때 공중우세를 획득하기 위해서는 적의 지상기반(地上基盤) 방공체계를 제압하고 공중에서 적 항공기를 제거하는 방법밖에는 없다. 이러한 여건 하에서 지휘관은 지상기반 방공체계가 매우 큰 위협이 되기 때문에 이를 먼저 공격해야 할 것인지, 아니면 그것을 전자적(電子的) 수단으로 제압(制壓)하면서 공중에서 적 항공기를 격파해야 할 것인지를 결정해야 한다.

제2장에서 우리는 적의 지상기반 방공망을 무력화시키는 방법에 대하여 살펴보았다. 그러면 이제 공중전투(空中戰鬪)에 대하여 알아보자.

1. 선택안(選擇案)은 적군의 상황에 따라 좌우된다.

만약 우리가 적의 공군력(空軍力)을 그들의 기지에서 파괴할 수 없다면 공중에서 파괴해야 한다. 이때 우리가 선택하는 방안은 적의 능력이나 교리(敎理)에 따라 달라져야 한다. 만약 적이 스스로 그 능력이 비교적 약하다고 생각한다면 공중전(空中戰)을 회피하면서 전선 가까운 지역에 있는 지상군이나 보급선(補給線)을 괴롭히는 상대편 항공기에 대하여 노력을 집중시키려고 할 것이다. 우리는 대규모 전투기 집단이 적 항공기와 교전하기 위하여 전선 상공으로 한바탕 출격하지만 적이 싸우려하지 않기 때문에 언제나 적 항공기를 한 대도 격추시키지 못하고 되돌아오는 상황을 상상할 수 있다. 이러한 상황이 된다면 싸우지 않고도 공중우세를 획득하게 되어 다음 단계의 작전을 시작할 수 있다. 그러나 만약 적 공군이 활동을 중단하지 않는다면 이때는 교전을 통해서 적 항공기를 격파해야 한다.

가. 전투기 저지망(沮止網: Screen)

적의 후방지역을 공격하지 못하는 상황에서 전투기전역(戰鬪機戰役)을 운용하는 데는 몇 가지 일반적인 방법이 있다. 첫 번째 방법은 적 기지와 전선 사이에다 전투기로 공중저지망(沮止網)을 치는 것이다. 한국전쟁시 중공군(中共軍)이 개입한 연후에 미 공군이 이 전술을 성공적으로 사용한 바 있다. 그러나 이 작전의 문제점은 적에게 주도권(主導權)을 넘겨준다는 데 있다. 저지망을 구축하고 있는 항공기의 연료가 떨어질 때까지 적이 공격하지 않고 기다릴 수도 있고, 훨씬 큰 대규모 전력으로 저지망을 공격하여 공격작전을 성공시킬 수도 있다. 적절한 방안의 선택은 전력 규모에 따라 크게 좌우될 것이다.

만약 적 전력이 현저히 열세하다면 지휘관은 어떠한 적의 공격도 물리칠 수 있는 충분한 규모의 전력으로 저지망을 유지할 수 있을 것이다. 여기서도 소요되는 특정 전력 비율을 찾아내기는 어렵지만 최소한 1 대 1의 비율이 신중하게 고려된 최소치(最小値)이다. 그러나 전투기 저지망을 계속 유지한다는 것은 확실히 매우 값비싼 작전임에 틀림없다.

한편, 적 전력이 아군과 동등하거나 우세하면 전투기 저지망 유지가 극도로 어려운데, 그것은 어떤 시간이나 장소에서도 적이 선택적(選擇的)으로 저지망을 제압할 수가 있기 때문이다. 언제나 그렇지만 여기서도 관건이 되는 요소는 우세한 전력으로 싸워서 승리를 얻는 것이다. 여하튼, 전구(戰區) 차원에서 수적인 열세로 싸워서 승리를 얻는다고 말하는 것은 매우 위험한 일이다. 전사(戰史)를 통하여 배울 수 있는 유일한 교훈이 있다면, 그것은 전투에서 승리하는 관건은 핵심적인 장소에서 적보다는 큰 규모의 전력으로 싸워야 한다는 것이다. 이때의 책략(策略)은 적의 허(虛)를 찔러 적시(適時)에 적보다 먼저 전력을 집중시키는 것이다.

항공력의 중요한 특성 중 하나로 기동성(機動性)이 있다. 전력을 집중시키는 데 이 기동성을 이용할 수 있다면 전투를 승리로 이끌 수 있다. 이런 경우에, 만약 기지가 전선과 아주 가까운 곳에 위치하고 있고 또 탐지(探知)체계가 적의 움직임에 대하여 넉넉한 사전(事前) 경보(警報)를 제공할 수 있으며, 그리고 공중전이 벌어질 때 수적인 우세를 얻을 수 있도록 충분한 전력이 다수의 기지로부터 신속하게 발진(發進)할 수 있다면 적이 공격을 위해 집결할 때 전투기 저지망을 구축할 수 있을 것이다. 이러한 과정을 따르기 위해서는 우수한 탐지체계와 정교한 지휘(指揮)의 통일(統一)이 필요하며 동시에 비행기지들이 시간 및 거리상으로 전투지역에 매우 근접(近接)되어 있어야 한다. 이러한 조건들이 충족되어 있다면 오히려 공격작전을 수행하는 적이 아군과의 교전이 있을 것인지 혹은 있다면 어떤 식으로 있을 것인지 알 수가 없기 때문에 이때 우리는 주도권의 일부를 되찾을 수 있다.

2. 엄호(掩護: escort) 작전

전투기 저지망 혹은 지금 언급한 기동(機動) 저지망의 구축은 적이 전력을 방어적으로 운용한다면 필요치 않을 것이다. 이러한 상황이라면 우리는 근접지원(近接支援)이나 차단(遮斷) 작전을 수행하는 항공기에 대한 엄호전력을 충분히 가질 수가 있다. 앞에서 언급한 바와 같이, 만약 우리가 적 지상군에 대한 공격을 수행하고 있다면 적 공군은 여기에 대응하든지 아니면 공중우세를 사실상 포기해야 할 것이다. 적이 만약 공중전을 할 것이라고 가정한다면 엄호작전을 어떻게 수행할 것이냐가 문제이다. 이 경우에는 두 가지 방법이 있는데, 즉 소탕(掃蕩: sweep) 작전과 근접엄호(近接掩護: close escort) 작전이 그것이다.

소탕작전은 전투기가 폭격기보다 앞에서 비행하면서 항로상이나 측면에서 발견되는 적 항공기와 교전하는 방법이다. 근접엄호작전은 전투기가 폭격기에 매우 가까이 비행하면서 공격해 오는 적기를 물리치는 방법이다. 여기서 후자는 1940년 영국군에 대한 독일공군의 경우1), 1944년 독일에 대한 미 공군의 경우2), 한국전시 중공군에 대한 그리고 인도차이나에서 북베트남군에 대한 미 공군의 경우3), 등의 사례에서 볼 수 있는 것처럼 오랜 기간에 걸쳐 실패한 다수의 역사를 가지고 있다. 그러나 미래의 어떤 전쟁에서는 이것이 적절한 방법으로 드러날지도 모른다.

앞에서 살펴본 소탕과 근접엄호에 대한 논의는 작전지휘관의 영역이 아닌 전술적인 영역으로 들어간 것이다.

작전지휘관은 보통 전술적(戰術的)인 문제를 가까이 하면 안 된다. 그러나 어떤 전술적인 결심사항들은 전체 전쟁에 지대한 영향을 미친다. 소탕작전과 근접엄호작전에 관한 결심이 바로 그러한 경우이다. 이러한 전술적인 결심 분야 역시 공군 내에서도 각 부대 지휘관들이 어떤 것이 좋고 혹은 나쁜 것인지에 대하여 근본적으로 상이한 의견들을 보여주는 분야중 하나이다. 예를 들어 엄호작전 분야를 보면, 역사적으로 폭격기부대 지휘관들은 그들이 엄호전투기를 육안으로 보지 못하게 되면 엄호를 받지 못하는 것처럼 느껴왔다. 이런 종류의 이견(異見)이 생기기 때문에 작전지휘관이 전술적 결심에도 발을 들여놓지 않을 수 없는 것이다.

〔상황 4〕의 특징은 쌍방의 기지가 성역(聖域)에 위치한다는 것이다. 성역이 생기게 되면 전역은 쌍방이 상대측을 지쳐 쓰러지게 하는 것

---

1) Bekker, p. 242.
2) 상게서, p. 525.
3) Momyer, pp. 147-48.

이외에는 아무 것도 하지 못하는 장기(長期) 지구전(持久戰) 상황에 빠지기 쉽다. 이러한 현상으로의 발전은 쌍방이 거의 대등한 전력을 보유하고 있고 또 무기생산 능력과 인력지원(人力支援) 능력이 대등할 때 특히 잘 나타난다. 그러나 만약 한편이 조종사, 항공기 혹은 미사일에 있어서 상대방에 비하여 현저히 열세하다면 그는 대단히 조심스러운 작전을 할 수밖에 없으며 자신에게는 큰 손실이 없는 범위 내에서 상대방에게 피해를 줄 기회를 찾게 된다. 그렇게 해야 전쟁에서 오래 견딜 수 있는 것이다. 베트남전에서 미국이 참전한 이후에 북베트남군이 겪어야 했던 것과 같은 이러한 현상을 볼 때 그 과정에서 지상군이 큰 고통을 겪지 않을 것이라고 말할 수는 없다.

지금까지 논의해온 이 상황은 작전적 수준에서 문제를 해결하기가 가장 쉬운 것 중의 하나인데 이는 문제해결 가능한 방안이 너무나도 한정되어 있기 때문이다. 만약 적 후방(後方)지역에 대한 공격 제한(制限) 조치들이 정치적인 동기(動機)를 지니고 있거나 혹은 군사적으로 바람직하지 못한 것이라고 한다면, 모든 전쟁 관련자들을 격분시키기 쉽고 또 정치지도자들 사이에 상당한 이견(異見)들이 발생할 수도 있다. 이러한 상황이 발생하면 작전지휘관은 제한조치 가 있을 때와 없을 때 발생할 수 있는 대가에 대하여 정치지도자들에게 기탄 없는 충언(忠言)을 해야 한다. 〔상황 4〕가 지휘관에게 매우 한정적인 방안을 비록 제공하기는 하지만, 항공력이 별다른 역할을 수행하지 못하는 〔상황 5〕에서는 방안이 더욱 한정된다. 그러나 이 상황에서도 지휘관은 항공력에 대하여 여전히 생각하지 않으면 안 된다.

전투 수행에 항공기가 참가하지 않는 전쟁은 비교적 신생(新生)의 혹은 매우 빈약한 쌍방의 전력들이 충돌할 때 가장 잘 발생한다. 가능성은 희박하지만 그래도 발생할 수 있는 경우는 쌍방이 전쟁 수행 과정에서 전투손실이 발생하였거나 혹은 정비(整備) 문제 때문에 전력을 상실한 경우가 있을 수 있다. 그 이유가 무엇이었든지 간에 이때 공중우세는 문제가 되지 않을 것이다. 그러나 이때 만약 어느 한편이 항공력을 획득하게 되거나 혹은 지원 세력들이 항공력을 제공하기로 결정한다면 상황이 급격히 변화할 수 있기 때문에 우리는 이러한 시나리오에 대해서도 생각해야 한다.

상황은 항상 변하기 때문에 작전지휘관은 실제 지상전(地上戰) 혹은 해전(海戰)의 계획 및 집행과 일치되는 항공작전을 계획하는 훈련을 해야 한다. 그 계획은 항공력을 가능하다면 어디에 그리고 어떻게 공세적으로 사용할 것인가, 그리고 갑자기 항공력을 획득하게 된 적이 수행하는 공세 행위에 대하여 아군이 어떤 목표물들을 방어해야 할 것인가에 초점을 맞춰야 한다. 이 상황에서의 사고(思考)와 계획 수립은 앞에서 논의한 다른 네 가지 상황에서 제시된 것과 같은 방식을 따라야 한다.

[상황 4]와 [상황 5]에 관한 논의를 끝으로 우리는 공중우세에 관한 고찰을 마무리하게 되었다. 우리는 공중우세에 대하여 가능한 모든 것을 파악하기 위하여 이를 다양한 각도에서 살펴보았다. 각 상황들은 그 나름대로 특수한 문제점들을 보여주고 있지만 분명한 것은 어떤 상황에서나 전력(戰力)의 집중(集中)이 필수적이라는 것이다. 하지만, 이 원칙보다 더 단순하면서도 그리고 자주 무시(無視)되어온 원칙은 없다. 전력을 집중시킬 줄 아는 지휘관은 승리를 얻거나 아니면 패배를 면하게 되지만, 그렇게 하지 않는 지휘관은 패배하거나 아니면 우연한 승리를 얻을 수 있을 뿐이다.

우리는 이 원칙이 다음 장들에서 다루는 차단(遮斷: interdiction) 작전과 근접지원(近接支援; close air support) 작전에서도 중요한 역할을 한다는 것을 보게 될 것이다.

항공차단작전

클라우제빗츠는 한 세기(世紀) 반(半) 전에 "전투(戰鬪)는 전쟁의 핵심"이라고 말하였지만 어떤 상황에서는 실제 전투에서의 교전이 필수적인 것이 아닐 수도 있다. 그러나 이런 상황에서도 전쟁의 위협은 비록 그것이 실제적인 것이 아니라 하더라도 승리 혹은 패배를 결정하였다.[1]

---

1) Clausewitz, p. 95.

가장 단순한 의미로 볼 때 전투란 전선에서 무장병력(武裝兵力)이 서로 충돌하는 것이다.

무장병력이 서로 충돌하기 위해 그리고 전투가 있기 위해서는 인원, 무기, 탄약, 식량 및 정보가 전선으로 집결되어야 한다. 이 모든 것들이 이미 전선에서 집결되어 있다면, 증원병력(增援兵力)과 물자(物資) 등과 같은 지원 요소들이 계속 보급되어야 한다. 따라서 인력과 장비를 포함한 모든 것은 원시적인 통로(通路)로부터 복잡한 항공로(航空路)까지 포함되는 교통선(交通線)을 따라 공급원(供給源)에서 전선까지 이동된다. 물자의 경우에, 공급원이란 그 물자의 소재(素材)를 생산하는 곳에서부터 제작공장에 이르는 전체 과정이 포함된다. 공급원으로부터 전선에 이르는 교통선 이외에도 교통선은 전선을 따라 측방(側方)으로 역시 뻗어나갈 수 있다. 이러한 선을 따라 병력은 적의 위협에 대응하기도 하고 또는 주어진 기회를 이용하기 위하여 전선의 한 부분에서 다른 부분으로 이동한다.

유사(有史)이래 많은 지휘관들은 전선에 배치된 적군과 적의 근거지 사이에 그들의 병력을 배치하려고 해왔다. 이러한 중간배치(中間配置) 방식은 특히 18세기에 널리 사용된 방식으로서 일정 기간 동안에 별도의 전투행위를 하지 않고도 이러한 행동 그 자체만으로도 평화 유지를 위한 차단(遮斷) 효과를 얻기에 충분할 만큼 매우 중요한 것이었다. 따라서 이와 같은 차단의 역사는 전투의 역사만큼이나 오래되고 또 중요한 것이다. 항공기의 출현은 이러한 전쟁 방식에 단지 또 하나의 차원(次元)을 추가시켰을 뿐이다.

차단의 정의(定義)에는 여러 가지가 있다. 때때로 그것은 전장차단(戰場遮斷: Battle Field Interdiction)이라는 하위개념으로 구별되기도 한다. 그러나 개념을 단순화하기 위하여 우리는 차단작전을 인원이나 장비가 공급원으로부터 전선으로, 혹은 전선 후방에서 횡적(橫的)으로 이동하는 것을 금지하거나 지연시키기 위한 목적으로 수행하는 작전이라고 생각할 것이다. 또한, 우리가 공중우세에 관한 논의에서 그랬던 것처럼 공급원에 대한 작전과 전선 직후방(直後方)에 위치한 목표물에 대한 작전 사이에도 어떤 차별을 두지 않을 것이다.

따라서 용광로(鎔鑛爐)가 있는 곳까지 철광석(鐵鑛石)을 운반하고 있는 열차(列車)를 공격하는 것이나 전선 후방 1마일 지점에 위치한 교량(橋梁)을 파괴하는 것이나 똑같이 차단작전이 되는 것이다. 그러나 이 두 가지 경우가 가져오는 효과를 체감(體感)하기까지 소요되는 시간간격(時間間隔)은 상당히 차이가 있을 것이다. 그렇다 하더라도 이 두 가지는 다 같이 차단작전이며 지휘관이 수행하는 전구(戰區) 항공전역에 모두 포함되는 것이다.

전쟁물자 공급원에 대한 직접공격을 제외한다면 차단작전의 성과는 아군 혹은 적군의 지상전 상황과 밀접한 관계가 있다. 일반적으로 보자면, 차단작전은 적이 아군의 공격행위에 대하여 압박감(壓迫感)을 느끼고 있거나 혹은 적이 스스로의 작전계획에 의하여 이동(移動)을 필요로 할 때 가장 효과적이다. 이러한 상황을 좀더 가시화(可視化)하는데 도움을 주기 위하여 지상군 활동을 6가지 범주로 구분하여 각각 세부적으로 고찰해 보도록 하자.

1. 후퇴할 때

지상군이 다뤄야 할 문제 중에서 가장 어려운 문제는 적군의 압력 하에서 후퇴(後退)작전을 수행하는 것이다. 이러한 상황이 되면 지상군은 새로운 전선의 설치, 부대의 철수(撤收) 혹은 증원전력의 도착까지의 시간을 벌기 위하여 적의 추격을 가능한 한 지연(遲延)시키지 않으면 안 된다. 이때 차단작전이 필요한 시간을 벌게 해줄 수 있다. 후퇴를 하게 만드는—특히 전구(戰區) 규모의 후퇴를 하게 만드는—조건 중에는 불행하게도 이미 공중우세를 상실한 경우가 포함되어 있을 수 있다. 그러나 몇 가지 특수한 조건하에서는 공중우세를 상실하지 않았을 경우도 있어서 이때는 차단작전 수행이 가능할 수 있다. 한국전쟁시 1950년 늦가을 압록강으로부터 미군의 철수작전이 좋은 사례이다.

공세작전을 크게 성공한 미군이 압록강 강둑까지 도달했을 때, 맥아더 장군 휘하의 미 육군 제8군과 제10군단은 중공군(中共軍)의 대규모 역공세(逆攻勢)를 만나게 되었다. 경우에 따라 10대 1까지 될 정도로 큰 수적 열세에 처한 맥아더 장군은 총퇴각(總退却)을 명령하였다. 중공군사령관 임표 장군은 미 8군을 가능한 한 북쪽에서 섬멸할 목적으로 추격하기 시작하였다. 이 목표를 달성하기 위하여 그는 주간(晝間)에는 위장하여 숨어 있다가 밤에만 행군하던 종래의 진군(進軍) 방식을 버렸다. 그의 부대가 후퇴하는 미군을 따라잡을 수 있는 속도를 얻기 위하여 주간 이동뿐 아니라 차량으로 야간 이동까지 하게 되자 그는 미 공군에게 부대의 위치를 완전히 노출(露出)시키게 되었다.

여전히 공중우세를 확보하고 있던 미 공군은 임표군의 노출을 최대한 이용하였다. 미군 정보기관에서는 항공정찰(航空偵察)과 포로(捕虜) 신문(訊問)을 통하여 그 해 12월 한 달에만 4 내지 5개 사단 병력과 맞먹는 3만 명 이상의 중공군이 살상되었다고 추정하였다. 중공군은 그와 같은 대량 손실률을 더 이상 견디지 못하고 주간에는 숨고 야간에만 행군하는 종래의 진군 방식으로 전환하지 않을 수 없게 되었던 것이다.[2] 맥아더군은 총 13,000명 미만의 사상자를 내고 실질적으로 별 피해 없이 철수작전에 성공하였다.[3]

이것은 차단작전이 잘 성공한 경우인데, 그 이유는 미군이 공중우세를 확보하고 있었고 또 중공군은 작전 수행을 위하여 부대의 위치를 노출시켰기 때문이었다. 여기서 우리는 이와 반대되는 극단적인 경우, 즉 후퇴하는 측이 공중우세를 갖지 못한 상황에서 차단작전을 수행해야 하는 경우에는 어떤 일이 일어날 것인지도 살펴보아야 할 것이다.

---

2) Robert F. Futrell, The United States Air Force in Korea 1950-53 (Washington, DC: Office of Air Force History, 1983), pp. 261-63.

3) William Manchester, American Caesar: Douglas Macarthur 1880-1964 (Boston: Little, Brown and Company, 1978), p. 611.

2. 적의 공세에 대하여 정적(靜的)인 방어작전을 수행할 때

지상군이 겪을 수 있는 가장 심각한 상황은 적의 공세가 계속되고 있을 때 지상군이 정적(靜的)인 방어작전만을 취해야 하는 상황에 처했을 때이다. 한국전쟁 초기의 상황에서 우리는 차단작전이 달성할 수 있는 다른 한 가지 좋은 사례를 찾을 수 있다.

1950년 6월 북한군의 기습(奇襲) 공격의 결과로, 7월 초순이 되자 한국군과 미 증원군은 한반도(韓半島) 남단(南端)까지 밀리게 되었다. 항구도시 부산(釜山)을 중심으로 연합군은 방어선(防禦線) 설치에 성공하였지만 그 방어선도 언제 무너질지 모르는 위험스런 상황에 처해 있었다. 상황의 심각성에도 불구하고 맥아더 장군은 반격작전을 시작하고자 하였다. 그러나 그는 상당한 전력이 미국으로부터 증원되기 전에는 그렇게 할 수가 없었다. 반격작전계획에서 중요한 것은 현재의 방어선을 유지하는 것이었다. 그렇게 하자면 북한군이 최종 공세를 감행하기 위하여 충분한 병력과 보급품을 집결시키지 못하도록 항공력이 이를 막아 주어야만 가능하다고 그는 판단하였다. 그는 공군력을 사용하여 강력한 차단전역(遮斷戰役)을 수행하는 방안을 채택하였다. 그 전역은 성공하였고 방어선은 지켜졌다.4)

이때는 양측이 비록 큰 규모의 공군력을 보유하고 있지는 않았지만 이때도 공중우세가 확보된 상황하에서 차단작전이 수행되었다.

3. 쌍방이 공세작전을 수행할 때

최악(最惡)의 상황에서 최상(最上)으로 나아가는 전쟁스펙트럼의 다음 단계는 쌍방의 전력이 대등하여 공세작전을 다 같이 시도하는 상황이다. 이런 상황하에서는, 차단전역을 효과적으로 수행하기 위한 충분한 공중우세를 양측 모두 갖지 못할 수도 있다. 그러나 이런 경우에도

---

4) Momyer, p. 168.

만약 차단작전을 수행할 기회가 주어진다면 큰 이득을 얻을 수 있다. 1941년 북아프리카의 사막전투는 쌍방이 전투지역 상공의 공중우세를 장악하지 못했는데도 영국 측에서는 실제 전투지역으로부터 약간 떨어진 지역에 대하여 효과적인 차단작전을 수행할 수 있었던 흥미로운 사례를 보여준다.

오코너(Richard N. O'Connor) 장군 휘하의 영국군이 초기에 승리를 거둔 이후 사막전투(砂漠戰鬪)는 롬멜 장군이 추축국(樞軸國: Axis) 군의 지휘를 맡기까지는 애매한 상황으로 계속되고 있었다. 그러나 1941년 늦가을이 되자 롬멜은 영국군을 이집트 국경까지 몰아붙이고 최종 공세를 준비하게 되었다. 지상 전투에서 역전(逆轉)을 당하여 곤경에 처해 있던 영국군은 이때 리비아(Libya)와 튀니지(Tunisia)로 항해하는 추축국 선단(船團)에 대하여 말타(Malta)섬으로부터 강력한 차단전역을 수행하였다. 이 전역은 1941년 가을에 그 절정(絶頂)에 달하였는데, 9월에는 영국공군과 해군이 롬멜에게 운반되는 모든 물자의 38.5%를 파괴하는 데 성공하였고 11월에는 77%까지 파괴하기에 이르렀다.5) 그리하여 12월에 롬멜군은 탄약 저장량이 극히 줄어들어 40대의 전차(戰車)만을 운영하게 되었고, 또 롬멜은 최소한 그 다음 달까지도 그에게 물자를 보급할 방도가 없다는 이탈리아군의 보고를 받게 되었다. 그는 토브룩(Tobruk)과 이집트 국경선으로부터 철수하는 수밖에 없었다.6)

롬멜이 사막전투에서 역전 당한 후 독일의 상급 지휘부에서는 말타섬을 근거지로 수행하는 영국군의 차단작전을 그냥 두어서는 안 되겠다고 늦게나마 깨닫고, 말타섬에 대하여 대규모 공중공격을 수행하여 결국 그 섬의 수비대(守備隊)가 항복하도록 하였다. 영국공군과 해군 부대는 더 이상 그 섬에서 작전을 할 수 없게 되었다. 12월에 시작한 독일군의 공습은 즉각적으로 결과가 나타났는데, 즉 1942년 1월에 독

---

5) Suchenwirth, pp. 90-91.
6) David Irving, The Trail of the Fox (New York: Avon Books, 1978), p. 175.

일군은 운반 물자의 20%만을 손실하게 되었다.7) 말타섬의 무력화(無力化) 덕택으로 독일군은 롬멜에게 충분한 물자를 공급하게 됨으로써 그로 하여금 4월에는 주요 공세를 재개(再開)할 수 있게 하였다.

말타섬으로부터의 차단작전이 성공하게 된 것은 그 지역과 부근 상공의 공중우세를 영국공군이 장악하고 있었고 또한 북아프리카에 있던 영국군이 롬멜군에게 견딜 수 없을 정도의 압력을 지속적으로 행사(行使)하였기 때문이었다. 독일군은 그 섬 상공의 공중우세를 획득한 연후에야 힘들게나마 차단작전의 피해를 멈추게 할 수 있었다. 말타섬의 경우는 주작전(主作戰)이 아닌 명백히 부수적(附隨的)인 일이라도 이를 무시할 때 어떤 일이 일어날 수 있는가를 보여주는 전형적인 사례이다. 만약 이탈리아군이 전쟁 초기에 말타섬을 점령하였더라면 또는 독일공군이 몇 개월 전에 그 섬에 대하여 공습을 감행하였더라면 롬멜은 능히 승리할 수 있었을 것이다.

4. 정적(靜的) 방어에 대하여 공세작전을 수행할 때

다음에는 정적인 방어 자세를 취하고 있는 적에 대하여 지상군이 공세작전을 수행하려고 하는 상황에 관하여 살펴보자. 적의 공격을 견뎌내기 위해서는 충분한 보급을 받을 수 있어야 하고, 극히 예외적인 경우를 제외하고는 예비전력(豫備戰力)을 투입할 수 있을 뿐 아니라 병력을 전선의 한 지점으로부터 다른 지점으로 이동시킬 수 있는 능력을 가져야 한다. 차단작전은 이러한 두 가지 종류의 이동을 제한할 수 있지만, 경험에 의하면 이 작전으로 얻을 수 있는 가장 큰 이득은 예비전력이나 증원부대의 이동을 저지시키거나 지연시키는 데서 찾을 수 있다. 연합군이 시도한 구스타프선(Gustav Line) 공격과 노르망디(Normandy) 침공 이 두 가지는 매우 시사적(示唆的)이다.

---

7) 상게서., p. 92.

1943년 가을, 이탈리아에 주둔한 독일군은 이탈리아반도 서부지역을 흐르는 가릴리아노(Garigliano)와 라피도(Rapido) 강(江)으로부터 동부지역의 상그로(Sangro) 강까지 강둑을 따라 구스타프선이라는 견고한 방어선을 구축하였다. 연합군의 공격은 구스타프선에 대한 공격을 필두로 1943년 10월에 시작되었다. 그러나 완강한 방어에 부딪친 작전은 의외로 손실이 많았던 반면 이득은 별로 없었다. 이때 독일의 방어선을 깨뜨리면서 연합군의 손실을 줄이기 위한 노력의 일환으로 미 공군은 1944년 3월 "스트랭글(Strangle)작전"을 시작하였다. 독일군에 대한 보급품 수송을 차단하기 위해 계획된 이 작전은 로마에서 상당히 북쪽에 있는 철도와 도로망에 초점을 맞추었다. 작전 첫 주에 연합군은 적어도 2개 지역에서 모든 철로를 절단하였다. 그 후에는 하루 평균 25군데를 절단하였다. 독일군의 철도 수송능력은 하루 8만 톤에서 독일군이 강력한 공격을 막아내는 데 필요한 양을 훨씬 밑도는 4천 톤으로 떨어졌다. 그러나 연합군의 지상공격이 없는 상황에서는 4천 톤이라는 양도 독일군이 생존할 수 있는 양이었다. 따라서 그들은 퇴각하지 않고 버텼다.[8] 그래서 다음 단계의 작전은 지상군 공세를 재개(再開)하는 것이었다.

지상군 공세 준비를 위해서 미 공군은 "스트랭글" 작전을 계속하였지만 작전의 초점을 로마 바로 북쪽에 위치한 독일군 방어선 직후방으로 변경하였다. 5월 중순이 되어 연합군은 드디어 지상군 공세를 시작하여 방어선을 쉽게 돌파하고 14일 후에는 안찌오(Anzio)에 위치한 해안 교두보(橋頭堡)와 연결할 수 있었다. 그리고 다시 10일 후에는 로마를 점령하였다.

과거 6개월 동안의 작전에서 큰 손실만 입고 아무 것도 얻지 못했던 연합군은 단지 3주일만에 80마일을 전진하고 독일군이 황급히 후퇴하도록 만들었던 것이다. 손실률도 비교적 경미하였다. 공세를 포기해야

---

8) USAF Tactical Operations: World War II and Korean War (Washington,DC: USAF Historical Division, Liaison Office,1962), p. 30.

했던 늦가을 및 초겨울 동안의 실패한 기간보다도 지상군 병력의 변동이 별로 없었던 점을 감안할 때 항공차단작전은 예상만큼은 아니라도 분명히 큰 성공을 거둔 것이었다.

전후(戰後) 독일군 지휘관들과의 면담에서 그리고 독일군의 기록을 검토한 결과 당시 독일군은 연합군의 공격을 견딜 수 있는 충분한 보급품을 보유하고 있었다는 것이다. 따라서 이러한 관점으로 볼 때 북부지역에 대한 차단작전은 적에게 그리 큰 피해를 주지는 못하였다. 오히려 좀 더 큰 효과를 본 것은 독일군이 예비전력을 전선으로 이동시키거나 혹은 전선 측방으로 부대를 이동시킬 수 없도록 만든 것이었다. 연합군의 차단작전은 트럭이나 기차 같은 것을 파괴시켰고 철도와 도로 및 교량 등에도 매우 큰 피해를 입혔기 때문에 독일군의 이동은 단지 도보(徒步)나 동물을 이용한 운송수단에 의존할 수밖에 없었다. 공세작전을 수행하기 이전(以前)이나 공세기간 중에 수행한 측방(側方) 교통선의 차단은 특히 효과적이었다.9)

전투기간 중 제14 기갑사단 사령관 프리도(Frido von Sengerund Etterlin) 장군은, 적이 하늘을 통제하였기 때문에 독일 방어군은 필요한 측방 이동을 하기가 매우 어려웠다고 말했다. 그는 야간에만 이동할 수 있었는데, 야간에만 이동한다는 것은 체스게임에서 마치 상대편이 3수를 둘 때 자기는 1수를 두는 것과도 같았다고 비유하였다.10)

이탈리아에서 수행한 차단작전은 연합군이 공중우세를 확보하고 있었고 또한 교통선에 대하여 지속적인 압력을 가할 수 있었기 때문에 성공하였다. 그러나 그 작전이 독일군을 퇴각하도록 만들지는 못하였다. 따라서 지상군의 공세가 필요하였다. 과거에 실패했던 장소에서 수행한 지상군 공세가 차후에 성공한 것은 전선의 빈틈을 메우려는 독일군의 부대이동을 차단작전을 수행함으로써 효과적으로 차단했기 때문이었다.

---

9) F.M. Salagar, Operation "Strangle" (Italy, Spring 1944): A Case Study of Tactical Air Interdiction (Santa Monica, Calif.: The Rand Corporation, 1972), p. 62.
10) 상게서., p. 68.

차단작전과 지상군 공세작전의 합동작전 수행 개념은 또 다른 사례를 들어야 할 만큼 매우 중요하다. 연합군의 노르망디 침공작전은 북프랑스에 주둔한 독일군 병력이 침공하는 연합군보다 수적으로 훨씬 우세하다는 것을 충분히 인식한 상태에서 계획된 것이었다. 따라서 작전을 성공시킬 수 있는 유일한 길은 노르망디 지역으로 독일군 증원전력이 이동하는 것을 막는 것이었다. 그 목적을 달성하기 위하여 계획관(計劃官)들은 차단작전에 의존하였다.

독일군은 그들이 이미 예상하고 있던 적의 침공작전을 방어하기 위하여 기본적으로 두 가지 방안을 가지고 있었다. 첫 번째로, 그들은 보유한 총 전력을 해안에 집중 배치하여 어떤 지점 혹은 정확한 예상 상륙(上陸) 지점에서 그들의 전력이 상륙하는 적보다도 충분한 우세(優勢)를 유지한다는 것이었다. 따라서 이 방안은 연합군이 해안에 교두보를 결코 설치하지 못하게 한다는 것이었다. 두 번째 방안은 독일군의 교리에 입각한 것으로서, 적 주력(主力) 부대의 상륙이 분명해질 때까지 전력을 대기시키는 것이었다. 그런 다음에 우세한 전력을 투입하여 적의 교두보를 격파한다는 것이었다.

적이 하늘을 통제하고 있는 상황에서 전력을 이동시키려고 해본 경험이 있는 롬멜 장군은 첫 번째 방안의 선택을 강력히 주장하였지만 적 공군력에 관하여 그리 큰 경험을 갖지 못하였던 룬드슈테트(von Rundstedt)는 두 번째 방안을 강력히 주장하여 롬멜을 이겼다.[11]

병력의 숫자만으로 볼 때는 룬드슈테트의 입장이 정당한 것처럼 보였다. 그의 휘하에 150만의 병력이 60개 사단으로 조직되어 있었다.[12] 여기에 비하여 연합군측은 첫 주에 총 325,000명을 해안에 상륙시킬 수 있을 뿐이었다.[13]

---

11) Lewin, p. 274.
12) Anthony Cave Brown, Bodyguard of Lies (New York: Bantam Books, Inc., 1976), p. 429.
13) Summaries of Selected Military Campaigns (West Point, N.Y.: Department of Military Art and Engineering, US Military Academy, nd, Special Printing for the Department of History, US Air Force Academy, 1960), p. 142.

차이는 항공력에 있었다. 연합군은 침공 이전에 이미 2개월 계획의 차단작전을 수행해왔다. "D"일에 연합군은 100대의 독일군 항공기가 저항하는 가운데 14,000소티를 출격시켰다. 이때 독일공군은 39대의 항공기를 잃은 반면 연합군은 여러 가지 원인을 합쳐 127대를 손실하였다.14)

차단작전은 2단계로 수행되었다. 첫 번째 단계는 1944년 이른 봄부터 시작되었는데, 그것은 철로나 교량 혹은 여러 가지 차량을 파괴하여 독일군의 수송체계를 제압하려는 것이었다.15) 그 다음 단계는 침공작전이 시작된 이후에 독일군이 노르망디로 이동하는 것을 막는 것이었다. 첫 단계 작전의 성공은 룬드슈테트 지역의 철도 관리를 담당했던 호프너(Hoffner) 대령의 보고에 의해 명백해졌다.

1944년 5월에 그는, 독일군은 하루에 100대의 열차를 필요로 한다고 룬드슈테트에게 보고하였다. 그러나 독일군은 4월 중 하루 평균 60대에도 훨씬 못 미치는 단지 32대만을 운영할 수 있었다. 이것은 그해 1월에 비하여 13%밖에 되지 않는 것이었다.16)

차단작전의 수행은 연합군이 노르망디 해안으로 공격해 들어가기 전에 프랑스에 있던 독일군을 이미 무력(無力)하게 만들었다. 독일군 고위 장성들의 보고는 작전의 성공을 증명해 준다. 룬드슈테트는 "연합군 공군은 독일군의 모든 주간 이동을 마비시켰을 뿐 아니라 야간에도 이동을 곤란하게 하였다"라고 하였으며, 또한 그의 후임자인 클라우게(von Klauge)는 "적이 가진 제공권은 시간(時間)과 공간(空間)을 막론하고 모든 이동을 제한하였으며, 따라서 시간 예측을 불가능하게 하였다"라고 말하였다. 또한 롬멜은 "노르망디에서 아군은 작전을 수행하기가 아주 어려웠고 심지어 어떤 지역에서는 아예 불가능하였다." 그리고 "전장에서 아군 병력의 이동은 거의 완전히 마비되었다"17)라고

---

14) Murray, p. 281.
15) Impact of Allied Air Interdiction on German Strategy for Normandy, p. 1.
16) Fuller, Decisive Battles, Vol. 3, p. 560.
17) Impact of Allied Air Interdiction on German Strategy for Normandy, pp. 11-14.

언급하였다.

노르망디와 이탈리아에서의 차단작전은 성공적이었다. 전자(前者)의 경우에 그 작전은 만일 그것이 없었더라면 불가능했을 상륙작전을 성공시켰고, 후자(後者)의 경우에는 종전에는 큰 손실만 입고서 실패했던 공격작전을 성공시켰다. 이러한 작전들로부터 두 가지 사항이 드러난다. 차단작전을 수행하는 측은 완전한 공중우세를 획득하고 있었다는 것과 또 방어측(防禦側)은 공격측(攻擊側)으로부터 막대한 압력을 받게 되었다는 것이다. 이와 같이, 공중우세 및 차단작전 이 두 가지가 서로 합쳐져서 강력한 상승작용(相乘作用)을 일으켰던 것이다.

5. 후퇴하는 적에 대하여 작전할 때

병사들에게는 적군의 배낭보다 더 보기 좋은 광경은 없다고 나폴레옹이 말한 바 있다. 실제로, 그런 광경은 적을 추격하고 있는 병사들을 도와주는 항공력이 있는 오늘날에는 그들에게 더욱 좋은 것이 틀림없을 것이다. 후퇴하고 있는 군대는 몇 가지 이유에서 차단작전에 특히 취약하다.

- 첫째, 후퇴중인 적은 거의 모두가 이미 공중우세를 상실하였다.
- 둘째, 말 뜻 그대로 퇴각하는 적은 황망하여 적의 공중공격에 기초적인 대비조차 할 겨를이 없다.
- 셋째, 그들은 그들이 보유한 지상기반 방공수단도 거의 상실하였을 것이다.
- 넷째, 그들은 통상 합리적인 행동방향을 지시해 주는 지도력(指導力)과 규율(規律)을 상실했을 가능성도 높다.

이러한 네 가지 요소들이 결합되어 후퇴하는 적은 항공작전의 이상적인 표적(標的)이 되는 것이다.

후퇴중인 적에 대한 차단작전 개념은 대단히 명쾌하기 때문에 그 개념을 설명하는 데 많은 사례를 필요로 하지 않는다. 하나면 족할 것이다.

1944년 5월 연합군이 이탈리아의 구스타프선을 격파해 들어가자 독일군은 황급히 후퇴하게 되었다. 후퇴하는 군대라고 모두 오합지졸(烏合之卒)은 아니듯이 독일군은 북으로 후퇴할 때에도 공격군에 못지 않은 질서를 유지하였다. 그러나 그렇게 질서를 잘 유지했음에도 불구하고 독일군은 연합군의 공중공격으로 70,000명 이상의 사상자를 내었고 엄청난 양의 장비를 손실하였다.18)

먼저 독일군의 남하(南下)를 곤란하게 했던 차단작전은 다음으로는 북쪽으로의 퇴각 또한 어렵게 만들었다. 이때 독일군이 겪은 손실과 한국전쟁 때 압록강에서 철수한 미군이 겪은 손실을 비교해 보라. 그 차이점은, 미군은 공중우세를 유지하고 있었으나 독일군은 그것을 잃었다는 사실에 기인하는 것이다.

6. 자족(自足)하는 적군에 대하여 작전할 때

전쟁스펙트럼의 마지막 범주는 적군이 외부로부터 보급지원 없이도 스스로 전력을 유지할 수 있거나 거의 그와 유사한 특수 상황이다. 때때로 게릴라군은 전쟁 초기 단계에서 그와 유사한 능력을 가질 수 있다. 심지어 전투 주력부대도 어느 정도의 저강도분쟁(低强度紛爭)에서 싸우거나 적으로부터 큰 압력을 받지 않고 있는 경우에는 거의 독자적으로 전력을 유지할 수 있다. 생존(生存) 또는 전투수행에 있어서 더 이상 필요한 것이 없는 부대는 차단작전이 효과를 거둘 수 있는 보급선이 불필요하다는 것은 확실하다.

이러한 상황에 대한 사례는 대단히 많아서, 1965년경 북베트남군이 남쪽으로 밀어붙이기 이전의 베트남전 상황과 케냐(Kenya)에서의 마

---

18) USAF Tactical Operations: World War II and Korea, p. 30.

우 마우(Mau Mau) 폭동 및 2차대전시 발칸(Balkans)에서의 빨치
산작전 상황 등도 여기에 속한다. 단순히 차단작전이라는 것이 있다고
해서 그것이 모든 분쟁마다 적합한 작전은 아니다. 많은 사례를 통해
서 나타난 바와 같이 차단작전이 반드시 필요하지 않은 경우도 있기
때문에 그것을 사용하고자 하는 어떤 기도(企圖)는 필경 그것이 다른
작전을 좀 더 생산적으로 만들기 위한 노력이라고 할 수 있는 것이다.

우리는 지금까지 차단작전이 무엇을 할 수 있고 어느 때 가장 효과
적인가에 관하여, 즉 후퇴, 추격, 혹은 결정적인 공격에 대한 방어작전
중에서와 같이 적에게 압력을 가할 때 그리고 적이 주요 부대와 장비
를 긴급히 이동시킬 필요가 있을 때 효과적이라는 것을 알았다.

그러면 이제는 차단을 해야 하는 장소에 관하여 생각해 보자. 전선
으로부터의 상대적인 거리를 기준으로 하여 간단히 3가지 범주로 구분
하면 분석과 계획을 위한 참조점(參照點)을 찾을 수 있다. 차단은 근
거리(近距離: close), 중거리(中距離: intermediate), 원거리(遠距
離: distant)의 세 가지 종류로 구분할 수 있다.

원거리차단(遠距離遮斷)은 사람과 물자의 공급원에 대한 공격이라고
우리는 정의할 수 있다. 그러나 생산시설이 없는 경우는 물자가 외부
로부터 그 국가로 유입(流入)되는 항구나 비행장에 대한 공격이 된다.

중거리차단(中距離遮斷)은 공급원과 전선 사이의 어떤 지점을 공격
하는 것이다.

근거리차단(近距離遮斷)은 측방 이동이 발생되는 전선지역 부근을
차단하는 것이다.

공격은 이러한 세 가지 종류의 지점 중 어느 한 곳에 집중할 수도
있고, 또는 각각의 지점에 공격을 집중시킬 만큼의 충분한 항공자원
(航空資源)이 있고 또 상황이 적절할 때에는 동시에 모든 곳에 대하여
수행할 수도 있다. 다시 말하지만, 과거의 분쟁 경험으로부터 독자들은
각 지점에 해당되는 문제점들과 장점들을 잘 이해할 수 있을 것이다.

원거리차단은 전체 혹은 일부 전구에 영향을 주는 가장 결정적인 결

과를 생산하는 능력을 갖는다. 그러나 이것은 공격행위(攻擊行爲)와 전선에서 인식할 수 있는 그 성과(成果) 사이에 큰 시간지연(時間遲延)이 있다는 단점이 있다. 예를 들면, 만약 세계의 모든 정유소가 오늘 폭발한다 하더라도 석유로 움직이는 산업체와 수송수단이 내일 당장 정지되지는 않을 것이다. 어떤 경우에 그것들은 일주일 혹은 몇 달까지 움직일 수도 있을 것이다. 그러나 결국에는 정유소가 다시 건설되지 않는 한 작동을 중단하게 된다. 여기서 공중지휘관이나 전구지휘관이 얻을 수 있는 하나의 교훈은, 즉 원인과 결과 사이에는 항상 시간지연이 존재한다는 것이다. 만약 지휘관이 어떤 행동을 취한 연후에 그 효과를 느끼기 전에 전투를 시작하게 될 것이 확실하다면 그 행동을 취하는 데 자원을 낭비하는 것은 무의미(無意味)한 것이 될 것이다. 그러나 전쟁은 예상보다는 흔히 길어지거나 혹은 짧아지기가 쉽기 때문에 지휘관은 그 작전의 결과를 평가하는 데 상당한 관심을 가져야 할 것이다.

원거리차단의 전형적인 사례는 2차대전 중 독일과 일본에 대하여 수행한 작전들에서 찾아볼 수 있다. 이러한 작전들은 이미 상당히 세부적으로 논의한 바 있기 때문에 독일의 석유시설(石油施設)을 4개월 동안이나 폭격하여 항공유(航空油) 생산능력을 98%까지 감소시켰던 일을 회상해 보는 것만으로도 충분할 것이다. 전쟁 말기에 이르자 독일군의 전차는 운(運)이 좋을 경우에 겨우 단 한 차례 공격을 할 수 있는 연료만을 얻을 수 있을 뿐이었다.[19]

현대의 육군이나 공군은 물론 현대 사회는 연료 없이는 결코 아무것도 할 수 없다. 위에서 논의한 바, 연료시설을 파괴하는 대단한 작전을 성공시킨 연후에는 적에게 일정 수준의 압력을 유지하면서 단지 적이 스스로 붕괴할 때까지 기다리기만 하면 되는 것이다.

중거리차단은 이것 역시 시간지연이 있다. 그러나 원거리 차단보다는 작을 것이다. 이 작전은 차기 작전을 준비하는 데 가장 적합하다.

---

19) Murray, p. 274; 및 Uebe 전게서, p. 100.

예를 들면, 이탈리아와 프랑스의 철로(鐵路) 공격은 구스타프선에 대한 공세가 시작될 때까지 그리고 노르망디에 침공부대가 상륙할 때까지 성과를 보지 못하였다. 그러나 그 성과는 대단히 큰 것이었다.

남서태평양에서도 이와 유사한 상황이 있었다. 미 공군이 라바울(Rabaul)에서 후온(Huon)반도로 이동하고 있는 일본군의 거대한 병력 및 보급물자 수송단(輸送團)을 공격했을 때 일본군은 그 수송단의 모든 장비와 사단급에 이르는 전체 병력을 상실하였다.20) 그 손실은 그 장소로부터 동쪽으로 약 2백 마일 떨어져서 벌어지고 있던 전투에 즉각적인 효과를 미치지는 않았다. 그러나 그 효과는 그 수송단을 이용하여 강화시키려고 했던 후온(Huon)의 기지들에 대하여 맥아더 장군 부대가 한 달 이후에 이동할 때 나타났다.

맥아더는 거룻배 항로에 대해서도 지속적인 작전을 수행했는데, 그 항로는 홀란디아(Hollandia)와 웨와크(Wewak)로부터 미군이 전진하기 이전에 거리를 단축시키지 않으면 안 되는 중요한 지점이라고 일본군이 생각한 중간 지점으로 가는 것이었다. 비록 맥아더 부대가 이 기지들 대부분을 우회하여 통과했지만 장기간에 걸친 효과적인 차단작전의 수행은 그들을 식량이나 부품 및 의약품의 재보급(再補給)을 차단시키는 데 성공하였던 것이다.21)

그리하여, 그가 공격한 적 기지들은 크게 약화(弱化)되었으며 차단당하지 않았다면 가능했을 저항마저도 할 수 없게 되었다.

마지막 범주의 차단은 근거리차단인데, 이것은 전투가 진행 중인 경우에는 가장 유용한 것이다. 우리는 근거리차단 작전이 1944년 구스타프선에 대한 공격 직전 또는 공격기간 중에 매우 큰 역할을 하였다는 사실과 노르망디에서는 그 보다 더 큰 결과를 가져왔다는 사실에 대하여 잘 알고 있다. 또 한 가지 좀더 근래의 사례는 1973년의 아랍-이스라엘 전쟁에서 찾아볼 수 있다.

---

20) James 전게서, pp. 292-97.
21) Kenney, p. 275.

AKC-135 공중급유기가 F-16 Fighting Falcon기에 공중급유 대기상태에 있다.

1973년 10월 7일 일요일, 시리아군은 골란고원에 기갑(機甲) 예비대를 투입하였다. 시리아 대통령의 아우가 지휘하는 300대의 전차는 베놋 야콥(Benot Yacov) 교(橋)에 5마일까지 전진해 들어갔다. 전선에 막 도착한 소수의 예비대 전력이라는 점을 제외하고는 그들이 골란고원 아래 평지로 전진해 나아가는 것을 방해하는 요소는 아무 것도 없었다. 이스라엘군의 심각한 패주(敗走)가 임박한 것처럼 보였기 때문에 시리아군은 "힘닿는 데까지" 진격하였다. 그러나 나중에 밝혀진 바와 같이, 시리아군은 "이스라엘공군의 차단 공격 때문에" 연료와 탄약이 고갈되었다. 전날 밤 이스라엘공군은 전선 직후방에서 연료와 탄약을 운반하는 시리아군의 수송단에 대하여 차단작전을 수행하였던 것이다. 근접지원작전 대신 수행된 이 작전은 절망적인 지상전 상황에도 불구하고 그 전투에 중대한 영향을 미쳤다.22)

차단작전은 합동군(合同軍) 혹은 공군 지휘관이 가지는 강력한 도구로써, 공급원에 대한 원거리차단처럼 잠재적인 전쟁-승리 전역의 일부로써 혹은 지상군 전역의 일부로써 사용할 수 있는 도구이다. 이것은 거의 모든 전쟁상황에서 상당한 효과를 얻을 수 있을 것이다. 특히 그것이 지상군 작전을 지원하는 데 사용될 때는 적군이 매우 큰 압박감을 느끼고 있거나 압박감을 느끼려고 할 때 가장 효과적이다. 하지만 몇 가지 잠재적인 문제점들은 고려되어야 한다.

우리가 논의해 온 모든 성공적인 차단작전은 지속적(持續的)이고도 집중적(集中的)인 노력들이었다. (골란고원에서 이스라엘군이 시리아 보급품에 대하여 수행한 차단작전은 매우 단기간 동안 수행된 것이지만 전체 전쟁기간과 비교해 볼 때 이탈리아에서 구스타프선에 대한 공격 직전에 수행한 작전과 별 차이가 없는 것이다.) 몇 대의 항공기로 수행하는 한 두 가지 임무가 지속적인 어떤 성과를 거둘 수 있을 것이라고 믿는 것은 무모(無謀)한 일이다. 우리가 고찰해온 모든 작전에서 처럼 여기서도 대량(大量)과 집중(集中)은 필수적인 원칙이다.

---

22) The Yom Kippur War, pp. 182–83.

차단작전에서도 항공기와 조종사를 잃을 수 있다. 따라서 그 손실의 대가(代價)로 유용한 어떤 것을 얻을 수 있다는 보장이 반드시 필요하다. 현대식 항공기 1대와 고도로 숙련된 1명의 조종사를 쌀을 싣고 가는 트럭 1대와 맞바꾼다는 것은 너무나도 큰 손실이 아닐 수 없는 것이다.

차단작전은 보다 더 중요한 것을 희생하면서까지 수행할 수는 없다. 보다 더 중요한 것이란 공중우세가 틀림없다. 지상군 지휘관은 많은 경우에 공중우세를 확보하기 이전에도 차단작전을 요청할 것이다. 그러나 차단작전은 위험부담(危險負擔)보다 이득이 확실히 큰 비정상적인 상황을 제외하고는 공중우세 없이 시도되어서는 안 된다. 지휘관은 전투에서 승리할 수 있는 기회를 놓칠 것 같은 생각에 위험을 무릅쓰고 그렇게 하려고 할 것이다. 그러나 우리는 공중우세가 없는 상황에서의 전투가 어떻게 되는지 많은 경험을 통해 분명히 알고 있다.

지상군 작전을 지원하기 위한 차단작전의 요청과 가능한 한 신속히 공중우세를 확보해야 하는 필요성 사이에는 어떤 가능한 타협점(妥協點)이 있을지도 모른다. 때로, 몇 가지 목표물들은 두 가지 작전을 동시에 만족시킬 수도 있다. 우선적인 예(例)로 연료(燃料)가 있다.

적 전투기와 전차가 같은 종류의 연료를 사용하지는 않지만 동일한 계통으로 수송되고 관리되는 것은 거의 확실하다. 석유시설에 대한 공격은 두 가지 목표를 만족시킨다. 수송망에 대한 공격도 이와 비슷하다. 여기서 첨언할 것은, 석유시설과 수송망에 대해서는 적 전투기가 틀림없이 대항한다는 것이다. 그들이 대항할 때는 공격항공기에 엄호전투기를 운용하여 적 전투기를 공중(空中)에서 격추시킬 수 있다. 그러나 이때도 적 항공기를 파괴시키는 가장 값비싼 곳이 공중이라는 점을 명심해야 한다.

그럼에도 불구하고, 만약 대량의 원칙과 수적 우세에 관한 교훈을 적용한다면 이러한 작전들은 두 배로 이득을 낼 수 있을 것이다.

이와 같은 고찰로서 우리는 차단에 대한 논의를 마무리하게 되었다.

다음 장에서는 전선에서 아 지상군 부대와의 협조 하에서 적 병력을
직접 공격하는 데 항공기를 사용하는 작전에 대하여 고찰하도록 하겠
다.

7

근접항공지원작전

근접항공지원(近接航空支援: close air support) 작전은 제1차 세계대전시 항공기가 처음 사용될 때부터 있어왔다. 그것이 비록 육군협조(陸軍協調: army cooperation), 근접협조(近接協調: close cooperation), 또는 지상지원(地上支援: ground support) 등등 여러 가지 명칭으로 변화되어 왔지만 공군력을 보유한 주요 국가들은 어떤 형태로든 이 작전을 시도하려는 노력을 해왔다. 그 예로서, 2차대전시 러시아군은 공군력을 다른 임무로는 거의 사용하지 않고 이동포(移動砲) 개념으로만 사용하였다.[1]

---

[1] Eube, p. 25.

이와는 정반대의 경우로 이스라엘 방위군사령관의 말에 의하면, 이스라엘군은 근접지원작전을 항공작전 임무로는 기피해 왔다고 한다. 이스라엘군은 조종사들에게 아군을 식별(識別)하도록 가르치는 일이 매우 어렵기 때문에 어떠한 경우든 항공임무는 적을 식별하고 타격하는 것이라고 생각한다는 것이다.2)

2차대전 당시, 적어도 영국전투 이후부터 독일군은 좀더 러시아군을 닮아가는 경향이 있었고 반대로 미국군은 이스라엘군의 방식에 가까워지는 경향을 보였다.

근접항공지원과 차단작전은 유사한 방식으로 수행될 수도 있다. 개념상의 혼란을 줄이기 위하여 일반적으로 발견할 수 있는 일치하는 부분과 대립되는 부분을 찾아보는 것이 유용할 것이다. 우군으로부터 50야드 거리에 있는 철조망을 건너는 적군에 대하여 지상군지휘관의 간접적인 통제를 받으면서 공중공격을 시도하는 것은 분명히 근접항공지원작전이다. 또한 우군으로부터 소총(小銃) 사거리(射距離) 내에 있는 적군에 대한 공중공격도 근접항공지원이라는 것에는 모든 사람이 분명히 동의할 것이다. 그리고 전차(戰車) 제작공장에 대한 공중공격은 근접항공지원이 아니라는 것에도 모든 사람이 분명히 동의할 것이다. 그러나 이 두 가지 극단적(極端的)인 행동 사이에는 많은 여지(餘地)가 남아 있음이 분명하다.

작전수행 절차(節次)가 문제 식별을 위한 기초를 제공해줄 수도 있다. 지상군 포(砲) 사정거리 내에 있는 표적에 대한 공중공격을 우리는 근접항공지원이라고 말할 수 있는데, 그 이유는 그 지역에 관해서는 지상군 지휘관의 협조가 필요하기 때문이다. 그러나 이러한 답변도 완전히 만족스럽지는 못하다. 왜냐하면 포 사정거리(20마일이라고 생각할 때) 내에 있는 표적들이라도 현재의 지상군 전투상황과는 아무런 관계가 없을 수도 있기 때문이다. 이러한 거리 범위 내에 있는 표적으로서도 전투기가 배치된 적 비행장이나 조기경보체계의 일부로 사용되

---

2) Cutler, pp. 99-100.

는 적 레이더기지 등이 포함될 수 있을 뿐 아니라 전선에서 구역(區域) 사이를 횡적으로 이동하는 적의 병력 등도 포함될 수 있는 것이다. 따라서 작전수행 절차를 통하여 문제를 해결하고자 하는 것은 큰 도움이 되지 않고 오히려 혼란을 가중시키는 경우가 있기 때문에 다른 방법이 요구된다.

그러면 근접지원작전을, 충분한 병력과 포병 사용이 가능하다면 이론적으로 지상군이 독자적으로 그러한 작전을 수행할 수 있을 뿐 아니라 당연히 수행하는 어떤 작전을 대신(代身)하는 공중작전이라고 정의를 내려보자. 이러한 정의에 의한다면 철조망을 건너오는 병력에 대한 공중타격은 확실히 이 범주에 속할 것이다. 또한 아 지상군이 공세 준비를 위한 조치로 적 전선에 대하여 공중폭격을 하는 것 역시 이 범주에 속할 것이다. 왜냐하면 이런 일들은 포병이 할 수도 있기 때문이다. 아군의 측면을 지키기 위하여 항공력을 사용하는 것도 근접항공지원의 범주에 속한다. 측면방어 임무를 위하여 예비사단이나 군단 병력이 투입될 수도 있기 때문이다. 그러나 전선을 가로질러 횡적으로 이동하는 적의 병력에 대한 공중공격은 이 작전에 속하지 않는다. 지상군은 포를 이용하여 적의 활동을 방해할 수는 있으나 그것을 처리 할 수 있는 실질적인 방법을 갖지 못하기 때문이다. 우리가 의도한대로, 만약 어떤 공중 활동이 이러한 정의에 맞지 않는 것이라면 이는 차단이나 공중우세 작전 중 하나가 될 것이다.

이 정의는 특정 국가의 육군이나 공군에서 현재 사용하고 있는 정의와 일치할 수도 있고 혹은 그렇지 않을 수도 있다. 일치하느냐 않느냐가 문제가 아니라, 중요한 것은 공군(空軍)－그리고 육군(陸軍)－지휘관들이 근접지원작전과 다른 항공작전들을 구별할 수 있도록 정신적인 훈련이 될 수 있느냐 하는 것이다. 왜냐하면 지휘관들에게는 그렇게 하는 것이 이론적인 것보다 훨씬 더 소중하기 때문이다.

지상군지휘관은 근접지원작전이 어느 곳에 운용되어야 하는지를 결정하는 데 핵심적인 역할을 해야 한다. 지상군이 진격을 하거나 혹은 적의 진격을 막는 것과 같은 현실적인 업무에 지상군지휘관이 온 정신을 집중하려는 경향이 있다는 것은 자연스러운 현상이다. 그런데, 여기서 만약 근접지원작전이 너무 포괄적인 정의를 가지게 된다면 지상군지휘관들은 그들의 영향권 내에 있는 공군력에 대하여 통제권을 크게 행사하려고 할 것이다. 실제로 이와 같은 일이 러시아 전선에 있었던 독일공군에서 발생하여 당시 독일육군이 공군력을 독점적(獨占的)으로 사용하였다. 1944년에 가서야 늦게나마 독일육군은 차단작전이 근접지원작전보다 훨씬 더 효과적이라는 점을 깨닫게 되었다.[3]

이 경우는 편향적(偏向的) 이기심(利己心)을 보여주는 것이라고 말할 수 있다. 그것이 사실이지만 그렇다고 비난(非難)할 일만은 아니다. 최소한 군(軍: army)급 수준 혹은 그 이하 제대(梯隊)의 지휘관이나 참모들은 긴박한 전선에 최우선적으로 관심을 갖는 경향이 있다 - 이는 또한 당연한 것이다. 마찬가지로, 본국에 있는 정치지도자들은 도면(圖面) 위에서 전선의 이동을 볼 수 있고 전선에서의 진행사항이나 필요한 보충사항 등을 판단한다. 이처럼 측정 가능하고도 명확한 도면상의 위치가 모든 사람들을 사로잡게 되면 도면상에서 전선을 이동시켜야 한다는 압력이 굽힐 수 없는 요소로 작용한다.

이와는 반대로, 전투 현장(現場)에 적의 사단들이 후속적(後續的)으로 투입되지 못하게 하는 차단작전의 효과를 전쟁 중에 지도상에 표시하기란 매우 어렵다. 적의 석유시설이나 수송체계에 대한 공중공격의 효과는 거의 전쟁이 종결될 때까지도 이를 파악하고 게시(揭示)하기가 어려운 일이다.

또한 공군장교는 다른 시각(視覺)으로 전선을 보도록 훈련된다. 그는 공중우세 개념에 입각하여 그것을 생각하거나 아니면 석유체계나 교통망이 지니고 있는 취약 부분, 또는 몇 주일 이후에 전선에 투입될 사단병력을 차단할 수 있는 기회 등에 관하여 생각한다. 왜냐하면 자

---

3) Oleg Hoeffding, German Air Attacks Against Industry and Railroads in Russia, 1941-45 (Santa Monica, Calif.: Rand Corporation, 1970), pp. 25-27.

신이 운용하는 수단이 지닌 기동성(機動性) 때문에 그는 시간과 공간을 매우 크게 확대해서 보는 경향이 있기 때문이다. 그러나 한편, 이 과정에서 그는 전선의 이동상황을 전체 전쟁상황을 구성하는 하나의 작은 부분으로 격하(格下)시킬 수 있다. 또한 그는 지상에서 발생하는 많은 사상자(死傷者) 숫자에 대해서도 그러한 주검들을 직접 볼 수가 거의 없을 뿐 아니라 지도상에 어떠한 선도 그을 수 없는 그 자신의 영역(領域)만을 볼 수 있기 때문에 전선에서 발생하는 살벌한 감각을 느끼지 못할 수도 있다.

힘이 강한 군대는 지상군지휘관과 공군지휘관을 각기 다른 방향으로 끌고 간다. 합리적으로 항공전역을 수행하기 위해서는 공군 스스로 공중우세, 차단 혹은 두 가지 작전 모두를 자유롭게 선택할 수 있어야 한다. 어떤 상황에서는 항공전역이 지상군전역보다 훨씬 더 중요할 수도 있다. 그럼에도 불구하고, 만일 지상군지휘관이 공군력의 많은 부분에 대하여 통제권을 크게 행사할 만큼 근접항공지원작전의 정의나 그것에 첨부(添附)된 중요성이 너무나 포괄적인 것이 된다면 이런 일들은 결코 실현되지 못하는 것이다. 따라서 최소한 전구사령관(戰區司令官)이 어떤 전역들이 강조되어야 하는지를 결정해야 한다. 이러한 의사결정(意思決定)을 하려면 전구사령관은 지상군 및 공군 구성군사령관(構成軍司令官)의 솔직한 조언을 필요로 한다. 또한 각 구성군사령관들은 자군(自軍)이 전승에 어떻게 기여할 수 있을 것인지에 관하여 교리적(敎理的)으로 완전하고도 분명하게 알고 있어야 한다.

우리는 근접항공지원을 정의함에 따르는 어려운 교리적인 문제를 살펴보았으므로 이제 근접항공지원작전이 어떻게 사용될 수 있고 또 사용되어야 하는지 살펴볼 수 있게 되었다.

첫째, 지상에 있는 군인(軍人)들은 본능적(本能的)으로 추격에서 퇴각에 이르기까지 생각할 수 있는 거의 모든 상황에서 근접항공지원이 유용하다는 것을 알게 될 것이다. 만일 그러한 지원을 받을 수만 있다면 이들은 모든 행동을 취하기에 앞서 공군을 찾으려 할 것이다. 그러나 공군이 비록 육군에 완전히 예속되어 있는 경우라 하더라도 그 정도의 지원을 제공할 만큼 공군의 규모가 클 수는 없을 것이다. 한 가지 예외적인 가능성이 있었던 상황으로는 베트남전에서 찾아볼 수 있는데, 당시 미 공군은 대부분의 지상군 교전상황에 투입되었다.

모든 사람이 근접지원을 원하지만 그것이 모두에게 제공될 수는 없다고 한다면 이렇게 제한된 자원(資源)을 과연 어떻게 해야 가장 잘 사용할 수 있을 것인가? 그 해답은 우리가 제시한 근접지원작전의 정의와 그리고 항공기가 갖는 특성(特性)에서 분명히 찾을 수 있다. 근접항공지원작전은, 만일 더 많은 사단병력이나 혹은 포병을 여분으로 사용할 수 있고 그것을 적시(適時)에 전투에 투입할 수 있을 때 이러한 사단 및 포병이 할 수 있는 어떤 일을 대신 하는 것이라고 앞에서 말한 바 있다. 여기서 아직도 의문(疑問)으로 남아 있는 문제는, 그러면 예비사단이나 포병이 사용되어야 할 시기는 언제인가 하는 것이다. 이에 대한 해답은 작전예비대(作戰豫備隊)의 운용개념과 같다.

우리는 다음 장에서 예비대의 개념에 대하여 상세하게 논의할 것이다. 여기서는, 작전수준의 예비대는－적극적인 것이든 소극적인 것이든－어떠한 큰 기회를 얻기 위하여 일반적으로 전선에 투입된다고 하는 것으로 족하다. 다시 말해서 그것은, 만일 예비대를 투입함으로써 지휘관이 적진을 돌파(突破)하거나 혹은 돌파작전을 확대시킬 수 있게 한다면(적극적인 기회의 획득), 혹은 적의 돌파작전을 지휘관이 사전에 알도록 하거나 또는 중지시킬 수 있게 한다면(소극적인 기회의 획득) 예비대의 투입이 적절하다는 것이다.

만일 우리가 근접항공지원작전의 개념이 지상군의 작전예비대 운영과 유사하다고 생각한다면 우리는 드물고도 값진 상품에다 좀더 큰 가치를 부여하려고 한다. 그래서 여기서는 공군 및 지상군 장병이 같이 이해할 수 있는 말로 근접항공지원작전을 설명하고자 한다. 우리는 또한 근접항공지원작전이 작전예비대와 마찬가지로 신속하게 그리고 결정적으로 사용되는 것이라는 점을 좀 더 쉽게 이해시키고자 한다. 놀라운 무기는 시간 및 공간적으로 집중되었을 때 가장 큰 효과를 내는 것이다.

항공기가 지니고 있는 속도(速度)와 기동성(機動性)은 전력의 집중과 운용을 활성화시킨다. 동시에 이러한 두 가지 특성은, 정당한 조건 하에서라면 적절한 기회가 발생할 때 다른 임무에 참가하고 있는 항공기를 단 시간 내에 근접지원작전에 재투입(再投入)할 수 있음을 의미한다. 따라서 항공기를 운용하는 방안은 병력을 동원하여 투입시키는 데 며칠씩 소요되는 지상군 예비대를 운용하는 방안보다 훨씬 다양하다.

한편, 1대의 항공기는 일반적으로 오랫동안 체공할 수 없고 더욱이 24시간 내내 비행할 수 있는 항공기는 거의 없다.

이제 우리는 어떤 장소에 근접지원작전을 운용할 것인가에 관하여 두 가지 아이디어를 갖게 되었다. 두 가지 아이디어란, 즉 작전수준에 있는 지휘관이 자신이 보유한 작전예비대의 운용을 원하는 장소와 그리고 운용하기까지 시간이 오래 걸리는 지상군 화력(火力)과는 반대로 폭발적(爆發的)인 화력(火力)이 필요한 장소 이 두 가지를 말한다. 역사적으로 지휘관들은 적의 전선을 돌파하기 위하여, 적의 돌파를 막기 위하여, 또는 부대의 측면을 지키기 위하여 작전예비대를 사용해 왔다. 근접항공지원작전도 이런 종류의 모든 임무를 완수해 왔다. 이제 그 몇 가지 사례들을 살펴보기로 하자.

1940년 프랑스공세 시에, 독일군이 직면한 첫 번째 문제점 중의 하나는 뮤즈(Meuse)강 건너편 둑에 참호(塹壕)를 파고 숨어 있는 프랑스군 3개 사단을 앞에 두고 3개 사단의 독일군 병력이 어떻게 강을 건널 것인가 하는 것이었다. 그 해결책으로 독일군은 스투카(Stuka) 급강하(急降下)폭격기에 의한 공격을 선택하였다. 그러나 문제는 독일공군의 교리에 따라 단 한 번의 대규모 공격을 할 것인가, 아니면 지상군지휘관인 구데리안(Guderian) 장군이 요구한대로 지속적인 공격을 할 것인가 하는 의문이었다. 구데리안은 그의 병력이 최초로 도강(渡

江)을 시도할 때 지속적으로 적을 제압해 주어야 한다고 설명하였다. 단 한 번의 공중공격으로는 실제로 작전의 목적을 달성할 수 없을 것 같았다. 따라서 독일공군은 스투카 급강하폭격기로써 그에게 지속적인 지원을 제공하기로 동의하였다. 공중공격은 수행되었고 독일군 3개 사단은 방어 중인 프랑스 3개 사단을 분쇄하기 위해 도강을 했으며, 그리고 적진을 돌파하였다.4)

일년 후에 독일군은 동부전선에서 전선돌파를 위해 또 다시 공군을 선봉대(先鋒隊)로 사용하였다. 1941년 8월 23일, 주로 근접지원 임무를 담당하고 있던 독일공군 제8항공단은 뷔터샤임(Wietersheim)의 기갑 군단이 60Km를 진격할 수 있는 길을 열어주기 위해 1,600소티나 출격하였다. 이 대규모 공격을 통하여 독일공군은 90대 이상의 러시아군 장비를 파괴한 반면 그들의 항공기는 단지 3대를 잃었을 뿐이었다.5)

미국도 또한 돌파작전을 위하여 공군력을 광범위하게 사용하였다. 노르망디작전은 역사상 공군력을 가장 광범위하게 사용한 작전이었다. 우리는 노르망디작전 당시 해안 교두보 지역으로의 독일군 병력 이동을 차단하기 위하여 공군이 수행한 역할에 대하여 앞 장에서 이미 논의한 바 있다. 그러나 노르망디작전 당일에는 독일군 방어지역에 대한 직접 공격에 많은 소티를 투입하였다. 한 가지 상세히 서술할만한 가치가 있는 특별한 임무가 있었는데, 그것은 공군력의 사용이 전선에 있는 병력을 궁지로 몰아넣을 뿐 아니라 그 이상의 어떤 일도 할 수 있다는 것을 보여주는 것이었다. "울트라"암호 해독장치의 도움으로 독일군 기갑부대 서부사령부의 위치를 알아낸 후 연합군 항공기들은 그 사령부 본부를 공격하였다. 연합군은 독일군 기갑부대의 이동에 관한 대단히 중요한 협조 업무를 담당하고 있던 사령부의 핵심 지휘부 건물을 파괴하였는데, 이때 참모총장을 포함하여 상당수의 참모들이

---

4) A. Goutard, The Battle of France 1940, transl. by A.R.P. Burgess(New York: Ives Washburn, 1959), p. 132.
5) Murray, p. 125.

사망하였다.6)

태평양전구에서도 거의 모든 상륙작전에 앞서 대규모의 공중공격이
사실상 선행(先行)되었다. 전략폭격조사위원회(戰略爆擊調査委員會)는
"견고한 방어진지(防禦陣地)에 대한 상륙작전을 수행하기 위해 사전에
지속적으로 수행한 항공작전은 사실상 사상자(死傷者) 비율을 감소시
켰다"7)라고 하였다. 도서(島嶼) 침공작전의 성과는 많은 요소들로부터
영향을 받았다. 그러나 도서를 방어하던 일본군의 사상자수가 공격측
보다 10배나 더 많았던 것은 주목할만한 것으로서, 그러한 결과는 부
분적으로 미군 측의 공중우세와 공중공격이 동시에 수행되었다는 사실
에 기인하는 것이다.

그로부터 거의 4반세기가 지난 1967년, 6일 전쟁 기간 중에 이스라
엘군은 시리아군이 통제하고 있는 갈릴리해(Sea of Galilee)로부터
북쪽으로 뻗어 있는 능선에 위치한 요새화(要塞化)된 진지들을 폭파하
기 위해 항공력을 사용하였다. 그리고 이스라엘 기갑부대는 다마스커
스(Damascus)로부터 25마일까지에 이르는 추격(追擊)작전을 시작하
기 위하여 공중공격이 미치지 못한 빈틈에 화력을 집중시켰다.8)

공군은 돌파작전을 위한 길을 열어주는 역할 뿐 아니라 지상군의 측
면을 보호함으로써 지상군지휘관을 지원해왔다. 이러한 목적으로 항공
력을 최초로 현저히 사용한 것은 1940년 프랑스에서 있었는데, 당시
독일공군은 지상군 기갑부대가 적진 깊숙이 침투할 때 그 측면(側面)
보호 임무를 담당하였다.9) 또한 독일공군은 제4 기갑군의 우측 측면
을 대규모로 공격하는 러시아군의 공세를 저지함으로써 이와 유사한
역할을 수행하였는데, 이때 제4 기갑군은 1943년 여름에 러시아의 쿠
르스크(Kursk) 돌출지역(突出地域)10)에 대한 공세작전 수행을 위하

---

6) 상게서., p. 282.
7) Air Campaigns in the Paacific War, p.28.
8) Churchill, pp. 181–86.
9) Bekker, p. 195.
10) 1943년 7월에서 8월 사이에 있었던 쿠르스크(Kursk) 전투는 2차대전 중에 있었던 가
    장 큰 전차전이었다. 쿠르스크는 세임(Seym) 강 윗쪽의 서부 러시아공화국의 농업
    중심지이다.

여 북쪽으로 이동 중이었다.11)

1년 후, 프랑스에서 패튼(Patton) 장군이 동쪽으로 진군할 때 로아르(Loire)강을 따라 노출되어 있는 부대의 측면 보호 임무를 제19 전술공군사령부가 맡았을 때 상황은 역전(逆轉)되었다. 이 작전은 너무나도 성공적이어서, 로아르강 이남(以南) 지역을 담당하던 독일군 사령관은 그의 사령부 및 20,000명의 병력이 미군에게 항복할 때 제19 전술공군사령관이 참석해줄 것을 요청하였을 정도였다.12)

한편, 지구(地球)의 반대쪽에서 맥아더 장군은 부대의 측면을 방어하기 위해 케니(Kenney) 장군의 항공력을 사용하였다. 1944년 9월, 맥아더는 레이테(Leyte)로 진군하기 위하여 또 하나의 비행기지를 필요로 하였다. 그는 견고하게 방어되고 있는 할마헤라(Halmahera) 섬 대신에 그 곳으로부터 남쪽으로 60마일이 채 되지 않는 거리에 있어서 가볍게 점령할 수 있는 모로타이(Morotai) 섬을 선택하였다. 맥아더가 레이테로 이동할 때 그는 항공력이 할마헤라 섬에 있는 30,000의 일본군 병력이 모로타이 섬에 접근하지 못하게 해주기를 기대하였다.13)

맥아더 장군은 지금까지도 유례(類例)가 없을 정도로 역사상 가장 긴 침투작전을 수행하면서 부대의 측면을 공군이 보호해 주도록 공군에게 책임을 부여하였다. 그리고 맥아더 장군은 뉴기니아, 할마헤라, 네덜란드령 동인도제도, 그리고 민다나오(Mindanao) 섬에 있는 강력한 일본군 병력을 손대지 않고 그냥 내버려두기도 하였다.14)

우리는 중국(中國)에서도 또 다른 하나의 사례를 찾아볼 수 있다. 중국에서 일본 육군은 쿠밍(Kumming)과 충킹(Chunking) 두 핵심 도시를 장악하기 위한 일련의 시도들을 감행하였다. 그러나 모두 실패

---

11) Bekker, pp. 434-35.
12) Condensed Analysis of the 9th Air Force in the European Theater of Operations (Washington, DC: US Army Air Forces, Office of Assistant Chief of Air Staff, Office of Air Force History, 1984; reprinted from 1946 edition), p. 29.
13) James, pp. 485-88.
14) 상게서., pp. 392-94.

하였다. 종전(終戰) 후 일본 지상군지휘관들은 적어도 그들이 당면했던 저항의 75%는 제 14공군이 수행한 항공공격으로부터 나온 것이었다고 보고하였다. 제 14공군은 대략 1개 사단 병력의 지상군에게 보급될 군수품(軍需品)을 소모하면서 일본 육군 500,000명이 그들의 목표를 달성하지 못하도록 저지하였다.15) 이와 같은 특수한 사례는 근접지원이라기 보다는 차단이라고 해석할 수도 있지만, 그러나 만약 당시에 작전예비대를 운용할 수 있었다면 작전예비대에 의해 그 작전이 수행될 수도 있었기 때문에 우리가 설정한 근접지원 정의에 부합되는 것이다.

1942년 말(末)에, 파울루스(Paulus) 장군의 제 6군(軍: Army)이 스탈린그라드(Stalingrad)에서 러시아군에게 포위되자 자신들이 아주 위급한 곤경에 처했음을 알았다. 그런데, 당시 러시아군은 파울루스 군에 대한 공세를 시작하기 이전에 독일공군의 활동이 제한 받을 수 있을 정도로 기상(氣象)이 충분하게 나빠지기를 기다렸음을 보여주는 몇 가지 증거가 있다.16) 그렇게 하여, 그들은 어느 정도의 방어적(防禦的) 공중우세를 획득하였다.

그러나 악기상(惡氣象) 상태가 지나가자 비록 소규모일지라도(약 20대 정도의 전투기와 폭격기) 독일공군은 포위된 지역 내에 위치한 기지로부터 출격하여 막강한 러시아군 기갑부대의 공격을 수 차례나 무산(霧散)시켰다.17) 그러나 그것이 물론 러시아군을 무한정(無限定) 묶어둘 수는 없었다.

스탈린그라드에서의 전투가 있은 지 6개월 후, 쿠르스크(Kursk)와 오렐(Orel) 부근에서 독일공군은 작전의 핵심적 역할을 수행하였다. 당시 독일군은 쿠르스크 돌출지역에서 러시아 병력을 차단 및 포위하려고 했는데, 이때 러시아군은 쿠르스크에서 약간 북쪽에 위치한 오렐

---

15) Air Campaigns in the Pacific War, p. 32.
16) Bekker, p. 411.
17) 상게서., pp. 411, 421.

돌출부를 차단하여 오히려 독일군을 포위하려고 하였다. 독일군은 예비병력이 부족했기 때문에 오렐 지역의 방어를 위해 쿠르스크 공세를 포기해야만 하였다.

따라서 방어를 위해서는 공군이 절대적으로 필요하였다. 동부전선에서 이용 가능한 모든 항공기는 러시아군의 대공세(大攻勢)를 대비하기 위하여 집결되어 있었다. 이 공세는 1943년 7월 19일에 시작되었다. 오렐 지역의 독일군 사령관 모델(Model) 장군은 공군이 적의 공세를 저지시킬 수 있도록 공군에게 전권(全權)을 주었다. 나중에 그는, 독일군의 성공은 "순전히 공군 덕분"이라고 말하였다.18)

방어작전 수행시의 근접항공지원에 관한 마지막 사례는 베트남전에서 찾아볼 수 있다. 미군 지휘관들은 의도적으로 근접항공지원을 받을 수 있는 미군의 방어 거점(據點)들을 월맹군(越盟軍)이 공격하도록 유도하였다. 케산(Khe Sanh) 전투는 아주 극적(劇的)인 사실을 보여준다. 15,000명에서 20,000명으로 구성된 2개 사단 이상의 월맹군이 6,000명의 미 해병대 병력이 배치된 지역을 포위하였다. 놀랄만한 투지와 용맹성을 겸비한 월맹군은 미군에 대하여 공격에 공격을 계속하였다.

그러나 수적인 우세에도 불구하고 월맹군은 2개월 동안 매일같이 그들을 공격하는 350대의 미군 전투기와 60대의 폭격기를 당해낼 수가 없었다. 1968년 3월이 되어 결국 월맹군은 엄청난 사상자를 내고 그 작전을 포기 및 철수하지 않으면 안 되었다.19)

케산 전투에서 미군 측의 손실은 비교적 경미하였다. 케산 전투가 있기 10년 전에 월맹군은 케산과 거의 유사한 상황이었던 디엔비엔푸(Dien Bien Phu)에서의 전투에서 프랑스군에 대하여 압도적인 승리를 거두었다. 이 두 전투 사이의 차이점은 간단하다. 미군은 대량의 항공력을 보유하고 있었지만 프랑스군은 그렇지 못하였다는 것이다.

---

18) 상게서., p. 439.
19) Momyer, pp. 307-11.

USAF Photographic Collection, National Air & Space Museum, Smithsonian Institution

1944년 프랑스 해안에 대한 D-Day 상륙작전시, 미 제9공군의 B-26
Martin Marauders 폭격기 한 대가 상륙정들을 엄호하고 있다.

이미 고찰한 바와 같이, 근접항공지원작전은 지상군지휘관에게 많은
일을 해 줄 수 있다. 그러나 여기에도 문제점은 있다. 한 가지 아주 중
요한 단점(短點)은 기상(氣象)이 나쁠 때는 그 작전을 수행할 수 없다
는 점이다. 항공지원을 고대하고 있는 지휘관에게 만일 그 지원이 불
가능하게 된다면 큰 충격을 주게 될지도 모른다. 이와는 반대로, 항공
지원을 기대하지 않고 작전을 수행하려고 하는 지휘관은 기상이 좋을
때는 적 공군의 공격 때문에 부대 이동이 불가능하지만 기상이 나쁘면
오히려 이동을 쉽게 할 수도 있다. 러시아군이 스탈린그라드에서 역공
세를 취할 때 악기상을 이용한 점을 다시 한번 상기하자. 아마도 러시
아군 지휘관들은 1941년 가을에 발생한 악기상 상태로 인해 독일공군

의 출격률(出擊率)이 9월 중 하루 1,000소티에서 10월 9일에는 269소티로 감소되어 독일군의 이동 속도가 감소되는 것을 보고 나서야 그 같은 생각을 하게 되었을 것이다.[20]

돌이켜 보면, 1944년 아르데느(Ardennes)에서 독일군이 역공세를 취할 때 연합군 공군이 그들에 대하여 작전을 거의 수행하지 못하였던 것이 전혀 악기상 때문이 아니라고 말하기는 어렵다. 앞으로 언젠가는 악기상 상태에서도 근접지원작전 수행이 가능하게 될지도 모른다. 그러나 그 때까지 공군 및 지상군 지휘관은 기상이 그들의 작전계획에 큰 영향을 미친다는 점을 명심해야 한다.

대규모 항공력을 보유하고 있다고 하더라도 근접지원작전이 항상 가능한 것은 아니다. 왜냐 하면, 첫째로 다른 전선 지역에서 그 작전의 필요성이 더 클 수도 있다. 그리고 둘째로 지상군지휘관이 반드시 알아야 할 중요한 것으로서, 제공작전이나 차단작전 같은 다른 임무들이 이 작전보다 전구작전에서 훨씬 더 큰 우선순위(優先順位)를 가질 수 있기 때문이다. 제3장에서 고찰한 바와 같이 전구작전에서는 공중우세의 획득이 필수적이다. 공중우세를 획득할 때까지는 공중우세와 무관한 노력은 전력을 분산시키는 것으로서 오직 비상상황(非常狀況) 이외에는 그 같은 행동을 해서는 안 된다. 만약 비상상황에서 이 작전을 수행하게 될 경우라도 이 작전에 수반되는 위험성과 얻을 수 있는 성과에 대하여 심사숙고해야 한다. 한 가지 예를 들면, 케니 장군은 살라마우(Salamaua)를 공격하는 오스트레일리아군에게 항공지원을 거절하였다. 왜냐 하면, 그는 전반적인 전역 수행을 위한 필수조건인 공중우세를 획득하기 위하여 라바울(Rabaul)에 대하여 그가 가진 전 항공력을 집중시킬 필요가 있었기 때문이었다.[21]

공군구성군사령관과 전구사령관은 근접항공지원을 제공함에 따르는 대가(代價)를 생각하지 않으면 안 된다. 그것은 최소한 다른 기회(機

---

20) Murray, p. 86.
21) Kenney, pp .270-71.

會)의 상실을 포함하여 거의 언제나 어떤 대가를 요구한다. 우리는 이 장의 서두에서 독일군이 항공력을 지나치게 근접지원작전에만 투입함으로써 항공력을 잘못 사용하였다는 것을 전쟁 말기에 와서 어떻게 깨달았는지를 보았다. 미군과 영국군은 전쟁에서 승리하였지만 그들 역시 근접항공지원작전의 효율성에 관해서는 논의(論議)가 있었다.

가장 특기할만한 논의는 노르망디 침공작전에 대하여 폭격기를 지원하는 문제였다. 공군에서는 대형 폭격기는 계속해서 독일 본토에 대한 작전을 계속해야 한다고 강력하게 주장하였다. 그러나 연합군 지휘관들은 공군의 주장을 무시하고 프랑스지역에 최대한의 폭격작전을 수행하도록 명령하였다. 노르망디작전은 대성공(大成功)이었지만 대규모 항공지원이 없었다면 불가능하였을 것이다. 그럼에도 불구하고, 폭격기를 다른 임무에 전환한 대가로 독일의 석유 산업에 대한 공격이 3개월이나 지연되었던 것이다. 만일 독일군에게서 실제보다 3개월 빨리 전차 및 항공기용 연료가 고갈되었더라면 전쟁이 좀더 일찍 끝날 수 있지 않았을까?

대지공격 항공기로 특수하게 개발된 A-10 Thundrebolt II 기

이러한 질문에 대한 답변이 불가능하고 또 답변할 필요도 없다는 것은 분명하다. 보다 중요한 것은 연합군이 항공력을 다른 곳으로 전용(轉用)함으로써 분명한 대가를 지불하였다는 것이다. 그 대가가 필수적인 것이었던가? 그럴지도 모른다. 그리고 그러한 대가는 당시에 있었던 것처럼 미래의 분쟁에서도 발생할 것이다. 따라서 지휘관들은 그들이 지불하기를 원하는 대가가 무엇인지를 결정하지 않으면 안 된다.

차단작전이나 작전예비대와 마찬가지로 근접지원작전도 지상전투 상황이 활발할 때 가장 효과적이다. 근접지원은 아군이 궁지(窮地)로부터 탈출하여 공세적으로 작전을 전환시킬 수 있는 능력과 적의 공세에 심각한 타격을 줄 수 있는 능력을 가지고 있다. 그러나 비교적 정적인 상황에서는 그것이 그렇게 효과적이지는 않은 것 같다.

이 장에서 우리는 근접항공지원작전이 지상군지휘관을 위해 무엇을 할 수 있는가를 살펴보았다. 동시에 이 작전을 수행함에 있어서 문제점들이 전혀 없는 것은 아니라는 점을 지적하였다. 이 작전에는 대가가 따라 다닌다. 올바른 시각에서 바라보고 적절히 활용한다면 이 작전은 지상전 상황에 큰 변화를 가져올 수 있다. 이 작전은 지상군지휘관이 훨씬 더 많은 병력과 화력 그리고 매우 기동성 있는 화력 없이는 할 수 없는 일들을 할 수 있도록 해준다.

지금까지 우리는 항공력이 수행하는 세 가지의 전통적인 전투작전 임무-공중우세(空中優勢), 항공차단(航空遮斷), 그리고 근접항공지원(近接航空支援)에 대하여 고찰하였다.

작전계획 수립을 위하여 이 세 가지 임무 모두를 종합적으로 다루기에 앞서 우리는 항공작전과 관련해서는 일반적으로 고려되지 않았던 다른 한 가지 주제를 고찰해 볼 필요가 있다. 따라서, 다음 장에서 우리는 예비전력(豫備戰力)이 항공작전에 어떠한 영향을 미치는가를 살펴보고자 한다.

예 비 전 력

이 장에서는 항공작전에 관한 논의를 통해서 지금까지 거의 무관심 (無關心)했던 하나의 개념, 즉 예비전력(豫備戰力)에 관해서 고찰해 보고자 한다. 이 개념이 사람들의 관심을 거의 끌지 못해왔다는 것은 다음과 같은 두 가지 사실 중 한 가지를 의미한다. 즉, 항공전에는 "예 비대(豫備隊 : reserves)"라는 것이 적용되지 않는다고 가정(假定)하 는 재래식 관념(觀念)이 옳거나 아니면 오해(誤解)로 인하여 무시되어 왔으나 사실은 매우 중요하다고 하는 것이다.

우리가 여기서 가정하고자 하는 것은 후자이다.

1940년 5월 16일 처칠(Winston Churchill) 경은 프랑스 파리(Paris)까지 필사적인 여행을 하였다. 거기서 그는 아르데느(Ardennes)를 통과하는 독일군의 공격에 직면하여 긴급한 병력 철수작전을 감독하고 있는 프랑스군 고위 지휘부에 대하여 "예비대는 어디에 있는가?(Ou est la masse de manoeuvre?)"라고 질문하였는데, 이때 그가 들은 대답은 "아무 것도 없다! (Iln´y a aucune!)"라는 것이었다.[1]

프랑스에서의 이런 재난(災難)이 있은 지 한달 후, 처칠은 그 날 독일공군이 런던(London)에 대하여 벌이는 최대의 공습에 대응하여 이를 방어하는 영국공군의 작전 진행을 감독하는 제11 항공작전사령부(航空作戰司令部) 지휘소에 있었다. 그는 파아크(Park) 공군소장이 그가 보유한 마지막 6개 대대의 전력을 전투에 막 투입하고 나서, 인접 사령부의 레이 말로리(Leigh-Mallory) 소장에게 보유 전력 전체를 지원해주도록 요청하는 것을 보고 있었다. 여기서도 처칠은 예비전력은 있느냐고 파아크 장군에게 물었다. 파아크 장군은 "없습니다"라고 대답하였다. 그의 전력은 남김 없이 전투에 투입되었던 것이다.[2]

1. 예비대는 승산(勝算)에 도움이 될 수 있다.

예비대 이론을 이해하기란 쉽지 않다. 특히 정서적(情緖的)인 수준에서는 더욱 그러하다. 우리는 흔히 전투에 투입되지 않은 부대의 중요성을 경시(輕視)하는 경향이 있다. 우리는 "친구들이여 우리의 시체로 성벽을 쌓을 때까지 싸워서 다시 한번 이 위기를 막아내자"라고 외쳤던 헨리5세의 말을 상기(想起)하는 경향이 있다. 우리는 우리가 가진 모든 것을 목표에 걸고 힘을 한 데 모아야 한다는 식으로 생각하기

---

1) Arthur Bryant, The Turn of the Tide (New York: Doubleday & Company, Inc., 1957), p. 81.
2) Taylor, p. 164.

도 한다. 아마도 감정적인 수준이긴 하겠지만, 우리는 집중과 대량의 원칙을 수용(受容)하고 마치도 이 원칙이 우리가 보유한 모든 자원의 투입을 의미하는 것으로 해석하기도 한다.

우리는 우리가 보유한 전력(戰力)의 상대적 비율을 계산해 보고 우리가 가지고 있는 우세(혹은 열세) 정도에 결코 만족하지 않으며 승산(勝算)을 더 크게 만들려고 한다. 우리는 패배의 기회(機會)를 줄이거나 승리의 기회를 확대시킨다는 생각에서 더 많은 전력을 추가한다. 어떤 면에서는, 이러한 생각이 전혀 틀린 것은 아니다. 사실, 앞날을 완전히 예측할 수만 있다면 이것이 확실히 옳은 행동일 수도 있다. 그러나 앞날을 완전히 예측할 수가 있다면 전쟁은 일어나지 않을 것이다. 수학적(數學的)인 분석을 통하여 전쟁의 결과를 알게 된 두 적대자(敵對者)는 최초의 탄환이 날아가기 전에 벌써 휴전협정서에 서명을 할 것이다. 물론, 전쟁은 강력한 인간활동(人間活動)이다. 그것은 예측을 불허한다. 이러한 이유가 지상전투에서 왜 예비대(豫備隊)가 그렇게 중요한 것이 되었는지 알게 해 주는 관건이다.

클라우제빗츠는 전쟁의 혼미(昏迷)와 마찰(摩擦) 그리고 불확실성(不確實性)에 대하여 말하였다. 완전한 행동을 하기 위하여 이러한 여러 가지 장애요소들을 제거할 수 있는 방법은 찾을 수는 없지만 그러나 예비대만은 최소한 두 가지 주요 방법에 의하여 그 장애요소들이 가져오는 부정적인 결과를 개선할 수 있다. 첫째, 예비대는 적의 과오나 실수를 이용할 수 있는 수단을 지휘관에게 제공한다. 예비대는 지휘관에게 적의 잔여 저항력을 분쇄하고 그들이 패주(敗走)하거나 철수하게 만들 수 있는 잠재력을 가진 대량의 신선한 병력을 전투에 투입할 수 있게 하는 것이다. 다음으로, 예비대는 지휘관이 저지른 실수를 이용하려는 적의 기도(企圖)를 차단하는 데도 사용될 수 있다. 강력하고도 신선한 병력의 도착은 적의 공격을 분쇄하고 지상전에서는 실제적인 그리고 항공전에서는 개념적인 전선(前線)을 유지할 수 있도록 한다.

현명한 지휘관이라면 이러한 여러 가지 상황들을 개별적으로 충분히 예견할 수 있어야 하고, 또한 전투를 시작하기 전에 이미 그런 상황에 필요한 전력을 마련해서 행동해야 한다는 생각을 할 수가 있다. 비록 전쟁이 갖는 불확실성 때문에 어떤 이론을 실제에 옮기기란 사실상 불가능할 수도 있지만 이 같은 논의에 대해서 상당한 이론적 타당성(妥當性)을 부여할 수는 있다. 이러한 논의가 간과하고 있는 것 한 가지는 예비전력을 실제로 도입하면 전혀 새로운 전투를, 아니면 최소한 분명히 새로운 전투의 한 국면(局面)을 창조할 수 있다는 점이다.

예비대가 전장(戰場)에 투입될 때까지 적군은 어느 정도 아군의 병력 규모를 알고 있으면서 비교적 분명한 일을 한다. 그런데 여기서 예비대가 투입되면 병력의 수량과 기동성에 대한 등식(等式)을 극적으로 변화시킴으로써 불확실성을 갑자기 증대시킨다. 바꿔 말하면, 새로운 사단병력이 전장에 갑자기 출현하는 데 따른 충격은 처음부터 그것이 전선에 있을 때 주는 충격과는 완전히 다른 것이라는 말이다.

전쟁 중에 발생하는 마찰과 혼미는 아군의 활동에 장애물이 되지만, 그것이 적 지휘관에게 영향을 미칠 수 있게 되면 우리에게는 큰 도움이 되는 것이다. 예비대는 단순히 그 존재 자체만으로도 적 지휘관이 그것을 고려하여 전력운용을 하지 않으면 안 되기 때문에 이러한 과정에 도움이 되는 것이다. 적 지휘관은 그것이 어느 곳에 투입될 것인지 -또는 투입되는 것이 사실인지 혹은 거짓인지-를 모르기 때문에 이러한 문제들에 관하여 생각하는 데 시간을 소비해야 한다. 그리고 그는 아마도 예비대가 없을 때 그가 취하는 행동보다 훨씬 다르게 그의 전력을 운용하지 않으면 안 될 것이다.

예비대에 관한 광의(廣義)의 개념에 포함되는 것으로는 그것을 어떻게 사용해야 하느냐에 관한 다소 불분명한 원칙들이 있다. 여기서 "불문명(不分明)하다."라는 말은 그 원칙들이 "그렇게 하면 좋다!"라고 할 때와 같이 어떤 유용(有用)한 권고(勸告)를 하는 목적으로 사용되는 것이기 때문에 단지 응용한 말이다. 고상한 표현은 그럴듯하지만 실행하기가 어렵다. 좀더 대중적(大衆的)이고 또 실제로 더욱 가치가 있는 원칙 중의 하나가 예비대는 조금씩 투입하면 안 된다는 것이다. 이 원칙은 군사학교(軍事學校)에서 수세기에 걸쳐 가르쳐 왔지만 일반적으로 발생되는 비참한 결과들과 함께 시간이 지날수록 무시되어 왔다.

　예비전력을 조금씩 투입하면 안 된다는 이유를 설명하기란 어렵지 않다. 예비대의 출현이 적군이나 적 지휘관에게 충격을 줄 때 예비대는 가장 가치가 있는 것이다. 실제로, 예비대가 적군에게 물리적(物理的)인 영향력보다 정신적인 충격을 주는 것이 훨씬 중요할 수도 있다. 물리적인 영향력은 운동(運動)의 법칙에 의하여 설명될 수가 있다. 힘은 질량(質量)과 속도(速度)의 산물이다. 속도가 불변(不變)일 때, 운동량 즉 어떤 것을 타격할 때 생기는 힘은 그 질량에 비례한다.

　정신적인 것과 물리적인 것을 혼합하여 생각할 때 우리는 왜 예비전력을 조금씩 투입해서는 안 된다고 하는가 하는 이유를 알 수 있다. 조금씩 투입하는 것은 전력의 증가일 뿐이기 때문에 적에게 심리적인 혼란과 공포심을 유발시키는 능력을 거의 상실한다. 점진적으로 변화하는 상황에 적응(適應)하기란 갑작스럽고도 대규모적인 변화에 적응하기보다 훨씬 쉽다. 다음으로, 예비대가 갖는 잠재적인 힘, 그리고 이로 인해 생기는 물리적인 충격력은 예비전력을 작은 조각으로 나누는 것에 비례(比例)하여 감소된다.

　예비대 사용에 관한 그 다음 두 가지 원칙은 설명하기가 간단하다. 그것은 너무 일찍 투입하지 말라는 것과 너무 늦게 투입하지 말라는 것이다.

　너무 이르다거나 또는 너무 늦다는 것이 언제인가 하는 것은 상당히 주관적(主觀的)인 생각임에 틀림없다. 그것은 완전한 예술적 수완(手腕)이나 혹은 재능(才能)을 필요로 하는 것일지도 모른다. 여기서 생각할 수 있는 하나의 아이디어는, 어떤 전투이건-혹은 전쟁 전체일지라도- 상황이 너무나도 불안정하거나 혹은 균형상태에 매우 가까워져 있어서 새로운 전력을 투입하게 되면 투입하는 전력의 크기에 비하여 훨씬 더 큰 효과를 얻게 되는 어떤 순간들이 있다는 것이다. 그러나 여기서도 또한 그 순간을 판별(判別)하기가 쉽지 않다. 미국 남북전쟁 시 남군(南軍)의 리이(Robert E. Lee) 장군은 게티스버그(Gettysburg)전투 3일째 되는 날 피켓(George E. Pickett) 장군을 1마일 정도의 개활지(開豁地)를 건너도록 보냈을 때 그 순간이 온 것으로 생각하였다. 그러나 리이 장군은 이를 잘못 판단하여 패전했으며 그의 운명을 결정지었다.

이와는 반대로, 임표는(중공이 북한군에 대하여 전략적 예비대로서의 역할을 하였다는 의미에서) 맥아더군에 대하여 중공군을 투입해야 할 시기를 완벽하게 결심하였다. 그 시기가 몇 주일 이전(以前)이었다면 집중된 미군 병력에 대항하기 위해서는 교통선의 연장이 필요했을 것이고, 반대로 몇 주일 혹은 단지 며칠이라도 늦었다면 맥아더군이 압록강 둑에 참호를 파고 병력을 집중시킬 수도 있었을 것이다.

시간을 맞추는 것이 가장 중요한 일이다. 지금까지 인용(引用)되고 유추(類推)된 사례들은 지상전에 관한 것들이다. 이 원칙들이 항공전에도 적용될 수 있을 것인가? 매우 광범하고도 이론적인 생각으로 볼 때, 우리는 그것이 그렇게 되는 것이 틀림없다고 결론지을 수 있다. 적 항공승무원(航空乘務員)들과 지휘관들도 지상군 병사들의 마음과 마찬가지로 충격의 대상이 된다. 이처럼, 물리적인 운동의 법칙은 지상에서와 마찬가지로 공중에서도 적용된다. 하지만 여기서는 그 이론을 실제로 어떻게 적용시키느냐 하는 것이 문제이다.

2. 운용되지 않은 소티라고 상실된 소티는 아니다.

조종사들은, 항공기가 착륙 접지(接地)할 때 이미 지나쳐온 활주로 거리가 얼마나 무용(無用)한 것인지 자주 말한다. 이와 유사한 관점에서 보면, 운용(運用)되지 않은 비행소티는 완전히 상실된 소티라고 할

수도 있다. 또한, 항공기는 정비작업이 허용하는 한 자주 비행되어야
하고 또 각각의 소티마다 어떤 종류의 공격 표적이 주어져야 한다는
일반적인 느낌이 존재한다. 이러한 생각이 곧 예비전력 개념은 항공작
전에서는 적용되지 않는다고 하는 일반적인 신념(信念)을 만들어 냈
다. 사실, 공군이 의식적(意識的)으로 예비전력을 운용한 역사적 사례
는 거의 없다.

하지만, 매우 흥미로운 두 가지 예외적인 사례가 있다. 한 가지는
영국전투(英國戰鬪: Battle of Britain) 기간 중에 실제로 있었던 것
이고, 다른 한 가지는 독일에 대한 항공전투 기간 중에 계획은 했지만
실제로 적용되지 못했던 일이다. 이 두 가지 사례를 살펴보자.

영국전투는 1940년 8월 8일에 시작되었는데, 당시 독일군은 영국본
토 침략을 위한 준비 작업으로 영국 지역 상공에 대한 공중우세 획득
을 위한 항공전역을 시작하였다.3) 대결하는 쌍방의 전투기(戰鬪機) 전
력은 거의 대등하였으나, 영국군 전투기의 목표물은 독일 폭격기였다.
독일군은 영국군 전투기 수량과 거의 비슷한 수의 폭격기를 보유하고
있어서 전체 항공기 숫자는 독일공군이 영국공군의 2배나 되었다.4)
(항공기 수량에 대한 이 비교는 영국군 폭격기사령부의 폭격기 전력을
무시한 것이다. 폭격기사령부의 전력은 독일군에 비해 대략 2/3 규모
였지만 독일군 전투기 기지에 대하여 괄목할만한 어떤 공격도 하지 못
했기 때문에 영국전투와는 직접적인 관계가 없었다).

독일공군이 지닌 수적 우세에도 불구하고 영국공군 전투기사령부 사
령관 도우딩(Dowding) 장군은 그가 보유한 전투기 전력의 1/3을 적
공격의 대상이 되지 않는 비(非) 전투지역에 남아 있게 하였다. 또한
그 전력을 전투에 참가시키지도 않았다. 영국군은 처칠이 가장 암담
(暗澹)한 시기라고 말한 그 순간까지도 예비전력을 그대로 유지하였
다. 도우딩 예하의 두 지휘관 파아크(Park) 및 레이 말로리(Leigh-

---

3) 상게서., p. 71.
4) Suchenwirth, pp. 64-65.

Mallory)도 그들 자신의 예비전력을 유지하였다.5) 이러한 예비대, 즉 도우딩의 작전적(作戰的) 예비대와 지역 사령관들의 전술적(戰術的) 예비대는 비록 결정적인 것은 아니었지만 영국전투를 승리로 이끌고 적의 침략을 막아내는 데 중요한 역할을 수행하였다.

9월 첫 주(週)까지 독일군은 공격 목표를 전투기 비행장으로부터 생산시설 그리고 선박 등으로 전환함에 따라 마치 아마추어 식의 공격을 수행하였다. 그들은 전역 첫 날에 공격한 영국군 레이더기지에 대하여 후속작전(後續作戰)을 수행하지도 않았다. 그들은 폭격 임무를 일부는 엄호기와 함께 또 일부는 엄호기 없이도 수행하려고 하였다. 엄호기들은 근접엄호(近接掩護) 전술을 사용하였다. 그들은 자주 당일의 공습계획에 대하여 서로 협조하거나 전력을 집중하는 데 실패하였다. 그러나 이런 모든 과오에도 불구하고 그들은 상당한 진전(進展)을 보게 되었다. 이에 따라 영국공군은 큰 곤란을 겪기 시작하였다.6)

그런데, 9월 첫째 주말이 되어 독일공군 사령관 헤르만 괴링(Hermann Göring)은 히틀러의 승인을 받고 중대한 결정을 하였다. 며칠 전, 영국공군이 군사적으로 별 성과는 없는 것이었지만 베를린(Berlin)에 대하여 공습을 감행하였다. 이에 격분한 히틀러가 군사적 목표물에 대하여 수행해 오던 영국 공격의 초점을 런던(London)으로 전환하는 데 동의하였던 것이다. 지난 2주일 전부터 그것을 주장해 오던 독일공군의 많은 사람들은 그 결정을 크게 환영하였다. 그들은 그렇게 함으로써 영국공군을 결정적인 공중전투(空中戰鬪) 상황로 이끌어낼 수 있을 것이라고 생각하였던 것이다.7)

하지만, 그들은 동전(銅錢)의 뒷면을 보지 못하였다. 독일군의 공습이 런던으로 집중되자 영국군 비행장에는 공습의 압력이 없어졌으며, 이에 따라 영국군이 오히려 독일군에 대하여 좀 더 효과적으로 전력을

---

5) Taylor, pp. 99, 164; 및 Bekker, pp. 243-46.
6) Bekker, pp. 200-201, 223, 229; 및 Taylor, pp. 135, 138-39.
7) Taylor, pp. 151-59.

집중시킬 수 있게 되었는데 이 사실이 전역에 훨씬 더 중요한 영향을 미쳤던 것이다.

드디어 독일군은 최후의 강타(强打)를 날릴 때가 왔다고 판단하였다. 모든 가용 항공기는 9월 15일로 계획된 최후의 일격(coup de grace) 작전에 참가하게 되었다. 영국군은 울트라(Ultra) 암호해독기의 일부 도움으로 독일군이 15일에 대 공습을 계획하고 있다는 사실을 알았다. 그리하여 도우딩 장군은 파아크와 레이 말로리 장군 지역의 모든 전투기 대대를 보강하는 데 그가 보유한 작전예비대를 사용하였다. 14일에 그는, 평소보다 훨씬 소량의 전투기를 체공(滯空)시켜 독일군에게는 승리에 대한 자신감을 심어주고 동시에 영국군 전투기사령부에는 내일의 작전에 대비할 기회를 갖게 해 주었다.[8]

9월 15일, 영국군은 대규모 독일군을 만났다. 파아크 장군은 그가 보유한 6개 대대의 전술적 예비대를 투입하고 말로리 장군에게도 독일군을 치기 위해 그가 보유한 모든 전력을 남부로 보내줄 것을 요청하였다. 말로리 장군은 그렇게 했을 뿐 아니라 그 전력의 일부는 완전한 날개형 편대 대형으로 공격을 하기도 하였다.

영국군이 예비전력을 그것도 대량으로 사용하자 독일공군은 영국공군을 패배시키기에는 결국 자원과 시간이 부족하다고 결론을 내릴 정도로 큰 손실을 보았다. 그 후 불과 며칠이 지나지 않아 그들은 런던에 대한 공격을 별 소득 없는 야간폭격(夜間爆擊)으로 전환하게 되었던 것이다.[9] 항공예비대의 투입은 영국전투를 승리로 이끌었을 뿐 아니라 독일군의 영국 침공 상륙작전 기도(企圖)를 무산시켰고 다방면으로 전쟁의 흐름을 바꾸었다.

영국전투가 있은 지 3년의 세월이 지나 미국이 독일 본토에 대하여 수행한 주간(晝間) 폭격작전은 독일군에게 문제점들을 불러일으키기 시작하였다. 앞에서도 언급한 바와 같이, 독일군 전투기부대 지휘관 갈

---

8) Bekker, pp. 243; 및 Taylor, pp. 164.
9) Taylor, pp. 163-65; 및 Bekker, pp. 247-48.

란트(Adolf Galland)는 적에게 군사적으로 현저한 손실을 입히기 위해서는 공격해오는 폭격기보다 3-4 대 1의 수적 우세가 필요하다고 판단하였다(이 판단은 미군 폭격기가 독일 본토 공격시 엄호전투기를 운용하기 이전에 이루어진 것이었다).

다른 전선에서의 요구 때문에 독일 본토 내에서의 전투기 확보 능력은 폭격기 대 전투기 비율을 1 대 1 이상 유지하기가 어려웠고, 또 그 수치마저도 항상 그런 것은 아니었다. 갈란트는 괴링과 히틀러에게 새로 생산되는 항공기와 조종사는 미 공군 전력에 대하여 최소한 3 대 1의 우세가 되도록 충분한 전력을 확보할 때까지 독일 본토 방어임무에 투입하지 말 것을 세 번에 걸쳐 건의하였다. 1943년에 있었던 첫 번째 건의안에는 다른 전선에 있는 전투기도 철수시켜서 모아야 한다는 건의사항도 포함되었는데, 이것은 러시아와 북아프리카에서 영토를 잃을지도 모른다는 이유로 기각(棄却)되었다.[10]

이듬해 봄에 갈란트는 두 번째 건의안을 제출하였다. 그는 미군 폭격기에 집중적으로 대항하기 위해 프랑스에 있는 모든 전투기를 철수시키자고 제안하였다. 괴링은 다시 거절하였는데, 이번에는 적의 침공이 예상되기 때문이라는 것이었다.[11]

1944년 여름철 동안 미군 폭격기의 공습은 견디기 어려울 정도였다. 갈란트 장군을 포함하여 스페르(Albert Speer) 같은 나치 독일을 위한 전쟁물자 및 강제노동력 조직자들은 폭격기에 대하여 어떤 적절한 조치를 취하지 않으면 분명히 전쟁에서 패배할 것이라고 생각하였다. 그래서 갈란트는 단 하루에 투입하기 위한 거대한 예비전력을 건설하자고 다시 한 번 제안하였다. 그는 기상 상태가 좋은 늦가을 어느 날 2,000대의 전투기를 체공시킨다는 목표로 전력을 모으고 훈련시키려고 계획하였다. 그의 목표는 대등한 규모의 독일군 전투기 손실로서 400-500대의 미군 폭격기를 격추시킨다는 것이었다. 그는 이러한 손

---

10) Galland, pp. 151-53.
11) Murray, p. 278.

실률이 하루 혹은 이틀 동안만 계속된다면 미 공군은 오랜 기간 폭격작전을 중단할 것이라고 믿었다. 그 기간 동안에 독일은 신형 제트전투기를 전투에 투입할 수 있고, 또 항공연료를 생산 및 저장하며, 작전을 재개할 때 그들이 도저히 당할 수 없는 신규 조종사들을 훌륭히 훈련시킬 수 있는 충분한 휴식시간을 벌 수 있을 것이라고 그는 생각했던 것이다.[12]

갈란트 장군의 계획은 수행되었는가? 그 계획은 수행될 가능성이 충분히 있었다.

1943년 가을, 미군의 폭격기 공세는 10월에 12-16%의 손실률을 기록한 후 중단되었다. 그런데 400-500대의 폭격기 손실이라는 것은 그 당시 손실률 25%-50%에 해당하는 막대한 양이었다. 이 정도의 손실률이라면 참전하는 모든 부대에게 사실상 엄청난 피해를 줄 수 있는 것이었다. 그리고 그것이 가져오는 충격 그 자체는 그 후 오랜 기간에 걸쳐 손실률이 감소한다고 하더라도 조종사와 지휘관에게 매우 큰 영향을 줄 수 있었을 것이다. 그리고 그가 제안한 비율 4 대 1은 성공을 위한 매우 적절한 비율이었을 것이다. 그런데 왜 성공을 거두지 못했는가? 그 이유는 간단하다.

히틀러가 그 예비전력을 해체하여 1944년의 아르데느 역공세(逆攻勢)를 지원하는 데 투입했기 때문이었다.[13]

거기서, 그 예비전력은 악기상(惡氣象) 상태의 익숙되지 못한 환경에서 작전해야 했고, 또 훈련을 충분히 해보지 못한 비행임무를 수행해야 했으며, 그리고 단지 전술적인 중요성만을 가진 분산된 목표물에 대하여 투입되었기 때문에 통합된 힘을 발휘하지 못하였다. 따라서 독일군은 파멸을 모면할 수 있었던 마지막 기회마저 상실하고 말았다.

앞 단락들에서 살펴본 2차대전시의 두 가지 사례는 예비전력이 특별한 중요성을 가질 수 있다는 것을 우리에게 보여준다. 또한 예비전력

---

12) Galland, pp. 240-41.
13) Suchenwirth, p. 118.

이론이 항공전에서도 적용될 수 있다는 것을 보여 주기도 한다. 그렇다면 그것이 항공전에서 전략적(戰略的) 혹은 작전적(作戰的) 예비대가 항상 존재해야 한다는 것을 의미하는가? 이에 대한 대답은 분명치 않다. 미 공군은 언제나 예비전력을 유지하지 않았다. 2차대전 당시만해도 미 공군은 비록 어떤 면에서 볼 때 전략적 예비대를 유지할 수 있는 항공기 생산 능력을 가지고 있었지만 그렇게 하지 않았다. 혹자는 1943년 이래로 미국이 가지게 된 불패(不敗)의 전통이 예비전력을 필요로 하지 않도록 하였다고 말할 수도 있을 것이다. 물론 그 때 이후의 모든 분쟁(紛爭) 상황에서 미국은(비록 한국전과 베트남전에서는 매우 한정적인 것이긴 하지만) 압도적인 수적 우세와 함께 항상 공세적 위치를 지켜왔다. 한국전과 베트남전의 상대국 공군은 방어적이었고 수적으로도 열세였었다. 그러면 다시 이론적 논의로 돌아가서, 예비전력은 상황이 불안정하여 새로운 전력을 투입하면 균형이 깨어질 가능성이 있을 때 사용하는 것이 가장 유용하다는 점을 다시 생각해보자.

이러한 관찰(觀察)들은 우리로 하여금 항공 예비대는 적 전력이 우리와 대등하거나 우리보다 약간 우세할 때 가장 필요하다는 생각으로 이끌어 간다.

앞에서 살펴본 사례들과 이론에 추가하여, 몇 가지의 컴퓨터 워게임 결과가 항공 예비대의 효용성(效用性)에 대하여 말해 주고 있다. 한 가지 게임에 대한 간단한 설명이 이해에 도움이 될 것이다. 시뮬레이션은 지상이나 공중에서 수적으로 우세한 적군이 넓은 전선에서 공격함으로써 시작되었다. 특히 전선의 몇몇 지역은 타 지역보다 강력한 공격이 있었다. 게임의 첫 단계는 근접지원작전에 얼마만한 전력을 배당(配當)해야 하는지 보는 것이었다. 게임 결과, 집중의 원칙을 주장하는 자들이 예상한대로 특별한 적의 공세에 대하여 근접지원 전력을 대량으로 투입하는 것이 전체 전선에 걸쳐 분산 투입하는 것보다 훨씬 효과적이라는 것이 나왔다.

다음 단계는 근접지원작전이 첫째 날보다 둘째 혹은 셋째 날 아니면 그 이후에 더욱 효과적으로 될 수 있는지 시험해 보는 것이었다. 이러한 것을 세부적으로 시도하기 전에 근접항공지원이 어떻게 사용될 것이냐 하는 초기(初期) 가정들을 설정하는 것이 필요하다.

표준적인 가정은 첫 날에 가능한 한 많은 근접지원 소티가 투입되어야 한다는 것이었다. 그런 연후에는 손실률로 인하여 점차 감소된 소티가 투입된다는 것이다. 도표(圖表)로 그려보면, 첫 날에 가장 큰 숫자로부터 시작하여 날이 갈수록 작은 숫자로 떨어지는 하향(下向)하는 선(線)을 보여줄 것이다. 실제에 있어서, 그 선은 직선이 아니고 오히려 최대출격(最大出擊: surge) 능력이나 혹은 다른 여러 가지 요인을 반영하여 하강하는 사인(sine) 곡선이 될 수 있을 것이다. 그러나 평균적인 결과를 본다면 직선이라고 생각해도 무리는 아닐 것이다.

이러한 도표를 이용하여 무엇을 할 수 있는가?

소티 사용에 관한 여러 가지 계획이 가능하다. 첫째로, 작전 개시 후 이틀 혹은 사흘까지 소티를 전혀 운용하지 않을 수도 있다. 이때 도표상의 선은 똑같은 형태지만 우측으로 2일 혹은 3일 만큼 옮긴 지점에서 시작하게 될 것이다. 지상에서 발생하는 항공기 손실을 무시한다면 이런 방식의 작전은 작전 개시 후 둘째 혹은 셋째 날에 모든 전력을 근접지원 임무에 투입하여 적을 친다는 것을 의미한다. 어떤 상황하에서는, 이전에 볼 수 없었던 갑작스러운 근접항공지원 작전에 의한 맹공격은 마치 대규모 지상군 예비전력의 투입과 같은 큰 충격을 적에게 줄 수 있을 것이다. 일정 기간 동안 지상군 병력을 예비전력으로 유보(留保)하는 아이디어는 널리 수용되고 있다. 그런데 왜 공군은 그렇게 하면 안 되겠는가?

둘째는, 시간이 지나도 유지될 수 있는 일정 수준의 소티를 결정함에 따라 계속 수평적(水平的)인 선을 유지할 수도 있다. 비록 그 선이 최대출격 능력에는 다소 미치지 못한다는 것이 분명하지만 표준적인 접근방법을 사용했을 때보다 작전 기간의 끝에서는 훨씬 높은 소티 수준이 유지될 것이다.

이론적으로 가능한 마지막 변형(變形)은 상승(上昇)하는 선인데, 이 것은 첫 날에는 아주 적은 소티로 출발하여 시간이 지날수록 점차 증 가하는 것이다. 이때는, 마지막 날의 소티가 첫째 날 최대의 소티를 투 입할 때만큼의 수준에 도달하기는 여러 가지 이유로 불가능하다. 하지 만, 이 방식은 다른 방식보다 마지막 날에 더 많은 소티 운용이 가능 하다.

소티 운용 방식을 변화시킴으로써 얻는 이득은 전투가 갖는 중요성 이 아군이나 적군에게 매일 항상 동일하게 적용되지 않는다는 예상으 로부터 나온다. 사실, 전쟁에 대한 노력은 흐르는 강물처럼 어떤 변함 없는 압력 때문이기보다는 격동(激動)과 분발심(奮發心)에서 나온다. 격렬한 적의 공세나 방어 사이에 있는 소강(小康) 상태는 만약 운용 가능한 전력만 있다면 이용하기 좋은 기회를 제공한다.

전구사령관은 이러한 기회들이 주는 이익을 취하기 위하여 지상 및 항공력을 집중시킬 수 있게 되기를 원하지만 주어진 근접지원 소티를 막연한 방식으로 소비해 버린다면 그렇게 할 수 없는 것이다. 따라서, 다른 날보다 당일에 운용하는 소티가 좀더 중요할 수가 있고 또 오늘 의 출격에서 손실되지 않고 정비를 받을 필요도 없어서 다음 날 사용 가능한 소티는 여하튼 낭비한 소티가 아닐지도 모르는 것이다. 그러나 실제적으로는, 남겨둔 소티가 경솔하게 사용된 소티 보다 훨씬 값진 것이다. 컴퓨터게임 결과는 전투 초기에 사용하지 않고 남겨 두어서 사용이 가능하게 된 소티를 다른 날 집중적으로 사용할 때 더 큰 이득 을 볼 수 있다는 것을 보여주는 경향이 있다.

지금까지 우리는 소티 산출 방법을 재구성함으로써 예비전력을 만드 는 방법에 대하여 논의하였다. 1940년에 영국이 그랬던 것처럼 어떤 부대를 전투에 투입시키지 않고 남겨두는 방법으로도 분명히 똑같은 일을 할 수 있다. 그러나 공군에 있어서는 하나의 반론(反論)이 제시 되는데, 즉 공군은 기동성(機動性)이 있어서 한 곳에서 다른 곳으로 신속한 임무전환이 가능하기 때문에 일반 전력 스스로도 예비대의 역할을 할 수 있다는 것이다. 이론적으로 볼 때 이 말은 사실일 수도 있다. 그러나 실제에 있어서는 적어도 상황이 긴박해지면 아무도 자군에 대한 공중(空中)으로부터의 지원(支援)을 양보하려고 하지 않을 것이다. 앞에서 우리가 살펴본 바와 같이 러시아 전선에서의 독일군은 대부분의 항공전력을 근접지원임무에 투입하였다. 그들은 늦게나마 항공지원은 전선 후방을 공격해야 한다는 것을 깨닫고 실제로 그렇게 임무전환을 하였다. 그러나 고통을 받게 된 지상군 지휘관들의 아우성이 너무나도 커지게 되자 그 임무는 곧 중단되고 말았던 것이다.14)

양적 우세를 가진 지휘관은 필요한 일을 최소 한도로 축소하지 않으면 안 되는 어떤 제약(制約)을 가진 지휘관에 비하여 임무를 전환하기가 훨씬 쉽다. 공군구성군사령관이나 전구사령관이 통제하는 항공 예비대의 장점은 어떤 부대로부터도 전력을 차출(差出)하지 않고도 원하는 곳에 전력을 투입시킬 수 있다는 점이다. 끝으로, 영국군이 발견한 것이지만 예비전력을 보유함으로써 얻을 수 있는 최대의 장점은 전투에 지친 부대를 전선에서 후방으로 순환(循環) 배치함으로써 그들이 충분히 휴식 및 회복할 수 있다는 점이다.

항공 예비대가 절대적으로 필요하다는 이론 설정을 위해 참고할 수 있는 역사적 사실들은 너무나도 부족하고 또 시간적으로도 상당히 오래된 것들이다. 그러나 이 장에서 새로 추가한 이론과 함께 이러한 역사적 사실들은 적어도 지휘관들의 관심을 끌기에 충분한 강도를 지니고 있다. 특히 양적으로 우세한 적과 조우할 것을 예상한다면 더욱 그러하다.

---

14) 상게서, pp. 89-90.

전쟁합주곡의 작곡

전구사령관과 그 예하의 구성군사령관들은 국가 지도자들에 의하여 구체화(具體化)된 정치적 목표를 달성 할 수 있는 군사작전(軍事作戰)을 수행할 책임이 있다. 이를 위하여 그들은 전쟁의 정치적 목표를 지원하는 군사적 목표 달성에 필요한 지상군·해군 및 공군력을 운용한다. 또한 전쟁 당사자(當事者) 양측의 정치적 및 군사적 목표는 분쟁의 성격을 결정한다.

이 장에서 우리는 정치적 및 군사적 목표와 관련한 철학적(哲學的)이고도 이론적(理論的)인 문제 속으로 깊이 들어가고자 하는 것은 아니다. 하지만, 작전적 수준의 지휘관들이 임무를 원만하게 수행하려면 이 두 가지 문제 사이에 존재하는 연관성(聯關性)을 반드시 고려해야 한다.

전쟁에 있어서 정치적 목표는 무조건항복(無條件降伏)으로부터 휴전(休戰)을 위한 유리한 조건을 적에게 요구하는 것에 이르기까지 다양하다. 적에게 우리가 원하는 행동을 이끌어내는 군사적 목표는 정치적인 목표와 연관(聯關)되며 또한 그 목표 달성을 위하여 설계되는 전역계획에 큰 영향을 미친다. 역사를 통하여 이러한 사례는 충분히 찾아볼 수 있다.

2차대전시, 서방 연합국의 정치적 목표는 독일과 일본으로부터 무조건 항복을 받아내는 것이었다. 이때 모든 전구사령관들에게 주어진 군사적 목표는 독일 본토(本土) 침공을 준비하기 위한 조치로서 적의 군사력을 파괴하는 것이었다. 연합군은 실제로 독일 본토를 향하여 진군(進軍)하면서 대부분의 독일 군사력을 파괴하였고 또 독일 본토에 있는 대부분의 산업시설을 파괴하였다. 일본(日本)에 대해서는 연합군이 해군 및 공군력으로 일본 본토를 압박하였는데, 결과적으로 공중폭격이 지상군 침공을 대신하였다.

독일과 일본 양국은 그들의 국민을 보호하고 국토를 보전(保全)할 능력을 상실했기 때문에 무조건 항복하였다. 그들이 효과적인 저항수단을 가지고 있었음에도 불구하고 무조건 항복했다고는 생각할 수 없다. 따라서 당시의 군사적 목표는 적 군사력 전체 혹은 일부를 파괴하거나 또는 공세 혹은 방어 작전 수행에 필요한 물자 공급을 거부하여 군사력을 무력화시킴으로써 사실상 적국을 무장해제(武裝解除)시키는 것이 되어야 했다.

USAF Photographic Collection, National Air & Space Museum, Smithsonian Institution

1944년 4월 29일 주간 베를린 공습시 폭탄을 투하하고 있는 미 제8공군 소속의 B-17 Flying Fortress 폭격기

독일과 일본의 패배는 어떤 구속을 받지 않는 정치적 목표를 추구하기 위한 순수하고도 자유로운 전략적 공세의 결과에 대한 예시(例示)이다. 이와 반대되는 경우는 미군에 대항하여 월맹군이 수행한 전쟁이다. 월맹군은 단순한 정치적 목표를 가지고 있었다. 그것은 미군이 인도차이나 반도에서 철수하는 것이었다. 그들은 미국이 이 지역에 단지 일정량(一定量)의 시간과 돈 그리고 생명을 투자할 것이라고 보았다. 그들은, 만약 적에게 이 한도(限度)를 넘어가도록 강요할 수만 있다면 전쟁에서 승리할 것이라고 생각하였다. 따라서 월맹군의 군사적 목표

는 장기간에 걸쳐 미군에게 인적(人的) 및 금전적(金錢的) 대가를 부여한다는 것이었다. 미국이 지닌 엄청난 군사적 능력을 고려할 때, 이에 수반(隨伴)되는 전역계획은 전략적 방어가 되어야 하였다. 결국, 월맹군의 목표는 달성되었다.

2차대전과 베트남전을 살펴보면 우리는 매우 가치 있는 몇 가지 단순한 원칙들을 발견할 수 있다.

- 첫째, 더 이상의 저항이 쓸 데 없는 것이거나 혹은 물리적으로 불가능해질 때까지는 아무도 모든 것을 포기하지 않는다.
- 둘째, 한 국가가 견뎌야 할 고통의 정도는 그 국가가 무엇을 포기해야 하느냐와 관련이 있다. 인도차이나에서 미국은 단지 그 지역에서의 주둔을 포기하도록 요구되었는데 – 그것은 어떤 면에서 미국이 그리 중요하게 생각하지 않는 것이었다. 이것은 일본이 미국에게 전 태평양 지역의 지배권을 포기하도록 요구했을 때 미국이 느낀 감정과는 대조적인 것이다.
- 셋째, 아름다움은 "제 눈에 안경(眼鏡)"이다. 월맹인들에게 인도차이나는 어떠한 희생을 감수하고라도 차지해야 하는 빛나는 보석(寶石)이었지만 미국인들에게는 봉쇄교리(封鎖敎理)에 근본을 둔 이론적인 관심만 있었던 축축한 정글에 불과하였다.
- 넷째, 세 번째 원칙과도 관련 있는 것으로서 전투의 강도(强度)는 가장 큰 이익과 의지를 가진 측에 의해 결정되는 것이지 작은 이익을 가진 측에 의하여 결정되는 것이 아니라는 것이다. 따라서 베트남에서의 미국의 전역은 전역이 성공할 때 그 지역에서 미국이 얻을 수 있는 이익 수준을 바탕으로 할 수가 없었고, 대신 월맹군이 잃을 수 있는 이익을 바탕으로 하여야 했다.
- 다섯째이자 아마도 가장 중요한 원칙은, 군사적 목표와 전역계획은 우리의 시각(視覺)이 아니라 적의 시각에서 본 정치적 목표에 연결되어야 한다는 것이다. 중요한 이 교훈을 따르는 데 실패하면 국가를 점차 곤경에 빠지게 하거나 혹은 패배한다.

많은 경우, 전구사령관은 정치적 목표는 물론 심지어 군사적 목표를 설정하는 데조차도 크게 관여하지 못할 수도 있다. 그에게는 오히려 이 두 가지 목표가 주어지고, 그런 연후에 단순히 군사적 목표 달성을 위한 전역계획을 개발하도록 지시된다. 하지만, 어떤 경우에는 전략적 수준의 지휘부가 오해나 실수를 함에 따라 야기되는 논리적 모순이나 물리적인 문제점들을 지적해야 하는 독특한 위치에 서기도 한다. 2차 대전시 러시아전선에서 독일군이 이 같은 문제에 직면하였다. 먼저 논리적 모순을 지적한 경우는, 소련 지상군을 격퇴시키기에 앞서 경제적인 활용을 목적으로 코카사스(Caucasus) 지방을 정복하려는 히틀러의 계획에 대하여 일반참모부(General Staff)가 이를 반대한 것이다.[1] 다음으로 물리적인 문제점들을 지적한 경우는, 정치 지도부가 소련의 산업시설을 손상(損傷) 없이 장악하려고 했기 때문에 그들은 전쟁 초기에 소련 무기생산 공장에 대해서는 독일공군의 지속적인 작전 수행을 금지시켰다. 그러나 군사적으로는 당연히 그 작전을 수행했어야만 하였다.[2]

이 두 가지 경우에 있어서 최고사령부에서는 군사적 건의사항의 수용을 거부했기 때문에 결과적으로 작전적 수준의 지휘관들은 임무수행이 매우 곤란하거나 불가능하였다. 이와 같은 의견의 불일치(不一致)는 사실상 모든 전쟁에서 있는 일이다. 따라서 작전적 수준의 지휘관은 자신의 견해를 반드시 밝힘과 동시에 그의 의견이 무시될 경우에 대비한 비상계획(非常計劃)을 준비해 두어야 한다.

어떤 상황에서는 전구사령관과 그의 구성군사령관들이 군사적 목표에 많은 영향력을 미칠 수도 있고 또 심지어 전쟁 수행을 위한 군사적 목표를 작성도 할 수 있다. 이때 이들이 반드시 고려해야 할 사항이 무엇인가? 군사적 목표가 정치적 목표 달성을 위한 것이기 때문에 전구사령관은 목표 달성을 위한 적절한 병력을 정 위치에 보유하거나 아

---

1) Erich von Manstein, Lost Victories, transl. and ed. by Anthony G. Powell (Novato, Calif.: Presidio Press, 1984), p. 177.
2) Hoeffding, pp. 22-23.

니면 그런 보증(保證)이 반드시 있어야 한다. 군사적 목표는 다양하게 그 내용이 변할 수 있지만 보통 다음과 같은 세 가지 범주 중의 하나에 속하는 경향이 있다.

첫째, 군사적 목표는 아군이 기동하여 적 전력의 전부(全部) 혹은 일부(一部)를 파괴 혹은 무력화시키는 것이 될 수 있다. 요구되는 파괴 정도는 적이 생각하는 정치적 목표의 중요성에 의하여 좌우된다. 그것은 또한 포크랜드(Falklands) 전쟁의 경우처럼, 적의 능력에 의해서도 좌우된다. 영국군은 아르헨티나(Argentine) 공군과 해군이 포크랜드 섬에 대하여 더 이상 작전수행이 불가능할 정도로 충분히 이들을 파괴함으로써 승리하였다. 아르헨티나군은 본토에 대규모 지상군 병력이 있었지만 패배하였다.

둘째, 군사적 목표는 적국의 경제력, 특히 전쟁 관련 경제력의 일부 혹은 전부를 파괴하는 것이 될 수 있다. 일본은 적의 공중공격으로부터 본토를 보호할 능력이 없어지고 또한 산업이 붕괴되었기 때문에 항복하였다. 이와 유사하게, 공중폭격에 의한 석유시설과 국내 교통망의 파괴는 1944년 말에 이르러 독일이 현대전(現代戰)을 더 이상 감당할 수 없게 만들었던 것이다. 이 두 가지 경우에 있어서 핵심 전쟁산업의 파괴는 전쟁을 신속히 종결시키게 하거나 아니면 큰 위협이 되었다. 유사한 것이긴 하지만 다른 극단적인 경우로, 이스라엘은 공군력을 이용하여 1981년 6월 7일 군사적 목표인 이라크 핵연구센터를 파괴함으로써 이라크의 핵무기 개발을 중단시킨다는 정치적 목표를 달성하였다.

셋째, 무조건항복과 같은 정치적 목표를 지원하는 군사적 목표는 항전(抗戰)하고자 하는 의지(意志), 즉 정부의 의지나 혹은 국민의 의지를 파괴시키는 것이 될 수 있다. 군사력이나 경제력을 파괴하지 않고 "의지"라는 것에 도달하기가 어렵기 때문에 이 목표는 사실상 애매한 것이다. 다시 말하여, 항전의지는 군사력이 더 이상 임무를 수행할 수 없거나 혹은 경제력이 더 이상 군대나 민간인들에게 필요한 서비스를 제공할 수 없을 때 붕괴된다. 또한 다음 사례가 보여 주는 바와 같이, 항전의지 그 자체를 판단하는 것 역시 매우 어렵다. 1941년 당시에 거의 대부분의 사람들은 독일인들이 일본인들보다 더 이성적(理性的)일 것이라고 생각하였다. 그러나 지상군 및 공군력이 상당히 남아 있었음에도 불구하고 이성적인 판단에 의해 항복한 것은 일본이었다.

적 민간인(民間人)들에 대한 직접적인 공격이 국가의지(國家意志)를 파괴하는 실행가능(實行可能)한 하나의 방법(도덕적인 거부감을 무시할 때)이라고 생각될 수도 있지만 여기에는 많은 어려움이 있다. 주민(住民)들은 신속히 기력(氣力)을 회복하는 것으로 입증되었으며, 또한 국민들은 통치자의 의사결정에 그리 큰 영향을 미치지 못할 수도 있는 것이다. 민간인들에 대한 간접적인 접근방법은 별개의 문제이다. 월맹군은 근본적으로 미국 국민의 전쟁의지를 공격하였다. 이와 유사하게, 1차대전시 독일인들의 일상생활을 못 견디게 만든 연합국의 경제봉쇄(經濟封鎖) 조치는 전승에 큰 역할을 하였다.3) 하지만, 1차대전시 독일 국민들은 비이성적(非理性的)인 전제군주(專制君主)의 지배를 받은 것이 아니었다.

따라서 다른 하나의 가능성, 즉 항전의지는 때때로 파괴에 의해서보다 인정(人情)에 의해서 파괴될 수 있다는 점을 고려해야 한다. 회고해 보면, 독일군이 만약 우크라이나(Ukraine) 지역이나 혹은 다른 소련 식민지 지역에 파괴자가 아닌 해방자(解放者)로서 들어갔다면 소련을 패배시킬 수 있었을 지도 모른다.

군사적 목표가 설정되면 행동이 필요하다. 행동방향 결정에 필요한 사고(思考)에 도움이 되는 것으로는 개인들 간에 있는 무력행위로부터 유추(類推)하는 방법이 유용하다. 두 사람의 적대자(敵對者)가 만났을 때 그들은 각각 무력 사용에 대한 몇 가지 선택안(選擇案을) 갖는다. 그들은 서로 맞서서 약한 자가 쓰러질 때까지 주먹을 주고받을 수 있다. 두 사람의 힘이 대략 비슷하다고 본다면, 이때의 결과는 누가 상대

---

3) Fuller, Decisive Battles of the Western World, Vol. 3, p. 296.

방의 주먹을 더 잘 견디는가에 달려 있다.

다른 하나의 가능성은 두 사람 중 하나가 먼저 움직여 일격(一擊)을 가한 후에 상대가 반격하기 이전에 물러서는 것이다. 이 경우에는 보다 더 현명하고 재빠른 사람이 승자가 될 것이다. 잘만 한다면 그는 싸움에서 별 고통을 겪지 않을 수도 있다.

세 번째 방법은 예기치 못한 일을 하는 것으로, 패거리를 이용하거나 제3자를 싸움에 끌어들이거나 혹은 상대방의 후견인(後見人)을 제거하거나 어떤 일을 못하게 방해함으로써 적대자를 간접적으로 공격하는 방법이다. 시간이 충분하다면 이런 종류의 계략(計略)은 약간의 대가로 얻을 수 있는 방책이 될 수도 있다.

2차대전시 독일에 대한 미국의 폭격기공세는 전사(戰士) 두 사람이 서로 주먹을 교환하는 형태로 출발하였다. 그 공세는 독일군이 연합군측에 대해 너무나 많은 항공기와 승무원을 격추시킬 수 있었기 때문에 거의 실패하였다. 그러나 그 공세는 장거리(長距離) 엄호전투기의 투입으로 새로운 국면을 맞이하였다. 그 때, 엄호전투기는 재빠른 움직임으로 치고 빠지는 싸움꾼 같은 역할을 수행하여 독일군을 궁지로 몰아넣고 폭격기로 하여금 본연의 임무를 수행할 수 있게 하였다. 결국, 폭격기는 독일의 석유산업으로 공세를 전환하여 전쟁 수행에 필요한 독일군의 모든 장비 운행을 불가능하게 만들었다.

공세작전 수행 순서를 바꿀 수는 없었던가? 돌이켜 볼 때, 석유 생산체계에 대하여 조기(早期)에 공격을 수행하였더라면 이것은 전쟁 기간을 단축시킬 수 있었을 것이고, 또 항공기와 항공기 제작공장에 대한 직접 공격을 먼저 시작할 때보다 훨씬 빨리 전쟁을 종결시키는 수단이 되었을 것이다.

개인들 사이에 발생하는 싸움에 대한 유추를 통하여 첫 번째 가능성을 생각해본다면, 마주보고 서로 주먹을 날리는 방식은 가장 좋지 않기 때문에 선택 가능성이 가장 작다는 것을 알 수 있다. 그러나 사실은 이러한 전투방식이 가장 전통적인 접근방법이며 또 전사(戰史)에 기록된 대부분의 전투나 전역에서 대부분의 지휘관들이 적용해온 방법 이었다. 치고 빠지는 작전이나 간접적인 접근방법의 선택은 비교적 드물었으며 그리고 그 정의에 의거할 때 이러한 방식은 급진적(急進的)인 방식이다. 전통적인 접근방법은 미국 남북전쟁시 그란트(Ulysses S. Grant) 장군이 빅스버그(Vicksburg)4)에서 포위작전을 성공시킨 이래 미국에서도 역시 전통적인 접근방법이 되었는데 이 방법 역시 전쟁을 지나치게 단순화시키는 위험성이 있다. 2차대전시 마샬(Marshall) 원수가 미국의 산업능력과 압도적인 화력을 바탕으로 독일 본토에 대하여 무자비한 정면공격(正面攻擊)을 계획했음을 볼 때 이 방법은 2차대전시에도 분명히 고위 지휘부의 선택 방법이 되었던 것이다.5)

  2차대전시 독일에 대한 항공전역의 초기 개념도 이와 마찬가지로 적의 저항을 전복(顚覆)시키고자 하는 대량 정면공격이었다. 남서태평양에서의 전역은 한국전쟁(韓國戰爭) 최초 6개월 동안에서와 같이 금세기(今世紀)의 미국 전사(戰史) 가운데서 하나의 예외적 사건이었다.

  역사(歷史), 특히 미국의 전사를 기록한 이러한 사실들은 전통적으로 내려오는 방법이 아닌 새로운 방법을 제안하고자 하는 작전적 수준의 지휘관과 관련이 있다. 작전적 수준의 지휘관은 그가 생각하는 "급진적(急進的)인" 아이디어에 대하여 휘하 참모들 특히 상급부대의 참모들이 강력하게 반대할 수 있다는 점을 알아야 한다. 참모들은 큰 재난(災難)으로 이어질지도 모르는 무모한 모험이나 공상적(空想的)인 생각으로부터 군을 보호해야 한다는 신념으로 그렇게 할 것이다. 그들이 옳을 수도 있다. 따라서 의사결정을 할 때 참모들이 동의(同意)하지 않는 부분에 대하여 그들을 납득(納得)시켜야 하는 부담은 작전적

---

4) 빅스버그(Vicksburg)는 멤피스와 뉴올리언스 중간에 위치하는 곳으로 미시시피강에서 전략적인 위치에 자리하고 있었다. 이곳은 1863년 7월 4일 항복할 때까지 그란트 장군의 미시시피강 통제권 장악 전역 기간 중 47일 동안 포위되어 있었다.

5) Russel F. Weigley, The American Way of War (Bloomington: Indiana University Press, 1977), pp. 317-21.

수준의 지휘관에게 남겨질 것이다.

혹자는 전통적인 접근방법이 미국에서는 한 세기 이상이나 잘 적용되어 왔기 때문에 그것을 바꾸는 것은 어리석은 행동이라고 주장할 수도 있다. 만약 여러 가지 조건이 과거에 있었던 전쟁들과 비슷한 상태로 남아 있다면 그런 주장이 옳다고 할 수도 있다. 1812년 전쟁 이래로 미국이 참전했던 모든 전쟁에서 미국은 적국에 비하여 산업 생산능력이 항상 크게 우세하였다. 20세기에서도 미국은 복합기술생산(複合技術生産) 전선을 지배하였다. 미래의 어떤 전쟁에서도 적이 여전히 물자(物資)와 기술상의 열세에 있는 한 미국은 보수적인 구식(舊式) 방법을 채택할 가능성이 있을지도 모른다. 그러나 만약 적이 그렇지 않게 된다면, 구식 방법은 재앙(災殃)을 초래하는 처방이 될 수도 있다. 휘하 혹은 상급 부서의 요직에 있는 장교들에게 한 세기 이상 내려오는 경험체계를 무효화(無效化)시킬 만큼 여러 가지 조건들이 충분히 변화되어 왔다는 것을 확신시키기란 매우 어려운 일일 수도 있을 것이다.

여기서 논의한 개념적인 문제점들은 우리가 설정한 모든 상황에 적용되지만 특히 분쟁 당사자들이 대략 동일한 취약성을 가진 상태에서 전쟁을 시작하는 〔상황 1〕에 가장 적절하다. 만약 적이 인원이나 물자에 있어서 아군과 동등하거나 혹은 우세하다면 정면공격은 해결책이 아닐 수도 있다. 그러나 적이 만약 결정적으로 열세하다면, 보수적인 접근방법의 채택은 다른 방법보다 더 오랜 시간과 더 많은 생명 및 재산을 낭비할 가능성은 있지만 그리 큰 문제가 되지는 않는다. 제3장에서, 우리는 공세적 공중우세전역의 윤곽(輪廓)을 개발하고 2차차대전 당시 독일군에 대하여 미군이 경험한 다수의 사례들을 고찰하였다. 당시 미국 육군공군(陸軍空軍: Army Air Force)은 전역의 목표를 비록 급진적이고도 새로운 것으로 설정하였지만 적어도 폭격기 손실률이 감당하기 어려울 정도가 되기 전까지는 매우 전통적인 방식의 전역을 수행하였다.

기지 주변에 대한 적의 방어활동에 의해 비록 실제 전역의 수행이
좀 더 어려워진다고 해도 양측이 취약한 기지를 가지고 있는 경우에는
동일한 일이 발생할 수 있다. 그렇다면, 전역 수행을 위하여 적용할 수
있는 일반적인 규칙은 어떤 것이 될 수 있을까?

1. 중심(重心)은 반드시 식별되어야 한다.

어떤 상황에서나, 적의 중심(重力中心: center of gravity)을 식별
하여 파괴해야 한다. 공중우세 전역 수행을 위한 적의 중심은 제3장에
서 열거한 바와 같이 적의 항공장비(항공기와 미사일), 군수시설, 인
원, 혹은 지휘통제체계 등등의 분야에서 찾을 수 있다. 적절한 중심을
선정(選定)하거나 그리고 그것을 공격하는 수단을 찾는 데는 적군이
지닌 성향(性向)이 특별히 중요해질 수 있다.

〔상황 1〕은 어느 편에서나 앞으로 갑자기 돌진(突進)하거나 심지어
상대편의 성(城)을 포위할 수도 있는―이때는 물론 상대편의 행동을
차단하지 않는다면 그 선의 어떤 곳에서나 상대편을 위한 지원이 불원
간 나올 수 있는― 위치에 만들어진 대치(對峙)하고 있는 두 개의 선
(線)이나 혹은 상대편의 성을 중심(中心)으로 하는 두 개의 동심원(同
心圓)을 상상할 수 있게 한다.

〔상황 2〕는 어느 한 편이 상대편의 성을 포위하고 있으면서 여유 있
게 공격하는 상황을 상상하게 한다. 〔상황 3〕은 성이 포위된 채로 지
속적인 공중폭격을 받으면서도 오직 방어만 할 수 있는 상황을 생각하
게 한다. 끝으로 〔상황 4〕는 양국의 성의 중간 지점에서 전투가 있고
참전하는 각 군에서는 적의 성에 대해서는 그렇게 하지 못하지만 적
전투원에게는 미사일을 발사할 수 있는 상황과 유사하다고 할 수 있
다.

이런 식의 유추를 확대하면 우리는 적을 패배시킬 수 있는 방법으로
세 가지 접근방법을 생각할 수 있다.

첫 번째는, 적의 성을 하나씩 격파하거나 혹은 전력이 충분한 경우 여러 개의 성을 동시에 공격함으로써 적의 모든 성의 파괴를 목적으로 하는 확대전선(擴大前線: broad front) 접근방법이다.

두 번째는, 나머지 성은 무시한 채 한 두 개의 성을 공략한 후 그 틈새를 뚫고 들어가 적의 수도(首都)를 점령함으로써 승리를 얻고자 하는 접근방법이다.

세 번째는, 성에 대한 공략은 고려하지 않고 적국의 왕(王)이나 수도와 같은 정치적 중심을 직접 공격하는 방법을 찾는 접근방법이다.

이러한 세 가지 접근방법 모두가 물리적으로 실행 가능하다면 세 번째 방법이 가장 신속하고도 값싼 방법이며, 두 번째는 그 다음, 그리고 첫 번째는 가장 시간이 오래 걸리고 값비싼 방법이 될 것이다.

일본에 대한 전쟁은 이러한 접근방법 모두를 사용할 수 있었고 또 사용한 전쟁이었다. 여기서 두 번째 및 세 번째 방법은 결정적인 방법으로 증명되었고 동시에 모든 가용 자원을 사용하는 통합(統合) 전역을 어떻게 계획하는지에 대한 훌륭한 모델을 제공한다.

1942년 봄, 일본제국의 영역은 알류샨(Aleutians) 열도에서 웨이크(Wake) 섬까지, 솔로몬(Solomon) 제도를 거쳐 뉴기니(New Guinea)까지, 뉴기니에서 네델란드령 동인도 제도를 거쳐 싱가폴((Singapore)까지, 그리고 버마(Burma)와 중국을 지나 일본으로 돌아오는 광대한 지역에 달하였다. 따라서 일본은 대략 12,000마일이나 되는 전선(前線)을 가지고 있었으며, 심한 경우에는 도쿄(東京)로부터 2,500마일 떨어진 지점도 있었다.

미드웨이(Midway) 전투 이후에 일본군은 하와이 가까이 이동하거나 혹은 알류샨열도에서는 더 이상 전진할 수 없다는 것을 알았다. 그리하여, 일본군은 미군에 대하여 중요한 두 가지의 이동(移動)을 하면서 버마와 중국에서의 작전을 계속하였다. 두 가지 이동 중 첫 번째 것은 남솔로몬제도에서 있었는데, 이것은 오스트레일리아로 가는 미국의 선박에 대하여 차단공격을 할 수 있는 과달카날(Guadalcanal) 기지로의 이동이었다. 두 번째 이동은 뉴기니 남부 해안에 있는 포트 모르즈비(Port Moresby)로 오웬 스탄리(Owen Stanley) 산맥을 넘어가는 이동이었는데, 그 것은 오스트레일리아를 직접 위협하기 위한 것이었다.6)

이때 일본군의 행동에 대응하기 위한 연합군의 선택은 무엇이었는가?

2차대전이 미국에 대하여 시작되기 이전에 루스벨트 대통령과 처칠 수상은 먼저 독일을 패배시키기로 합의하였다는 사실을 우리는 기억해야 한다. 유럽에서 승리가 확실해질 때까지 태평양전구에서 연합군은 전략적 방어태세에 머물러 있어야만 하였다. 그리고 독일을 먼저 패배시켜야 한다는 생각은 전체 전쟁기간을 통하여 그대로 지속되었다. 그러나 정치적 및 군사적인 요소의 복합적 영향으로, 비록 유럽전구에 전쟁물자 보급을 우선적으로 해야 했기 때문에 태평양전구에서는 공세를 취하기가 매우 어려웠음에도 불구하고 태평양에서의 전략적 방어태세는 적절한 공세로 재빨리 전환되었다.

어떤 면에서 일본에 대한 최고위층의 전략은 확대전선 접근방법이라고 볼 수 있는데, 이것은 버마, 중국 등의 남서태평양에서 시작하여 남태평양, 중앙태평양, 북태평양을 거쳐, 그리고 마지막으로 러시아가 참전하게 되면 북서태평양에서 원(圓)을 서로 연결하는 것이었다. 그러나 사실상, 단지 자원(資源) 문제만으로도 남서 및 중앙태평양지역 외각에서의 대규모 작전 수행이 불가능했기 때문에 대규모 확대전선 접근방법은 결코 완전하게 실행되지 못하였다.7)

---

6) Wesley F. Craven and James L. Cates, eds., The Army Air Forces in World War II, Vol. IV: The Pacific-Guadalcanal to Saipan (August 1943 to July 1944) (Chicago: The University of Chicago Press, 1950), p. iv.

7) 미얀마(Burma)를 상실한 것을 제외하고는 중국-버마-인도 전구의 일본군 전선은 1942년 8월 당시보다 1945년 8월에도 별로 달라진 것이 없었다. Summaries of Selected Military Campaigns. (West Point, N. Y.: Department of Military Art and Engineering, US Military Academy, nd, Special Printing for Department of History, US Air Force Academy, 1960), pp. 152, 163.

USAF Photographic Collection, National Air & Space Museum, Smithsonian Institution

1942년 12월 21일부터 24일까지 있은 미 제7공군의 B-24 Liberator 폭격기.
웨이크(Wake) 섬에 대한 폭격임무를 마치고 미드웨이 섬에 착륙하는 폭격기가 신천옹
둥지 위를 지나가고 있다.

일본군의 점령지(占領地)를 축소해 나가기 위해서는 비록 중앙태평
양을 거쳐 남서태평양에 이르는 비교적 광대한 지역에까지도 세 가지
방법 중 어느 것이라도 선택할 수 있었다. 이런 지역은 전선의 길이가
거의 6,000마일이나 되었다는 것을 생각해야 한다. 이 지역의 광활(廣
闊)한 정도를 보다 쉽게 이해하기 위해서는 카스피해(Caspian Sea)
에서 레닌그라드(Leningrad)까지의 전체 러시아 전선보다 뉴기니 전
선 하나가 더 길다는 것을 생각하면 된다. 전쟁 초기에 벌써 일본 본
토를 최종적으로 침공하기 위해서 병력을 일본 쪽으로 이동시켜 가야
한다고 생각하였다. 그러나 지리적인 여건 때문에 이러한 병력을 섬에

서 섬으로 이동시킬 수밖에 없었고, 그리고 복잡한 그 과정을 축소시
켜야만 하였다. 따라서 항공력이 지상 및 해군의 보조(補助) 수단으로
생각되었던 것이다.8)

　1942년 7월에 합참의장은 이러한 방법적인 축소 과정을 맥아더 장
군이 관할하는 남서태평양 전구와 1942년에 남서태평양의 연합 해군
사령관으로 있으면서 그해 8월 솔로몬제도에 대한 공격을 지휘한 바
있는 로버트 곰리(Robert Lee Ghormley) 제독이 관할하는 남태평
양 전구로부터 시작하도록 명령하였다. 이때 곰리 제독은 맥아더 장군
이 뉴기니 북동지역을 점령할 동안 솔로몬제도를 거슬러 올라가 뉴브
리튼(New Britain)의 라바울(Rabaul)에 있는 대규모 일본군 기지를
향하여 전진하면서 솔로몬제도를 점령하고 마지막에 가서는 라바울을
포위해야 하였다.9) 이같이 일본군의 전선을 부분적으로 파괴한 연후에
합참의장은 서쪽으로 뉴기니의 잔여 지역에서 그리고 북쪽으로 엘리스
(Ellice), 길버트(Gilbert), 마샬(Mashall) 및 마리아나(Mariana)
군도에서 일본군의 진지를 점령해 나가는 주변적 이동(周邊的 移動:
peripheral movement)을 계획했던 것이다.10)

　이 전쟁 초기에 맥아더 장군을 포함한 주요 지휘관들은 계속해서 항
공력을 지원무기(支援武器)로 보았다. 맥아더 장군 측에서 특히 두드
러진 것이었지만, 사고방식의 혁명은 태평양 전역을 연구하고 배울만
한 중요한 것으로 만들었다.

　2장의 내용에서 고찰한 바 있지만, 맥아더 장군이 공중우세 확보를
위한 중간단계 전역을 수행할 때 그는 상당히 급진적인 결정을 했었
다. 하지만 그는 그의 관할 지역에서 모든 일본군의 보루(堡壘)－앞에
서 유추한 바에 의하면 "성(城)"－를 하나씩 점령해 나가야 할 필요가
있다고 믿었기 때문에 재래식 사고를 계속하고 있었다. 그는 뉴기니의

---

8) Air Campaigns of the Pacific War, pp. 3, 4.
9) D. Clayton James, The Years of Macarthur 1941-45 (Boston: Houghton Mifflin Company, 1975), p. 190.
10) 상게서, pp. 331-32.

북서 지역에 있는 일본군 기지들을 점령하고, 다음으로 비스마르크 (Bismark) 군도의 기지들을, 그리고 마지막으로 뉴 브리튼(New Britain)의 북단에 있는 라바울을 점령할 필요가 있다고 생각하였다. 그는 이와 같은 전통적(傳統的)인 전역을 비전통적(非傳統的)인 개념을 바탕으로 하여 수행한 연후에 뉴기니의 잔여 지역에 있는 일본군 진지들을 제거해 나가려고 생각하였고, 그 다음에 필리핀으로 가기 위해 섬들을 공략하기 전에 서쪽의 보르네오(Borneo)로 이동해 가려고 하였던 것이다.

이때 급진적인 아이디어가 전혀 예기치 못했던 위싱턴 합동참모부로부터 나왔다.[11] 1943년 늦여름까지, 맥아더는 뉴기니의 후온(Huon) 반도 지역(Lae, Finschafen, Salamau)에서 상당한 전진을 하였다. 이 전역은 라바울을 공략하기 위한 목적으로 수행된 것이었다. 그런데 합참에서는, 1943년 8월에 퀘벡(Quebec)에서 열린 4개국 회담의 결과로 영국의 요청에 따라 맥아더 장군에게 후온 반도에서의 작전을 완결한 연후에 뉴기니 해안을 따라 볼겔콥(Volgelkop)으로 이동할 것을 명령하였다. 동시에 라바울에 대해서는 공군이 필요한 항공공격으로 그 지역을 무력화시키도록 맡겨두고 그냥 지나칠 것을 명령하였다. 맥아더는 라바울을 점령하지 않는 이 같은 방법에 대하여 반대하였는데 그 이유는 전통적 개념에 의거할 때 이러한 방법은 그의 병력 우측 측면(側面)에 대한 매우 큰 위협요소를 포함하기 때문이라는 것이었다.[12]

맥아더가 라바울을 우회(迂廻)하는 방법에 대하여 비록 강력한 반대를 하기는 했지만 합동참모부는 다른 지역에 대한 우회 가능성에 대해서도 생각하면서 그렇게 하도록 지시하였다. 적의 진지에 대한 우회 개념과 공중우세 전역 개념을 혼합 운용하면서 맥아더는 항공부대를 제외한 모든 일본 지상군을 전선 후방에 그대로 남겨둔 채 필리핀으로

---

11) 상게서.
12) 상게서, pp. 334-35.

갈 수 있는 전역을 구상(構想)하였다.

요약하자면, 맥아더 장군은 일본군 비행장에 대하여 수행하는 항공작전을 지원하기에 필요한 지역만을 점령하였고, 그런 다음 점령한 비행장은 가능한 한 공중우세를 확대하는 데 사용하였다. 공중우세가 확보되면 그는 공중우세를 더욱 확대시킬 수 있는 새로운 기지를 점령하기 위하여 일본군의 진지 사이에 뛰어들었다. 그는 이러한 과정을 레이테(Leyte) 만(灣)까지 계속하였는데, 이러한 행동은 지상 기지를 근거로 하는 항공기의 행동반경(行動半徑)을 훨씬 초과하여 순전히 항공모함 전력의 지원에 의존해야 할 정도로 도약(跳躍)한 것이었다. 또한, 이러한 그의 결심은 미 제3함대가 일본군 함대 일부를 추격하기 위하여 멀리 나갔을 때 일단의 다른 일본군 함대가 레이테 만을 통과하는 데 성공한 사실을 볼 때 자칫하면 파멸을 초래할 수도 있었던 것이다.13)

맥아더 장군은 자신의 실수를 깨닫고 루존(Luzon)에 대한 침공을 지원하는 데 필요한 지상 항공기지를 민도로(Mindoro)에 건설하기 위하여 되돌아갔는데, 그 곳은 그가 처음에는 우회하려고 생각했던 곳이었다.14)

다음에 열거하는 사항들은 1945년 1월 맥아더 장군을 필리핀에 가게 한 작전 및 개념들에 관하여 간단히 요약한 것이다. 핵심적인 교훈은 다음 몇 가지이다.

• 공중우세는 적어도 작전의 중간(中間) 단계에서는 그 자체가 목적이 될 수 있다.
• 공중우세 획득을 위한 전투에서 지상군 부대(그리고 해군 부대)가 공군의 보조 역할을 할 수 있다.
• 만일 부대의 측면이 공군이나 해군에 의하여 보호된다면 맥아더 장군이 부대의 폭을 아주 좁게 유지하면서 2,000마일 이상이나 깊이 침투한 것처럼 매우 큰 규모의 침투작전을 수행할 수 있다.

---

13) Air Campaigns of the Pacific War, pp. 39-42.
14) James, pp. 607-9.

- 막강한 전력을 가진 적의 부대라도 그것이 고립되거나 무력화되었을 때에는 그것을 무시(無視)하거나 혹은 우회(迂廻)가 가능하다.

  이와 같은 매우 광범위한 교훈의 내용 중에서도, 제2장에서 우리가 본 것처럼, 남서태평양 전역 역시 공중우세 획득에 관해서는 별다른 통찰력(洞察力)을 제공하지 않는다. 더욱이, 일본과의 전쟁은 적군이 점령하고 있는 여러 개의 성(城)은 완전히 무시한 채 직접 정치적 중심으로 들어갈 수 있다는 가능성을 보여준다.

  남서태평양 전역에서는 공중우세 획득 그 자체가 작전의 목표였다는 것을 알았다고 해서 곧 공중우세를 획득할 수 있었다는 것은 아니다. 실제로 공중우세를 획득하게 한 것은 이미 논의한 바와 같이 일반적인 전쟁원칙(戰爭原則)의 적용이었다.

USAF Photographic Collection, National Air & Space Museum, Smithsonian Institution

뉴기니 전역 기간중 웨와크(Wewak)의 Boram Field 상공에서 폭격임무를 수행하는 미 제5공군의 B-25 Mitchell 폭격기

태평양에서는, 전쟁 초기 3년간(1944년에 이르기까지) 항공기와 조종사를 생산하는 원천에 대하여 작전을 수행할 수 있는 수단이 없었다. 또한 이 전역에서는 적의 지휘통제체제에 대하여 공격할 수 있는 명확한 방법도 없었다. 이러한 능력의 부족이 항공기나 인력에 대하여 그리고 군수시설에 대하여 직접 공격하도록 만들었고 또 교리적(敎理的)인 취약점을 이용하도록 한 것이었다. 우리는 제2장에서 상황을 잘 파악한 케니(Kenny) 장군이 일련의 작전을 통하여 어떻게 이러한 세 가지 분야 모두를 공격하고 이용했는가에 관하여 고찰한 바 있다.

전구사령관은 확대전선이나 간접접근 방법 중, 아니면 그 중간의 방법이라도, 어떤 것을 채택할 것인가를 결정해야 한다. 이상적으로는, 비록 승리가 수 년 이후의 일이 될지라도 그는 승리를 지향하는 일관된 계획이 될 수 있도록 전쟁을 시작하기 전에 이미 그것을 결정해야 한다. 그러나 전쟁에는 마찰 혹은 혼미 등의 불확실(不確實) 요소가 있을 뿐 아니라 전쟁 도중에 의지에 영향을 미치려는 적대적인 인간들과도 부딪치게 되고, 또한 아마도 가장 중요한 것으로는 시간이 흐를수록 그 자신이 배우고 성장하게 된다는 사실 때문에 그는 아마도 완벽한 계획을 만들어 내기가 불가능할지도 모른다. 따라서 그는 상황이 요구할 때는 언제든지 그것을 변경시킬 자세와 융통성을 가지고 있어야 한다.

군사적 목표가 주어지거나 선정되고 또 최소한 개략적인 초기계획이 선택되고 나면 전구사령관은 3군 중에서 어떤 전력이 목표를 가장 잘 달성할 수 있는지를 결정해야 한다. 각 군이 동등한 역할을 수행할 수는 없을 것이다. 그렇다면, 핵심전력이 반드시 식별되어야 하고 나머지 군은 지원 역할을 맡아야 한다.

핵심적인 전력을 식별하는 문제가 일부 관계자들을 불만스럽게 만들 수도 있는데, 이러한 현상은 그들이 각 군(軍) 사이의 협조관계(協調關係)에 따라 영향을 받는 환경에 처해 있거나, 어떠한 상황에서나 협조 관계가 사실상 종속(從屬)을 의미하거나(예를 들면, 육군에 대한 항공지원의 경우) 아니면 각 군이 정확하게 동등한 역할을 담당하는 경우에는 특히 그러하다.

옛날에는, 어떤 일은 오직 해군만이 또 어떤 일은 육군만이 할 수 있다는 사실을 모든 사람들이 받아들였다. 때때로 여러 군이 함께 일해야 할 이유가 존재하기도 했다. 그러나 거의 대부분의 경우에 각 군은 맡은 일만 잘하면 전쟁의 목표를 달성할 수 있는 특정 임무를 가지고 있었다. 그 때와 오늘의 차이점은 과거에 육·해군을 평가했던 똑같은 방식으로 평가할 때 핵심적 전력으로서의 잠재력을 가진 제3차원 공군력(空軍力)이 오늘날에는 있다는 것이다.

핵심적 전력에 대한 개념과 보완(補完) 전력들 사이의 관계를 이해하기 위해서는 하나의 예술(藝術) 형식, 즉 음악(音樂)에서의 합주(合奏)를 생각하면 도움이 된다. 작곡가는 원하는 목적을 달성하기 위하여, 즉 무엇을 표현하기 위하여 합주곡(合奏曲)을 작곡한다. 그는 일단 목표를 세우고 나면 그 목표에 어떻게 하면 가장 잘 도달할 수 있을 것인지를 결정한다. 따라서 피아노 협주곡(協奏曲)인지, 바이올린 협주곡인지, 혹은 플루트 협주곡인지 등을 선택해야 한다. 바이올린이 낼 수 있는 소리를 피아노가 낼 수 없는 것이 분명한 것처럼 이때 단 한 가지 악기(樂器)만이 그가 선택한 목표로 그를 데려갈 것이다. 핵심적인 역할을 하게 될 어떤 악기를 그가 선택하였다고 해서 다른 악기는 전혀 아무런 역할도 하지 않는 것은 아니다. 오히려 다른 악기들은 핵심(核心) 악기가 할 수 없는 일을 함으로써 핵심 악기가 일을 더 잘하게 지원할 수 있기 때문에 매우 중요한 것이다.

합주(合奏)를 하는 과정에서는 때때로 핵심 악기만이 주 역할을 계속 수행할 수도 있다. 이때 다른 악기들은 차례를 기다리며 휴식한다. 어떤 때는 보조 악기들이 연주를 계속하고 핵심 악기가 쉬기도 한다. 작곡가, 그리고 작곡이 끝난 다음에 지휘자는 그의 악기들을 상호 종속시키거나 통합시키는 것이 아니고 모든 악기들이 핵심 역할이나 보조 역할에 맞게 각각 제 기능을 발휘할 수 있도록 편성(編成: Orchestration)하는 임무를 갖는다. 이 과정에서, 한 악기가 다른 종류의 악기와 똑같은 소리를 내도록 요구하지도 않을 뿐만 아니라 다른 악기의 역할을 하게 바라지도 않는다. 오히려 모든 악기들이 각기 자연스럽게 합주에 기여하고 또 고유하게 해낼 수 있는 일을 하도록 한다.

종속이나 통합이 아닌 역할 분담은 현대전에 있어서 필수불가결(必須不可缺)한 요소이다.

합주곡에 대한 이와 같은 유추(類推)를 전쟁의 세계로 옮겨볼 때, 만약 우리가 어떤 특별한 전쟁이나 작전 혹은 작전의 한 단계에서 해군력(海軍力)을 핵심 전력으로 사용할 경우에 해군합주(海軍合奏: sea concerto)를 한다고 말할 수 있을 것이다. 마찬가지로 만일 공군력이 지배적인 역할을 수행한다면 그 전쟁이나 작전은 공군합주(air concerto)라고 말할 수 있다. 우리는 또한, 전구사령관이 목표를 달성하기 위하여 이와 같은 방식으로 그의 전력을 편성하는 임무를 가지고 있다고 말할 수 있을 것이다. 그렇다면, 사령관은 전역에서 핵심이 되는 전력을 어떻게 결정할 것인가?

육・해・공 3개 군 중에서 가장 쉽게 선택되거나 거부되는 것이 해군(海軍)이다. 만약 분쟁 지역이 바다와는 접해 있지 않거나 해상 통상(通商)이 거의 불필요한 대륙국가(大陸國家)에 대한 전역이라면 해군은 분명히 적당치 못한 전력이다. 그러나 이와는 반대로, 만약 해양교통선이 차단되면 고립 및 기아(飢餓) 상태가 되어 항복하게 될 수도 있는 도서국가(島嶼國家)에 대한 전역이라면 해군이 가장 적절한 전력이 될 것이다. 만약 전역의 핵심 전력으로 해군력이 선택된다면 공군력은 해군이 수행하는 작전의 성공을 위해 여전히 중요한 역할을 수행할 수 있다. 지상군 역시 중요한 해상 통로를 통제하기에 필요한 육지를 장악하거나 점령하는 역할을 수행할 수도 있다.

지상군과 공군 중에서 전역의 핵심 전력을 선택하는 일은 좀더 어렵다. 시간과 돈 그리고 인명(人命)이 충분하다면 둘 중 어느 것이라도 다른 군이 할 수 있는 임무를 이론적으로는 수행할 수 있다. 이 말은,

이론적으로 볼 때는 공중공격으로도 적의 모든 병사들을 죽일 수 있고 또한 지상군 역시 적의 생산수단의 장악 및 통제가 분명히 가능하다는 것이다. 그러면 아주 분명한 경우를 식별함으로써 결정 과정을 고찰해 보자.

만약 공군이 전역에 실질적이고도 시의적절(時宜適切)한 공헌을 할 수 없다면 지상군이 핵심 전력이 되어야 한다. 공군력은 주민들과 연결관계가 있고 또 스스로 생존할 수 있는 게릴라병을 대상으로 작전할 때는 역할이 제한된다. 이 경우에는 공중공격을 위한 적절한 표적이 없기 때문이다. 1939년에 독일군이 프라하(Prague)를 점령한 것과 같이, 만약 적 영토의 일부분을 단기간 점령하는 것이 어느 한 편의 군사적 목표가 되고 또 그것으로 전쟁이 끝나게 된다면 지상군이 역시 핵심 전력이 될 수가 있다. 매우 짧은 기간 동안이라면, 항공력은 대규모 병력 집단을 가로막을 수가 없다. 차단작전은 효과를 보는 데 시간이 소요되고 전쟁물자 생산원천에 대한 공격은 더욱 많은 시간이 소요되기 때문이다. 전역을 수행하는 데 시간이 요체(要諦)라면, 지상군이 핵심 전력이 되어야 하고, 지상군의 활동이 공군이 할 수 있는 것보다 훨씬 빨리 전역을 정치적 목표에 도달하게 할 수 있다는 데도 사람들이 동의(同意)한다.

독일군에 대한 영국과 미국의 전략은 어느 정도까지 시간이 이끌어 갔다. 공중공격을 통해서 독일을 패배시킬 수 있었다는 것도 인정할만한 사실이다. 그러나 만약 소련이 독일에 대하여 다른 나라와는 다른 방식의 평화를 원하였다면 항공력만으로 독일을 패배시킬 수 있는 확실성이 감소되었을 것이다. 만약 프랑스의 제2전선이 신속하게 개방되지 않았더라면, 그렇게 하려는 소련의 감춰진 위협이 영국과 미국으로 하여금 항공력에 의한 접근방법보다 지상군에 의한 방법을 택하도록 도움을 주었을 것이다. 항공력을 핵심 전력으로 삼는 문제를 논의를 함에 앞서 우리는 지상전에서의 두 가지 요점(要點)을 기억해야 한다.

첫째, 영토(領土)는 전쟁에서 위험스런 마녀(魔女)이다. 중요한 전

쟁에서는 점령하고자 하는 적의 영토 내에 적이 그것을 잃게 되면 전
쟁을 더 이상 계속할 수 없게 되는 정치적 혹은 경제적 중심(重心)을
포함하고 있지 않는 한 적국의 영토를 점령한다고 승리하는 것이 아니
다. 1940년 프랑스 점령은 비록 그것이 주목할만한 것이긴 했지만 독
일에게 승리를 가져다주지 못하였다. 프랑스는 비록 미국이 참전하기
이전에도 추축국들에 대항하는 연합국 측의 중심은 아니었다. 2차대전
후에는 소련과 서구(西歐) 사이에 일어난 어떠한 분쟁에서도 서구 대
신 미국이 그 중심이 되었다. 영토는 전쟁에서 좋은 정치적 목표는 되
지만 군사적 목표는 좀처럼 되지 않는다. 영토는 종전(終戰) 시에 열
리는 평화회담에서 정치, 군사 및 경제적 상황 중 한 가지 변수(變數)
로 처리될 것이다.

둘째, 시간에 대한 가정들은 위험할 수 있다. 전쟁이나 작전이 얼마
나 오래 지속될 것인가를 예측하는 일보다 더 어려운 일은 없다. 독일
은 단기전(短期戰)을 계획하였고 장기전을 견뎌낼 능력이 없었다. 외
부의 분석가들은 소련이 1941년 크리스마스까지는 함락될 것이라고
이구동성(異口同聲)으로 예측하였다. 1950년에 맥아더 장군은 병사들
에게 크리스마스를 본국에서 보내게 해 주겠다고 말하였다. 존슨 대통
령의 "터널의 끝" 예언은 베트남에서 비극적으로 빗나갔다. 이와는 반
대로, 영국과 미국군은 그들이 1년 안에 점령하기로 계획한 지역보다
노르망디 돌파 이후 3개월 만에 더 넓은 지역을 점령하였다.15) 영토는
심심풀이이고 시간은 속임수이다. 지휘관은 이 두 가지를 명심해야 한
다.

지상군이나 해군이 적의 중심에 도달할 능력이 없거나 병력의 부족
으로 임무를 수행할 수 없는 경우에는 공군이 핵심 전력이 되어야 한
다. 던커크(Dunkirk) 철수 이후 영국에 대한 독일군의 전역은 공군력
에 의지하였는데, 그것은 육군과 해군이 영국에 도달할 수 있는 능력

---

15) Martin van Creveld, Supplying War: Logistics from Walenstein to Patton (New
York: Cambridge University Press, 1980), pp. 213-16.

이 없었기 때문이다. 영국전투가 진행 중일 때 영국군에 대한 독일군의 잠수함 전역이 계속되고 있었지만 잠수함으로는 영국을 패배시킬 수 없었을 뿐 아니라 영국을 침공하기에 필요한 조건들을 만들어 낼 수도 없었다. 따라서 독일해군은 기본적인 항공전역에 대한 지원 역할을 하였고 또한 당연히 그렇게 해야만 하였다.

적국의 정치적 혹은 경제적 중심부(中心部)에 직접적인 공중공격이 진행되는 동안 적 지상군이 고립되거나 정체될 때에도 항공력은 핵심 전력이 될 수 있다. 마찬가지로, 만일 적의 세력범위가 섬과 같은 비교적 작은 지역에 국한된다면 항공력이 핵심 전력이 될 수 있다. 말타(Malta)와 튀니지(Tunisia) 사이에 위치한 판텔레리아(Pantelleria)는 강력한 공중공격 이후에 항복하였고,16) 또한 말타(Malta)도 항복할 순간에 처해 있었다. 전역이 지상군 혹은 해군이 지배적인 전력으로 되기 전까지 진행되고 있는 상황일 때에도 항공력은 그 단계에서 핵심 전력이 될 수 있다. 만약 군사적 목표가 적국의 전쟁물자 생산능력을 파괴하는 것일 때에는 항공력이 반드시 핵심 전력이 되어야 한다. 끝으로, 비록 상황이 폭넓게 변화될지라도 특별한 시간 제약이 없으면 항공력을 핵심 전력으로 선택하는 것이 적절할 수도 있다.

마지막 몇 개 단락에서 우리는 어떤 전력을 핵심 전력으로 선택해야 하는가를 결정하기 위한 지침을 찾아보았다. 의사(意思)를 결정하는 일은 종종 어려움이 있지만 회피할 수 없는 과업이다. 일단 결정되고 나면 참가하는 각 구성군(構成軍)들은 그들의 역할이 무엇인지를 알 수 있다. 이러한 모든 일이 알려지고 나면 종종 전쟁과 같은 강력한 인간 행동에서 한 부분을 차지하는 시기심(猜忌心)과 의혹(疑惑)이 감소될 것이다. 합주곡에서 작곡가가 원하는 바를 달성할 수 있는 핵심 악기가 있어야 하는 것과 마찬가지로 전쟁계획에도 핵심 전력이 있어야 하는 것이다.

---

16) Craven and Cates, Army Air Forces in World War II, Vol. II, pp. 428-30.

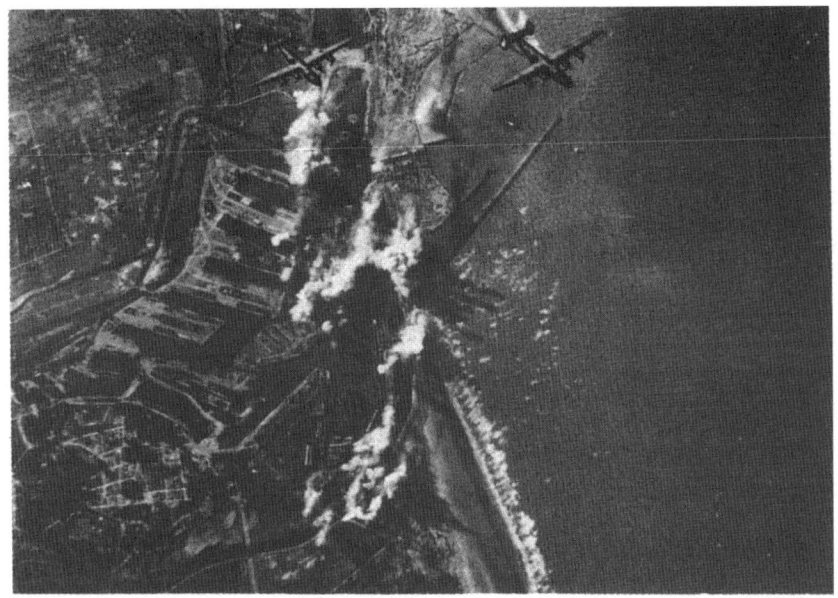

USAF Photographic Collection, National Air & Space Museum, Smithsonian Institution

1943년 2월 15일 프랑스의 던컬크(Dunkirk)에서 적의 항구 시설물을 폭격하고 있는 미 8공군 제2 폭격사단 소속의 B-24 Liberator 폭격기

그러나 불행하게도 많은 전쟁에서 "작곡가"가 조직적인 목표를 갖지 못하여 핵심 전력을 찾아내지 못한 채 싸워왔고 또 거기서 각 "악기" 들은 서로가 가장 중요하다고 생각하거나 혹은 일관성 있는 연주를 함에 있어서 무엇이 자신의 역할인지도 잘 인식하지 못해왔던 것이다. 그리하여, 이런 종류의 전쟁은 매우 값비싸고 또 종종 숙명적(宿命的)인 것이 되었었다.

원하는 목표와 이에 입각한 각 군의 역할 편성 개념을 고찰하였다. 우리는 이제 항공전역 그 자체로 돌아가서 그것이 폭력(暴力) 합주곡에서 지배적인 악기로 사용될 것인지 혹은 지원 악기로 사용될 것인지 여부를 결정하는 문제를 살펴보도록 하자.

10

항공전역 계획 수립

　항공전역(航空戰役: Air Campaign)은 전구(戰區)에서 필요한 기본적(基本的)인 혹은 지원적(支援的)인 노력이 된다. 어떤 경우이든 항공전역 계획의 수립이 필수적이다. 계획에는 항공 중심(重心), 작전 단계 및 소요 자원이 명시되어야 한다. 그리고 공중우세, 차단 또는 근접지원 임무 등에 대한 노력의 배분(配分)에 관한 일반적인 지침이 제시되어야 한다. 동시에, 타군을 지원할 것인지 혹은 타군으로부터 지원을 받을 것인지도 설명되어야 한다.

전반적인 전구계획(戰區計劃: thearter plan)과 마찬가지로 항공전역 계획 역시 전쟁이 끝날 때까지 적용되는 것이어야 한다. 우리는 이러한 문제들에 대하여 좀더 세부적으로 고찰해 보겠지만, 먼저 중요한 몇 가지 개념들에 관하여 살펴보도록 하자.

적군(敵軍)의 성격은 매우 중요하며, 특히 항공전역 계획이 단순한 소모전(消耗戰) 이상의 것을 계획하는 경우에는 더욱 중요하다. 적의 성격을 분류함에 있어서 우리는 이를 합리적으로 통합 및 이용하는 방법보다 더 많은 방법으로 분류할 수도 있다. 예를 들면, 적은 이성적(理性的), 비이성적(非理性的), 열광적(熱狂的), 엄격(嚴格), 유연(柔軟), 독립적(獨立的), 혁신적(革新的), 단호(斷乎) 혹은 교리적(教理的) 등의 용어로 설명될 수도 있다. 적이 이러한 범주들 가운데 어디에 속하는지 알 수 있을 정도가 되면 적의 작전계획까지도 예측할 수 있고, 그리고 새로운 상황에 적이 어떻게 대응하리라는 것까지도 예측할 수 있을 것이다. 비록 과거의 행동을 그대로 답습(踏襲)하는 것이 절대적으로 당연하다는 생각은 어리석은 일이지만 역사(歷史)는 적을 평가하는 데 상당한 도움을 준다.

적을 아는 다른 하나의 길은 자신을 아는 것이다.

만일 예하 각 부대에서 평시훈련을 상급 참모부로부터 지시된 세부 작전명령만을 강조하여 수행해 왔다면 매우 높은 수준의 창의성(創意性)과 독립성(獨立性)이 요구되는 계획을 예하부대 수준에서 수립하는 것은 위험할 수도 있다. 이와 마찬가지로, 국가의 군사력이 직접공격이나 소모전 수행에만 전적으로 훈련되어 있다면 기동전이나 혹은 간접공격에 의존하는 계획을 수립하기가 매우 어려울 것이다. 이런 말을 한다고 해서 그런 계획이 제안되어서는 안 된다는 의미가 아니다. 물론 그런 계획도 제안되어야 하겠지만, 이때 계획 작성자는 상·하급 부서로부터의 직선적이고도 격렬한 반대에 부딪칠 각오를 해야 한다는 것이다. 아군의 전력을 평가하는 데 있어서 가장 중요한 요소는 정직성(正直性)이다. 전쟁을 통하여 새로운 전술을 배울 수는 있지만 그것을 새로운 행동방식으로 바꾸기는 쉽지 않다. 따라서 지휘관은 그와 더불어 전쟁을 수행해 나가는 특정 인적자원(人的資源)을 가지고 있다는 사실과 또한 모든 일은 그가 가진 군대의 현실성을 바탕으로 이루어지는 것이지 그들에게 해주기를 바라는 바에 따라 이루어지지 않는다는 사실을 받아들이지 않으면 안 된다.

앞 장들에서 공중우세, 차단 및 근접항공지원 등의 임무 요소에 관하여 세부적으로 고찰해보았지만 지휘관은 전역을 계획할 때 이 세 가지 기본 작전임무들을 어떻게 통합할 것인지를 결정해야 한다. 올바른 결정은 승리를 가져다줄 것이며 잘못된 결정은 패배를 초래할 것이다. 그러면 우선 공중우세 임무에 대한 생각을 시작으로 이 어려운 과정을 고찰해보자.

우리는 적이 만약 공중우세를 가지고 있을 때는 전쟁에서 승리할 수 없다는 생각을 하고 있다. 실제로, 공중우세를 지니고 있는 어떤 국가도 전쟁에서 적 무장병력(武裝兵力)에 의하여 패배한 적은 없다. 공중우세를 얻지 못하고서 승리를 얻고자 하는 -혹은 패배하지 않으려고 하는- 지휘관은 아무도 해보지 못한 일을 하려고 하는 사람이다. 따라서, 신중한 지휘관은 공중에서 적보다 우세하게 되기 위하여 필요한 모든 일을 한다. 어쩌면, 그는 공중우세를 획득할 수 있는 좀 더 만족스러운 조건을 만들기 위하여 지상군의 철수(撤收)까지도 고려할 수 있다. 지휘관이 해야 할 첫 번째 일은 적의 입장에서 본 그 자신에 대한 평가(評價)이다.

지휘관이 공중우세에 대한 계획을 수립하거나 전역을 시작할 때 직면할 수 있는 5가지 전쟁 상황에 대한 제1장의 논의들을 다시 생각해보자. 〔상황 3〕은, 아군은 적의 기지를 공격할 수 없고 단지 적의 강습(强襲)을 방어할 수만 있는 상황이다. 이것은 양측이 항공작전을 전선 지역에서만 수행할 수 있고 상대방의 후방 지역은 공격할 수 없는 〔상황 4〕와 어느 정도 유사하다. 이런 경우에 지휘관은 전선 상공에서 적을 어떻게 상대(相對)할 것인지를 결정해야 한다. 전투 항공력이 없는 [상황 5]는 가장 단순하다. 이때는 단지 항공력의 도입(導入)에 대비하는 우발사태(偶發事態) 계획이 필요할 뿐이다.

두 가지 경우가 남아 있는데, 그것들은 좋거나 나쁜 일이 발생할 가능성이 가장 높기 때문에 다루기가 가장 힘든 것이다. 두 가지 중에서 [상황 2]는 가장 유리한 상황으로서, 적은 아군의 기지를 실질적으로 공격할 수 없지만 아군은 적의 기지를 자유로이 공격할 수 있는 상황이다. 이 상황에서 지휘관이 직면할 수 있는 가장 어려운 일은 공중우세를 획득하기 위하여 적 공군체계의 어떤 요소를 공격해야 하는가를 결정하는 일이다. 마지막으로 [상황 1]은 다루기가 더욱 힘든 것인데, 그 이유는 양측이 모두 성역(聖域)을 갖지 못하기 때문이다. 이때는 한 편에서 할 수 있는 일을 다른 편에서도 할 수 있다. 따라서 [상황 1]은 체스(chess)게임과 같다. 체스게임이라면 먼저 움직이는 측이 유리하다.

몇몇 관찰자들은 전구 내에서 전체적인 공중우세를 얻고자 하는 계획은 필요 이상의 것을 요구하는 것으로서 지나친 욕심이라고 생각할 것이다. 그 대신 그들은 국지공중우세(局地空中優勢)를 추천할 것이다. "국지공중우세"는 두 가지 의미를 가질 수 있다. 가장 흔하게는, 그것이 지상작전에 대한 공중 엄호망(掩護網) 수립을 의미한다. 그리고 다른 한 가지는 지상군이 이동을 계속하기 위한 근거지 마련을 위하여 수행하는 지상 돌파작전(突破作戰)과 유사한 항공전역의 한 단계를 의미하기도 한다. 이 두 번째 정의는 단 한 번의 전투로는 전구공중우세(戰區空中優勢)를 획득할 가능성이 희박하다는 사실을 단순히 인정하는 것이다.[1]

첫 번째 정의는 국지공중우세를 지상전역(地上戰役)의 보조물(補助物)로 제안하는 것이다. 국지공중우세 획득을 위하여 소요되는 시간이 매우 짧지 않는 한 이것은 항공력을 방어적인 위치로 몰아넣기 때문에

---

1) 1967년 6월 아랍공군에 대한 이스라엘공군의 공격은 단 하루만에 단 한 번의 전투로 전구 공중우세를 획득한 유일한 사례일 것이다.

좋지 못한 개념이다. 항공전에서는 방어작전이 본질적으로 매우 큰 손해를 본다는 점을 우리는 분명히 고찰하였다. 여기서 두 가지 시사적인 상황들을 고찰해 보자.

첫째, 해군 함대(艦隊)가 해협이나 육지에 인접하여 통과하고 있을 때와 같이 단기적(短期的)인 작전에서는 국지공중우세가 효과적인 것이 될 수 있었다. 항공력이 적의 항공작전을 방해하기 위하여 적 항공기지들에 대한 공중공격을 수행할 수 있었고 또 적이 대규모 공격을 조직하려고 할 동안에 함대를 보호하는 엄호작전을 충분히 수행할 수도 있었다. 그러나 국지공중우세 획득을 위하여 소요되는 전체 시간은 불과 몇 시간 정도가 되어야 하며 그래야 그것을 획득할 수 있다.

두 번째 경우에, 이 제안은 지상군의 역공세(逆攻勢) 또는 방어작전 수행을 위하여 국지공중우세를 제공하는 것이 될 수도 있다. 여기서는, 소요 시간이 최소한 몇 시간에서 며칠 또는 심지어 몇 주일이나 몇 개월이 될 수도 있다. 이때 적은 공중 엄호망에 대응하여 항공력을 집중시킬 수 있는 충분한 시간을 가질 수 있고 또 항공전에서 방어자 보다 공격자가 가지는 현저한 이점을 충분히 이용할 수도 있다. 우리는 방어자에게 필요한 전력비율에 대하여 그리고 선제공격(先制攻擊)보다 대응방어(對應防禦)가 얼마나 어려운가에 대하여 많은 사례들을 통하여 이미 충분히 검토한 바 있다.

국지공중우세 혹은 전구공중우세를 주장하는 사람들 사이에는 어떤 타협안(安協案)이 존재한다. 만약 전반적인 전구전역(戰區戰役)이 적의 병력이나 군사물자 생산시설을 파괴하는 것이 아니라 적의 영토(領土) 일부를 점령함으로써 승리를 얻고자 하는 것이라면 그 영토 상공의 공중우세 획득은 적 항공력을 전투지역에 도달할 수 없는 곳으로 몰아냄으로써 달성할 수도 있을 것이다. 이러한 개념은 공중 엄호작전 개념과는 완전히 다른 것이다. 따라서 이 전역계획은 아군의 기지는 적의 공격으로부터 안전한 상태에서 적을 공격하는 방법을 주제로 다룬다(〔상황 2〕의 경우와 같다).

쌍방이 상대방의 공중공격에 완전히 취약한 상태([상황 1]의 경우)에서는, 지휘관은 작전을 공세적으로 할 것인지 아니면 방어적으로 할 것인지를 결심해야 한다. 최초에 방어작전을 수행해야 할 여러 가지 이유들도 비록 있기는 하지만 항공지휘관은 공세를 지향하여 사전 대비를 해야 한다. 다시 말하여, 지휘관은 공세를 택하면 안 될 부득이한 사유를 발견하지 못하는 한 공세를 택해야 한다는 것이다. 만약 공세를 선택하면 공격 표적(標的)에 대한 우선순위(優先順位)를 결정해야 한다.

1. 중심(重心)에는 도달하지 못할 수도 있다.

표적선정(標的選定: targeting)의 우선순위는 알아낸 적 항공중심(航空重心: air center of gravity)의 함수(函數)가 될 것이다. 우리는 제3장에서 가능한 중심에 관하여 어느 정도 세부적으로 살펴보았다. 그러나 실제적인 적의 중심을 처음부터 공격할 수 없을 수도 있다는 점을 명심해야 한다. 지휘관이 지닌 방어적인 사고(思考) 때문에 전쟁 초기에 최종적인 목표물이 아닌 다른 것부터 공격하려고 할 수도 있다. 적이 특별히 공세작전 수행에 적합한 많은 비행기지들을 가지고 있는 상황을 상상해 보자. 장기적인 시각에서는 이러한 적 기지들에 대한 공격이 큰 중요성을 가지지 않을 수도 있지만, 단기적인 시각에서는 적의 공격력을 손상(損傷)시키는데 일조(一助)할 수 있다. 따라서 작전 초기 단계에서는 적 비행기지가 표적 우선순위의 첫 번째가 될 수도 있다. 이와 마찬가지로, 적 지상기반 방공망의 일부를 무력화시키는 것도 계획된 전역을 전개시키는 데 필요할 수 있다. 다시 말해서, 적의 중심으로 가는 길은 직선(直線)이 아닐 수도 있다는 것이다.

공중우세 전역은 (그것이 전쟁의 목표를 달성하기 위한 하나의 수단이든지 아니면 그 자체가 목표이든지 간에) 항공력만으로 수행되어서는 안 된다. 해군 및 지상군도 가능한 어떤 역할을 해야 한다. 그들의 활동이 혁신적(革新的)인 것이 될수록 그들이 수행하는 역할 자체는 물론 전체 전역의 성공 가능성이 높아진다. 우리는 크레타(Crete) 섬에 있는 독일군 폭격기부대를 무력화시키기 위하여 영국군이 특공대(特攻隊)를 보냈고, 비행장 점령을 위하여 맥아더와 케니 장군이 지상군을 이용했으며, 그리고 1973년의 전쟁으로부터 1983년 레바논 침공시까지 이스라엘군이 적의 지상기반 방공무기체계의 취약 부분을 공격하기 위하여 해군 및 지상군을 이용한 사실 등에 관하여 이미 고찰한 바 있다. 심지어 엔테베(Entebbe) 작전시 이스라엘군은 항공력의 사용 없이도 완벽한 공중우세를 확보하였다.[2] 이때는 특공대가 적의 공군력을 파괴했던 것이다. 만약 전구사령관이나 구성군사령관이 과감하고 또 혁신적이라면, 그리고 그들이 공중우세가 전쟁에서 필수적이라는 것을 이해하고 있다면, 그것을 획득하기 위하여 협력할 것이다.

항공전역을 계획하거나 집행하는 과정에서 지휘관과 계획수립자들은 세 가지 특별히 난처한 문제에 봉착하게 된다.

● 첫째는 적 지상군 공세가 급속하게 진행되고 있는 비상상황(非常狀況)에서 항공력을 사용하는 문제이다.

● 둘째는 항공차단과 근접항공지원 두 가지 임무에 상대적으로 어느 정도의 노력을 배분해야 하는가 하는 문제이다.

● 셋째는 공중우세와 차단 및 근접지원 임무를 동시에 수행해야 할 필요가 있을 때 이를 바람직하게 수행하는 문제이다.

갑작스러운 적 지상군의 대규모 공세가 진행되거나 예상될 때보다 더 난처한 일은 없을 것이다. 이러한 상황이 발생하면 아군은 적 지상군의 전진을 막기 위하여 모든 노력을 투입하면서 이러한 비상상황이 끝날 때까지 공중우세 및 항공차단 작전을 중지(中止)시키려는 경향이 있다. 이러한 경향성(傾向性)은 자연스러운 것이라고 볼 수도 있겠지

---

[2] 1967년 7월 3일, 이스라엘 특공대는 우간다의 엔테베(Entebbe) 공항에 납치된 에어프랑스 소속 항공기로부터 91명의 승객과 12명의 승무원을 구조하였다. 이 사건은 현 시대에 가장 극적으로 성공한 특공 구조활동으로 불린다.

만 특히 적 항공력이 아직까지도 효과적으로 싸울 능력을 가지고 있을 때는 매우 위험할 수가 있다. 우리가 만약 적 지상군의 공세 첨단부(尖端部)에 대해서만 총력(總力)을 기울인다면 적 공군에 대한 아군의 압력이 현저히 감소함으로써 적이 종전(從前)에는 불가능했던 제공작전(制空作戰: counterair operation)마저도 수행할 가능성이 있을 수도 있다. 만약 우리가 지상의 목표물에 대해서만 모든 노력을 집중하게 되면 적은 지상군을 지원하고 있는 아군 항공기에 대하여 공군력을 공세적으로 집중시킬 수도 있다. 아니면, 적은 오히려 그들 자신의 공중우세 작전을 매우 공세적으로 수행할 기회를 잡을 수도 있다. 어떠한 결과가 되더라도 적은 공세를 취함으로써 얻을 수 있는 고유한 이득을 얻게 될 것이다.

이러한 여러 가지 문제들을 고려한다 하더라도 다음과 같은 몇 가지 경우에는 지휘관이 지상에 총력을 기울이는 것이 옳을 수도 있다. 즉, 진행되고 있는 지상전투(地上戰鬪)가 전쟁에 있어서 결정적인 전투가 틀림없을 때, 후퇴가 군사적으로 불가능할 때, 전투의 패배가 곧 항복을 의미할 때, 전투가 며칠 이내로 끝나는 것이 확실할 때, 그리고 적을 효과적으로 저지시키면 아 공군이나 지상군을 재건(再建)할 때까지 적이 더 이상의 공격을 취하지 못하게 될 때 등이다.

만약 이상과 같은 여러 가지 조건 중 어느 것에도 해당되지 않을 경우에 지상군 지원을 위해 모든 항공력을 투입하는 것은 비록 순간적으로 적의 위협을 저지시킬 수 있을지는 몰라도 차후의 성공을 불투명하게 만드는 원인이 된다. 처방(處方)은 명확하지만 아무도 이 처방을 잘 따르지 않는 것이 문제이다.

두 번째로 난처한 문제는 차단과 근접지원 임무에 어떻게 전력을 배당하느냐 하는 것이다. 만약 작전교리(作戰敎理)에서 두 가지 작전 중 하나를 채택하지 않는 국가라면 문제는 간단하다. 앞에서 고찰한 바와 같이 이스라엘 공군은 근접지원작전을 기피하였고, 2차대전 중 소련은 반대로 그 작전만을 채택하였다. 그러나 사전(事前)에 그 문제를 교리적으로 해결하지 못했을 경우에는 지휘관과 계획관들이 그것과 씨름해야 한다. 가장 쉽게 출발하는 길은 확실하게 부적절한 임무가 무엇인지를 찾는 방법이다. 강도(强度)가 낮은 게릴라전처럼 차단할 목표물이 아무 것도 없을 때에는 모든 전력을 근접지원임무에 투입할 수 있다. 그러나 불행하게도 근접지원이 무의미한 분명한 경우는 잘 생각나지 않는다. 따라서 정답을 얻기 위해서는 다른 접근방법을 사용해야 한다.

 거의 예외(例外) 없이 근접지원임무 소티는 차단임무 소티를 잠식(蠶食)할 것이며, 그 반대도 마찬가지이다. 하지만, 공군이 만약 차단임무 수행 환경에서는 생존성(生存性)이 약하지만 근접지원임무 환경에 적합하도록 특별히 설계된 항공기를 보유한 경우에는 적어도 공중우세가 확보되어 있을 때까지는 하나의 예외 상황이 된다. 만약 다른 조건들이 동등하고, 또 이런 항공기들이 근접지원임무를 수행할 때 다른 작전에 투입 가능한 항공기들의 엄호를 필요로 하지 않는다면 이런 항공기들을 근접지원임무에 투입하는 것이 좋을 것이다.

 근접항공지원과 항공차단 소티 요구량(要求量)에 대한 상관관계는 결국 어떤 것이 전역계획 집행에 가장 유익한 것인가에 따라 지휘관 -이 경우에는 전구사령관- 이 결정해야 한다. 논리적인 측면이나 역사적 사실에 비춰 볼 때 비중(比重)은 차단 쪽으로 기울어진다. 이 두 가지 임무에 관한 역사적인 사례들은 6장과 7장에서 이미 고찰하였다. 물자와 병력은 이를 전장에서 교전하기보다 전장에 들어오지 못하게 격리(隔離)시키기가 더 쉽다. 그것들이 전투를 위하여 전개되어 있을 때보다 이동하려고 집결(集結)되어 있거나 대형(隊形)을 이루고 있을 때 파괴하기가 더 쉽기 때문이다. 이러한 생각을 확대시켜 보면, 전차 제작공장에 한 발의 폭탄을 투하하는 하나의 행동이 잠재적으로 수십 혹은 수백 대의 전차를 제작하지 못하게 하는 원인이 될 수도 있다. 반대로, 전선에서 한 발의 폭탄이 최대로 할 수 있는 일은 이미 상당한 공격을 받아 왔을지도 모르는 한 대의 전차를 파괴할 수 있을 정도 뿐인 것이다.

만약 전역의 일차적인 우선순위를 항공차단에 두게 된다면(공중우세 획득 이후에) 차단은 6장에서 논의한 바와 같이 원거리, 중거리, 혹은 근거리 차단 중 하나가 될 것이다. 원거리차단은 적 보급품의 공급원에 대하여, 중거리는 적 야영지, 수송 중심지, 보급소, 전구 내의 이동표적 등에 대하여, 그리고 근거리차단은 전장에 상당히 인접한 곳에서의 병력 이동을 차단하는 것이다. 지상군 구성군사령관과의 전술적인 협조 정도는 근거리차단에서 가장 높고, 중거리에서는 그보다 낮고, 원거리에서는 개념적일 뿐이다. 근거리차단은 지상 전투상황에 중대한 영향을 미친다. 따라서 공군사령관은 지상군사령관의 명확한 요구조건에 맞게 작전을 지시해야 한다. 그렇다고 이러한 요구조건이 공군은 지상군사령관에게 예속되어야 한다는 것을 의미하는 것은 아니다.

세 번째로 지휘관이 당면하는 난처한 문제는 그가 두 세 가지 임무 수행을 동시에 요청 받았을 경우에 발생하기가 쉽다. 예를 들어, 공중우세가 아직도 대등한 상황인데도 불구하고 불리한 지상전 상황 때문에 근접지원과 근접차단 작전이 동시에 필요하게 되는 경우가 생길 수 있을 것이다. 우리는 이러한 상황에 처했을 때 적절한 판단을 하기 위한 이론(理論)에 관하여 그리고 그 이론이 쉽게 해답(解答)을 제공한다는 것을 이미 논의한 바 있다. 그러나 불행하게도 비록 최고의 이론이라 할지라도 그것이 실제로는 자주 수용되지 못하고 거부되기 때문에 우리는 그러한 해답에만 의존할 수가 없는 것이다. 이러한 문제를 해결하는 한 가지 방법으로 지휘관은 그가 보유한 전체 전력을 3등분(等分)하여 공중우세, 차단, 그리고 근접지원에 하나씩 배당할 수도 있다. 그러나 이러한 방법은 아주 특별한 경우를 제외하고는 잘못된 해결책이 틀림없다. 왜냐하면 이렇게 등분을 해야 할만큼 상황이 그렇게 대등한 경우는 거의 없기 때문이다. 사실, 이렇게 3등분한 전력으로 각각의 임무를 수행하게 되면 단 한 가지 임무도 제대로 완수하지 못하게 되어 전체 작전이 비참하게 실패할 수도 있는 것이다. 그렇다면 지휘관이 어떻게 해야 하겠는가?

집중(集中)은 필경 가장 중요한 항공전의 원칙이다. 따라서 공군사령관은 지상군사령관과 전구사령관이 항공력을 집중적으로 운용하여 좋은 결실(結實)을 거둘 수 있는 임무를 그들 모두가 선택해야만 한다는 사실의 중요성을 그들에게 확신시키는데 온갖 노력을 기울여야 한다. 이러한 결심과정에서 지휘관은 공중우세를 획득하기 이전에 다른 임무를 수행하는 것이 얼마나 위험한 일인지를 유념(留念)해야 한다. 동시에 항공력은 근접지원 보다 차단 임무에 더 유용(有用)하다는 사실도 강조할만한 가치가 있다. (독일공군이 러시아 전선에서 근접지원 보다 차단에 늦게나마 관심을 돌리기로 결정한 사실을 우리는 고찰한 바 있다.) 공중우세에 대하여 절대적인 중요성을 부여하고 또한 차단작전이 거둔 역사적 성공을 충분히 고려하고 난 연후에야 세 가지 임무를 동시에 수행할 때 필요한 절충안(折衷案)의 제안이 가능해지는 것이다.

공중우세는 분명히 공군의 최우선(最優先) 임무가 되어야 한다. 왜냐하면, 지상작전이나 차단작전 혹은 근접지원작전 등 모든 작전이 그것에 크게 의존하기 때문이다. 따라서 개념적으로, 항공차단 노력은 공중우세 전역의 성공이 분명해지고 있을 때, 즉 적 공군이 전선을 더 이상 넘어오지 못하고 또 아군이 수행하는 차단작전을 적이 더 이상 방어하지 못 하게 될 때까지는 시작되면 안 되는 것이다. 하지만, 앞에서도 이런 두 가지 임무를 동시에 만족시킬 수 있는 경우에 대하여 이미 논의한 바가 있지만 여기서도 논리적으로 어느 정도 타협(妥協) 가능한 목표물들이 있을 수 있다. 적에게 지상 및 항공작전을 동시에 지원할 수 있는 어떤 체계가 있다는 것이다. 이러한 체계의 정확한 실체(實體)는 전쟁에 따라 변하겠지만 예견 가능한 미래까지는 석유(石油) 관련 체계가 적 비행기지를 지원하고 있는 수송망(輸送網)과 마찬가지로 이 두 가지 임무를 동시에 만족시킬 수 있는 공격 표적대상으로서 강력한 후보 요소가 될 것이다.

잠재력을 가진 또 다른 주요 목표물은 전구 내에 위치한 적군의 지휘 및 통제 체제이다. 그리고 좋은 정보와 충분한 분석을 통하여 더 많은 대상을 찾아낼 수도 있을 것이다. 공중과 지상 상호간(相互間)의 지원이 가능한 체계까지 찾아서 공격한다면 이는 공중우세와 항공차단을 혼합하는 좋은 공격이 될 것이다.

이 장에서 우리는 지금까지 공군사령관이 공중우세, 차단, 그리고 근접지원 이 세 가지 개념에 입각하여 항공전역을 계획하는 방법에 대하여 고찰하였다. 이 세 가지 요소가 항공전의 기본 임무 요소들이다. 하지만 자주 운용되지 않는 다른 임무 요소들도 무시할 수는 없다. 이 장의 잔여 부분에서는 그 작전들 중에서 좀더 두드러진 것에 관하여 고찰해 보고자 한다.

남부동맹군의 잭슨(T.J. "Stonewall" Jackson) 장군은 지휘관의 임무는 적을 "현혹시키고, 속이고, 놀라게"하는 일이라고 말한 바 있다. 이 말은 지상군지휘관에게와 마찬가지로 공군지휘관에게도 적용된다. 실제에 있어서, 적을 속이는 것은 강력한 무기가 될 수 있다. 적이 잘못된 길로 가게 만들거나 혹은 적 항공기가 아무런 쓸모없는 사막지역에다 모든 폭탄을 투하하게 만드는 일보다 더 나은 일은 없을 것이다. 적을 속이게 되면, 우리가 실제로는 20대로 공격을 하더라도 적은 10대로 공격하는 것으로 오인(誤認)하게 만들 수도 있다.

불행히도 적을 성공적으로 속일 수 있도록 계획하는 일은 그리 쉽지 않다. 성공적인 계획을 위해서는 적군의 특성, 아군에 대한 적의 판단, 그리고 아군 자체의 활동방식 등이 고려되어야 한다. 기만(欺瞞)하기가 매우 어려운 일이기는 하지만 과거에 있었던 몇 가지 사례가 미래를 위한 약간의 아이디어를 제공해 줄 것이다.

기만활동(欺瞞活動) 중에서 가장 성공적이었던 한 가지 사례는, 기만하기 위하여 시도한 것은 아니었지만 다시 사용해도 좋을 만큼 큰 기만효과를 거둔 것이다. 우리가 이미 논의한 바 있지만, 영국전투가 고조에 달했을 때 영국군 폭격기사령부는 군사적으로 무가치한 폭격을 베를린에 대하여 감행하였다. 이에 격분한 히틀러는 독일공군으로 하

여금 런던을 공격하도록 지시하였다. 런던으로의 목표전환이야말로 전
투가 영국측으로 유리하게 기울어지게 만든 가장 큰 독일군의 과오였
다. 최고 지휘관은 복수를 하기 위하여 자아(自我)의 감정적 욕구에
따라 의사결정을 하면 안 되지만, 그러나 인간은 수 천년에 걸쳐 그렇
게 해 왔다. 앞으로도 계속 그렇게 할 것이다. 따라서 만약 그런 사람
들의 자아를 공격할 수만 있다면 그들은 우리에게 가장 반가운 일을
해 줄지도 모른다.

작전적(作戰的) 전역 수준에서, 우리는 케니(George Kenney) 장
군이 두 개의 비행장을 건설하는 것처럼 위장하여 일본군이 그것을 공
격하도록 유도한 사실을 알고 있다. 그 동안에 그는 일본군이 미 공군
의 행동거리 밖이라서 안전하다고 믿고 있는 웨와크(Wewak)로 출격
하는 폭격기를 전투기가 엄호할 수 있도록 진짜 비행장을 비밀리에 건
설하였다. 적이 "불가능하다"고 생각하고 있는 일은 속이기가 쉽다.

USAF Photographic Collection, National Air & Space Museum, Smithsonian Institution

1943년 10월, 중국의 전진기지에서 제 14공군 본부대의 중국항공문제 위원회 검열단의
일원으로서 임무를 수행하고 있는 셰놀트(Clair Lee Chennault) 소장(중앙부).

좀 더 소규모 작전으로서, 미 의용군(義勇軍) 중국파견단 단장으로 있을 때 클레어 셰놀트(Claire Chennault) 장군은 그가 보유한 항공기를 40대 이상 되는 것처럼 보이도록 일본군을 속이려고 하였다. 그래서 그는 일본군에게 그 항공기들이 여러 기지에서 출격하는 것처럼 보이게 하기 위하여 주기적으로 보유 항공기의 색깔을 바꾸었다.3)

적을 기만할 수 있는 가능성은 끝이 없고 또 그것이 정당한 것인지 아니면 부당한 것인지를 결정하는 규칙도 없다. 처칠은 "전시(戰時)에, 진실(眞實)이란 매우 값진 것이어서 항상 거짓이라는 보디가드를 동반한다"4)라고 말한 바 있다.

기만과 관계 있는 것은 심리전(心理戰: psychological warfare)이다. 그것은 적국의 국민이 강제력에 의해 통솔되고 있을 때 가장 효과적이다. 이처럼 국민들 사이에 분열(分列) 가능성이 존재 할 때는 가능한 모든 수단을 동원하여 국민들을 이용하여야 한다. 일반적으로 이런 종류의 심리전은 전략적 및 대전략적 수준에서 수행될 것이다. 그러나 작전적 수준에 있는 공군 지휘관도 몇 가지 일은 할 수 있다. 그는 귀순자(歸順者)는 환영과 충분한 보상(報償)을 받으며 또 전투에 합류 할 수 있는 지원자가 될 수도 있다는 것을 적군이 알 수 있도록 해야 한다. 그는 적군이 초대장(招待狀)을 받아볼 수 있는 수단을 강구하고 또 적 조종사들이 항공기를 몰고 귀순할 수 있는 방법을 마련해야 한다. 귀순자가 충분히 생기면 귀순자들로써 비행대대나 비행단을 구성할 수도 있고, 그렇게 되면 귀순자들은 상급부대에서 받은 깃발 아래 희망차게 비행할 수 있을 것이다. 이러한 귀순자들의 존재는 더 많은 적군을 뒤따르도록 고무(鼓舞)시킬 뿐 아니라 그들로 구성된 비행부대 역시 매우 효과적일 수가 있다. 그들과 그들의 항공기는 심지어 특수임무를 위하여 적 방어망을 침투하는 데도 사용될 수 있을 것이다.

---

3) Richard Lee Scott, Jr., Flying Tiger: Chennault of China (Garden City, N.Y.: Doubleday & Company, Inc., 1959), pp. 70, 90-92.
4) Brown, p. 10.

제8장에서 우리는 예비전력(豫備戰力)에 관하여 논의하였다. 지휘관은 예비전력을 유지할 것인지, 유지한다면 언제 그것을 투입할 것인지를 결정해야 한다. 전체 전쟁 기간에 대한 판단이 이 결정에는 중요한 요소가 된다. 만약 전쟁이 하루 이틀만에 끝나거나 혹은 매우 단기간에 걸친 한 번의 결정전(決定戰)으로 끝난다는 것이 확실할 때는 예비전력이 필요 없을 것이다. 그러나 전쟁이 하루 이틀 이내에 끝나지 않을 것 같으면 지휘관은 앞에서 고찰해 본 여러 가지 이유 때문에 예비전력을 보유해야 한다. 부정적인 경우를 설명하기 위하여 우리는 이스라엘군이 1967년전쟁 첫째 날 공중우세 획득을 위하여 전 공군력(단지 8대는 모기지 공중 초계 임무로 그리고 4대는 활주로 비상대기 임무로 제외했을 뿐)을 어떻게 투입하였는지 보았다.[5]

이것은 단일(單一) 전투가 전쟁에 결정적이었던 사례이지만 여기서는 만약 예비전력을 유지하기 위하여 전력 일부를 전투에 투입하지 않았다면 그것이 오히려 잘못된 결정이었을 것이다. 하지만, 1967년 전쟁은 단 하루에 있었던 단일 전투에서 전쟁의 승패가 실질적으로 결판나버린 20세기에 있어서의 유일한 주요전쟁(主要戰爭: major war)이다.

예비전력을 유지하기로 결심하였다면 지휘관은 투입 원칙을 적용해야 한다. 우리가 앞에서 예비전력을 조금씩 투입하는 과오에 대해서 이미 고찰한 바와 같이 만약 지휘관이 예비전력을 사용하려고 결심하면 적에게 충격과 기습효과를 크게 제공하기 위하여 전력을 대량으로 투입해야 한다. 예비전력을 투입해야 하는 경우는 두 가지가 있다. 즉, 지휘관이 자신의 승리를 강화시킬 수 있을 때, 그리고 적의 승리에 대한 대응 행동을 강화시킬 수 있을 때이다. 지상전에 있어서는 일반적으로 미국의 접근방법은 후자이고 소련은 전자이다. 미국의 접근방법은 좀 더 방어적이고(비록 공세작전의 일부분이라도), 이에 반하여 소련의 방법은 특히 신속한 공세작전에 적합한 것이다.

---

5) Churchill, p. 82.

전투가 한창 가열(加熱)되어 있을 때는 시각(視覺)을 잃기 쉽고, 어떤 일을 사실 이상으로 중요하다고 판단하거나 혹은 어떤 일을 성취하기 위하여 필요 이상의 많은 자원을 투입하기가 쉽다. 그 예를 보자. 1942년 말에, 독일육군의 제6군은 스탈린그라드에서 포위되어 있었다. 영토점령이라는 개념에 매혹된 히틀러는 독일군의 후방 탈출을 금지하였다. 이때, 여러 가지 이유로 독일공군은 완전히 포위된 육군에 대한 공중보급 임무를 맡게 되었다. 그 임무는 당시 독일공군의 고위 장교들이 완전히 불가능한 것이라고 지적하였지만 괴링이 그 지적을 무시함으로써 감행되었다. 그로부터 스탈린그라드가 함락되기까지 2개월 동안 독일공군은 대부분의 수송기 전력과 대잠전역(對潛戰役)에 중요한 특수 폭격기 부대, 폭격 및 계기비행학교(항공기와 비행교관들이 스탈린그라드 전투에 참가하고 있었다), 그리고 마지막으로 독일공군의 위신까지 모두를 상실하는 결과를 초래하였다.6)

임무를 제대로 해낼 수 없었기 때문에 발생된 이러한 손실은 독일 제6군보다 훨씬 더 큰 손실을 초래한 것이었다. 독일 고위사령부는 문제를 전체적으로 생각하지 못하여 엄청난 전력을 무위손실(無爲損失)하였다. 교훈은 명백하다. 어떤 작전에 전력을 투입하기 이전에 그 효과와 위험성에 관하여 냉정하고도 이성적인 계산을 해야 한다는 것이다.

이 장의 서두에서 우리는 우리 자신을 알아야 할 필요성에 대하여 논의하였다. 이러한 자각(自覺)은 훈련분야에도 적용 가능하다. 이 책 전체를 통하여 우리는 대량(大量) 및 집중(集中)에 대하여 말해왔다. 전력을 대량 및 집중시키기 위해서는 공중에서 편대를 대형(大形)으로 만들어야 할 필요성이 있는데, 이러한 대형은 계획 및 감독이 쉽지 않을 뿐 아니라 평시에 많은 훈련을 필요로 하는 것이다. 이러한 문제에 대한 아이디어는 간단하다. 만약 전시에 수행해야 할 어떤 임무가 있으면 평시에 그것을 연습해야 한다는 것이다. 연습하지 않으면 손실률

---

6) Bekker, pp. 430-31.

이 높아질 뿐 아니라 계획을 기대한 만큼 수행해 나가지 못할 가능성이 있다.

지휘 및 통제는 항공력의 각 요소들을 일관성 있는 전투수행 조직으로 구성하기 위하여 필수적인 것이다. 지휘관은 이 체계를 상의하달(上意下達) 식으로 사용할 수도 있고 광범한 임무 명령으로 제시할 수도 있다. 그러나 다음과 같은 세 가지 요건(要件)만 충족된다면 어떤 체계라도 효과적일 수 있다. 즉, 최상급에서 최하급에 이르는 모든 장교가 그들의 체계가 무엇인지 그리고 무엇이 아닌지를 알고 있어야 하고, 또 평시에 광범한 훈련이 되어 있어야 하며, 하급 제대들에도 그들의 책무를 완수하기에 필요한 최소한의 정보가 주어져야 한다는 것이다.

지휘 및 통제에 관한 간단한 고찰을 끝으로 이 장을 마치고자 한다. 이 장은 지휘관이 항공전에서 승리하기 위하여 알아야 할 모든 것을 포함하고 있지는 못하지만 바른 길로 출발할 수 있게 하는 일반적인 원칙들은 포함하고 있다. 나머지 사항은 지휘관 자신에게 달려 있다.

항공전역 결론

이 책의 목적은 지휘관과 참모들이 항공전역(航空戰役: Air Campaign)을 계획하고 이를 집행할 때 직면하는 여러 가지 문제점들에 관하여 심사숙고해 보고자 하는 것이었다. 성공적인 작전은 분명히 좋은 계획이 있어야 하고, 좋은 계획을 수립하려면 앞으로 해야 할 행동을 잘 알아야 한다. 이 책의 서두에서부터 그러한 사고를 시작하였다.

우리가 제시한 명제(命題)의 핵심은 공중우세(空中優勢)는 아주 중대한 것으로서, 그것을 적이 확보하고 있으면 우리는 전역에서 실패할 것이고, 많은 경우에 그것을 확보하는 것만으로도 전쟁에 승리할 수 있으며, 또한 지상이나 공중에서 어떤 다른 행동을 취하기 전에 먼저 그것의 확보가 반드시 필요하다는 사상이다. 이러한 명제 하에서 전역 초기에 당면할 수 있는 여러 가지 상황들에 대하여 다시 한번 간단하게 개괄(槪括)해 보는 것이 필요하다고 하겠다.

지휘관이 당면할 수 있는 최악의 상황은, 적은 아군 기지를 공중공격(空中攻擊)할 수 있지만 아군은 그 같은 행동을 할 수 없는 상황이다. 이 경우에, 지휘관은 항공전 수행 방법 중 가장 불리한 방법, 즉 방어적으로 싸우는 방법밖에는 없다.

한편 저울의 다른 쪽 끝에 있는 이와 정반대의 경우는, 아군은 적의 기지를 공격할 수 있지만 적은 아군을 공격할 수 없는 상황이다. 그리고 이러한 양극단(兩極端)의 중간에는 쌍방의 후방지역이 똑같이 취약하거나 혹은 쌍방이 상대방의 후방지역에 도달할 능력이 없어서 전선 상공에서 싸우지 않으면 안 되는 상황 등이 있다. 그리고 마지막 상황으로는 쌍방이 항공전을 수행하지 못하는 비정상적인 상황도 있다.

상황을 구분해 보기 위한 이러한 분류가 학술적으로는 흥미롭지만 그렇다고 해도 만약 이것이 좀 더 나은 작전을 수행하는 데 도움이 되지 않는다면 아무런 소용이 없을 것이다. 하지만, 항공전의 경우에는 이것이 실질적인 도움을 준다. 이러한 여러 가지 상황을 고찰하는 과정에서 우리는 지상전에서의 공세와 방어 사이의 관계가 항공기 때문에 역전(逆轉)되는 것도 보았다. 여기서 역전이란, 방어작전을 수행해야 하는 공군지휘관은 그가 만약 지상전 상황에만 관심을 둔다면 우리가 상상하는 것보다 훨씬 더 큰 난관에 봉착하게 된다는 것을 의미한다. 그것은 또한, 만약 공세를 취할 수 있는 기회가 있다면 지휘관은 방어작전을 수용하지 않아야 한다는 것을 말하는 것이기도 하다. 또한 우리는 공중우세를 획득하기 위하여 공격할 수 있는 몇 가지 중심(重心)도 알게 되었지만, 그것도 언제나 공격할 수 있는 것은 아니라는 것도 알았다.

우리들의 연구는 우리들을 전력의 양(量)이 매우 중요하다는 결론으로 이끌어 갔다. 사실상, 작전지휘관의 우선적인 목표는 그의 전력이 적과 조우할 때는 언제나 수적(數的)으로 우세하도록 하는 것이라고 할 만큼 그것은 대단히 중요한 것이다. 이것은 우세한 숫자로 싸우면 승리한다는 개념이다. 그러나 여기서 명심할 것은 수적인 우세가 전구 내에 있는 전력 전체의 양을 뜻하는 것이 아니라는 점이다. 오히려 이 숫자는 실제 교전에 참가하고 있는 숫자를 말하는 것이다.

우리는 대규모 전력이 소규모 전력에게 거의 항상 절대적 혹은 상대적으로 큰 피해를 입힌다는 것에 대해서도 알아보았다. 동시에 대규모 전력 그 자체는 전투과정에서 보통 손실이 작다는 것도 알았다. 이 개념이 전혀 새로운 것은 아니다. 사실상, 이것은 지상전(地上戰) 역사를 통하여 수세기에 걸쳐 전해 내려오는 이야기이기도 하다. 그런데, 이것이 항공전에서는 오히려 더 큰 적용력(適用力)이 있다는 것을 알게 되어 정말 다행이다. 물론 수적으로 우세하면서도 질적으로 우세한 항공기를 전투에 투입하게 되면 질적으로 동일하거나 열세인 항공기가 해내기를 바라는 것보다 훨씬 더 큰 결과를 가져올 수 있을 것이다.

전쟁 상황의 종류와 공중우세 획득을 위한 적절한 단계들을 알아본 이후에 우리는 항공차단(航空遮斷)과 근접항공지원(近接航空支援) 임무에 대하여 관심을 돌렸다. 우리는 적의 장비를 파괴할 때 그것이 전선 지역에 있을 때보다 공급원이나 그 가까운 지역에 있을 때 파괴하는 것이 훨씬 효과적이라는 것에 대해서도 알게 되었다. 따라서 이론적으로는 차단이 근접지원보다 더 유용한 것처럼 보인다. 그럼에도 불구하고 근접지원 임무 역시 매우 중요한 항공임무라는 것을 알기 때문에 우리는 항상 충분하지 못한 항공자원을 지상군지휘관이 그가 보유한 마지막 사단 병력이나 포병 등과 같은 작전 예비전력을 전투에 투입할 장소에 투입해야 한다는 것을 우리는 제안하였다.

우리의 다음 주제는 항공작전에서는 비교적 새로운 예비전력(豫備戰力)에 관한 것이었다. 거의 예외 없이 예비전력 개념은 어느 나라 공군에게도 새로운 것이다. 예비전력 이론은, 그것이 적을 혼란시키고 충격을 주는 새로운 상황을 창조하는 능력이 있기 때문에 지상전역에서와 마찬가지로 항공전에서도 적절하다는 것이다. 짧은 역사적 경험에 바탕을 둔 시험적인 우리의 결론은 예비전력을 유지해야 하며 전역의 결정적인 순간에 투입해야 한다는 것이다.

우리가 음악(音樂)이나 합주곡(合奏曲)의 연주에 대하여 생각하는 것과 같은 용어로 전쟁을 생각할 필요는 없을 것이다. 그러나 전쟁계획이 승리를 가져오게 하기 위해서는 목표를 분명히 설정하고 그 목표를 가장 잘 달성할 수 있는 핵심전력(核心戰力)을 가려내야 한다는 결론에 도달하였다. 무력(武力)을 사용하는 합주곡의 악보(樂譜)는 적군의 성향(性向)과 아군의 성향 그리고 전쟁의 본질을 잘 조화하여 만들어야 한다. 불협화음(不協和音)은 패배를 초래한다.

끝으로, 일관성 있는 항공전역계획을 수립하기 위하여 우리는 모든 사항을 통합하려고 해 보았다. 긴박한 비상상황이라고 해서 우리가 가진 모든 힘을 한꺼번에 전부 투입하는 것은 그것이 직접적으로 전쟁의 승패를 가름하는 것이 아니라면 위험할 수도 있다는 것을 우리는 알게 되었다. 또한, 모든 군에 극히 중요한 공중우세를 획득하는 데는 지상 군과 해군력이 기여할 수 있다는 것도 알았다. 마지막으로 우리의 연 구는 기만작전(欺瞞作戰)과 심리전(心理戰)의 운용에 도달하였다. 어 떠한 작전에서도 집중(集中)과 대량(大量)의 원칙은 언제나 통하는 것 이었다.

인간의 모든 활동(活動) 중에서 전쟁처럼 유별나고 종잡을 수 없는 것은 없다. 그것은 인간의 가장 소중한 것을 빼앗아 가고 가장 추악한 것을 드러낸다. 전쟁은 지배자들의 마지막 논쟁 수단이며 그것의 판결 에 불복하기란 거의 불가능하기도 하지만 항상 어려운 것이다. 따라서 전쟁은 전쟁을 지도하는 사람들에게 가장 냉정한 계산과 이성적인 사 고를 요구한다. 전쟁이 주는 엄청난 압박감을 명백하고도 정확하게 생 각하는 능력이 부족한 지도자들은 -종종 그들의 생명과 함께, 그리고 항상 추종자들의 현재 및 미래까지도 잃게 만드는- 값비싼 대가(代 價)를 치른다. 전쟁의 방법은 변하지만 전쟁의 원칙(原則)-전쟁의 정 수(精髓)-은 마라톤평원에서 밀티아데스(Miltiades)가 페르시아군을 격파한 이래 변함이 없다.1)

전쟁은 관련되는 모든 국가와 국민에게 영향을 미친다. 그 영향을 완화(緩和)시키는 단 한 가지 방법은 그것을 완전하게 이해하는 길이 다. 이 책에서 우리가 목적하는 바는 전쟁을 이해하는 이 과정에 하나 의 도움이 되고자 하는 것이다.

---

1) 소(少) 밀티아데스(Militiades)는 BC 490년 9월 북동 아티카(Attica)의 마라톤 전투 (Battle of Marathon)에서 페르시아군과 싸운 아테네군을 승리로 이끈 장군이었다. 당 일 여명에 아테네군은 무서운 페르시아군 기병대의 전진을 저지하기 위해 나무들을 넘 어뜨리고 또한 장애물을 설치하면서 적진 1마일 이내까지 전진하였다. 중앙부를 얇게 하고 양쪽 날개를 보강한 대형으로 10,000명의 아테네군과 1,000명의 Platae 인들로 형성된 전선은 적 기병대가 우회하여 도달하기 전에 적 보병을 공격하였다. 그리스군 양쪽 날개는 페르시아군을 격파하고 그리스군 중앙부가 뒤로 빠지는 사이에 페르시아 군 중앙부로 돌아 들어갔다. 구리로 만든 갑옷을 입고 장창을 든 그리스군 보병은 솜 으로 만든 복장에 얇은 방패와 짧은 창을 든 페르시아군을 압도하였다.

개념으로 본 걸프전

존 에이 와든 3세(John A. Warden Ⅲ)

새로 쓴 서문 부분에서 언급한 바와 같이, 이 책자 항공전역(航空戰役: The Air Campaign)을 발간한 후 3년 동안에 보완한 주요 내용 중 한 가지는 일찍이 "적을 하나의 체계로(enemy as a system)"에서 개괄적으로 논의한 바 있는 중심(重心: center of gravity)에 대한 아이디어의 통합이었다. 걸프전에서 우리는 이 개념을 사용하였고 이 책자로부터 나온 다수의 아이디어들이 실제 전쟁 및 집행 계획에 직접적으로 적용되었다.

적국 이라크(Iraq)를 하나의 체계로 보는 개념과 정밀무기 및 스텔스 항공기의 출현으로 우리는 폭넓은 체계효과를 창조할 뿐만이 아니라 이라크를 공격함에 있어서도 적국을 하나의 체계로 보면서 과거에 적용해오던 일련적(一連的: serial) 방식이 아닌 병행적(竝行的: parallel) 방식으로 공격할 수 있다는 생각을 하게 되었다. 일련적인 방식과 병행적인 방식의 차이점 또는 체계전쟁(體系戰爭: system war)과 군사전쟁(軍事戰爭: military war)[1]의 차이점 등은 매우 중요한 것이지만 그것을 이해하는 사람은 많지 않다. 양 개념간의 차이점이 사실상 매우 커서 일련전쟁(一連戰爭) 및 군사전쟁에서 적절히 쓰이는 용어를 병행전쟁(竝行戰爭)과 체계전쟁에 대입하면 매우 부적절한 것이 되어 버린다.

먼저, 전쟁의 목적은 평화(平和)의 달성이어야 하며 이에 모든 계획과 작전도 이러한 궁극적인 목적에 직접적으로 연관되어야 한다. 그러나, 우리가 비록 이러한 견해를 정계, 학계, 군사계에 대하여 말로는 주장하고 있지만, 결국에 가서는 클라우제빗츠 세계에 쉽게 빠져버려 적 군사력의 섬멸(殲滅)을 좀더 높은 목표 달성을 위한 하나의 가능한 수단으로서가 아니라 전쟁 그 자체의 목표로 생각한다.

1990년 8월이 되어 슈왓츠코프(Schwarzkopf) 장군에게 전쟁에 대한 기본 계획안(計劃案)이 제출되었는데, 이 계획안에서는 이라크와의 전쟁 이후에 오게 될 평화에 대한 매우 구체적인 견해와 또 이라크라는 나라가 복잡한 하나의 체계였고 또 앞으로도 그렇다는 우리들의 인식에 따라 평화를 얻고자 하는 우리들의 목적이 달성된다는 사실에 대한 이해의 필요성이 근간을 이루고 있었다. 계획이 내다본 것은 이라크에 대한 공격은 전후의 평화에 대한 전망과 조화를 이루는 것으로써 이라크라는 체계를 변화시킬 수 있도록 수행되어야 한다는 것이었다.

간략히 말하자면, 전후(戰後) 평화는 두 가지 주요 요소를 포함하여

---

1) 나는 군사전쟁이라는 이 용어를, 전쟁에서 가장 중요한 일을 클라우제빗츠 식으로 육군간의 충돌로 고정시키는 하나의 접근방법에 대하여 사용하고 있다.

야 한다는 것이다. 즉, 이라크군이 쿠웨이트로부터 철수해야 한다는 것과 이라크가 향후 상당 기간 동안(슈왓츠코프 장군은 대략 10년 정도가 적당하다는데 동의하였다) 걸프지역에서 전략적 위협성(威脅性)을 지닌 지역적(regional) 강대국(强大國)이 되지 않아야 한다는 것이었다. 그러나, 이라크를 하나의 국가로서 파괴함으로써 우리가 후자를 달성할 수는 있겠지만 그렇게 하면 결과적으로 나타나는 세력(勢力) 진공상태가 강력한 호전국(好戰國) 이라크보다도 지역안정(地域安定)에 더 큰 위협요소가 될 수도 있다는 것이 명백한 사실이었다.

계획은 다섯 개의 고리 체계(책자 항공전역에서 처음으로 전개된 중심 이론을 확대시킨)를 근거로 하여 이라크에 대한 분석을 시작으로 전후 평화를 생산하려고 하였는데, 계획에 적용할 이 개념은 이라크가 쿠웨이트를 침공하기 2년 전부터 항공참모부(航空參謀部: Air Staff)에서 논의되고 발전되어 온 것이었다. 이러한 분석적(分析的) 접근방법은 모든 조직체(組織體)는 거의 유사한 형태로 결합되어 있다는 가정을 바탕으로 한다. 따라서 모든 조직체는 조직에게 지시를 내리고 조직이 조직 내외의 환경 변화에 대응하도록 돕는 지휘부(指揮部: leadership) 기능을 가지고 있고, 또 살아 있는 모든 유기체(有機體)는 어떤 한 가지 종류의 에너지를 다른 종류의 에너지로 바꾸는 에너지 전환(轉換) 기능을 가지고 있다. 그리고 또한 모든 조직은 모든 구성 요소들을 서로 결합시키는 하부구조(下部構造)를 가지고, 또 인구(人口)를 가지고 있으며, 조직의 방어 및 투사(投射)를 위한 야전병력(野戰兵力)을 가지고 있다는 것이다. 이러한 개념에 대한 이해를 돕기 위하여 지휘부를 한 가운데 고리로 하는 5개의 동심원(同心圓)을 그림으로 그렸다.

5개의 고리를 그림으로 그려봄으로써 우리는 체계를 다루는 아이디어를 즉시 떠올릴 수 있고, 군대 혹은 야전병력은 체계의 한 부분으로서 가장 주변(周邊)에 위치하지만 지휘부 고리는 가장 중추적인 중요성을 갖는다는 사실을 쉽게 알 수 있게 되었다.

이라크의 경우 우리의 목표는 평화목적(平和目的)을 달성하기에 충분한 정도로 체계 전체의 에너지 수준을 낮추는 것이었다. 이러한 전략적 분석에 대한 접근방법에 의하면 우리가 하는 모든 사고(思考)는 항상 중앙부(中央部)에서 시작된다. 단지 중앙부에서만 체계에 현저한 변화를 가져올 수 있는 에너지(미국 대통령의 청원이나 혹은 폭탄처럼 물리적인 어떤 것)를 단독(單獨)으로 투입할 수 있다. 때때로 에너지의 단독 투입은 제국(帝國)을 붕괴시키기도 한다. 예컨대, 다리우스(Darius) 3세의 아르벨라(Arbela) 패주는 즉각 페르시아를 알렉산더(Alexander) 수중에 들어가게 하였다. 하지만, 이러한 일은 거의 발생하지 않는 일이기 때문에 이런 경우에다 모든 것을 거는 전략가(戰略家)는 무능한 자이다. 우리의 목표가 이라크 전체 체계에 영향을 미쳐야 한다는 점을 고려하여 우리는 내부(內部)에서 외부(外部)로 나가는 추가 중심들도 식별하였다. 1차 계획안이 제출된 지 일주일 후에 있었던 2차 회의에서 슈왓츠코프 장군에게 제출한 계획안의 내용에는 단순화시킨 형태의 아래 그림과 같은 내용이 포함되었다.

이라크의 표적 체계

지휘부	핵심 생산시설	하부구조	인구	야전병력
사담 후세인 정부	전기 생산시설	철도 교량	군내의 엘리트	전략방공체계
국가 통신망	정유 생산시설		외국인 근로자	전략공세체계 (항공기, 미사일)
국가 보안군	대량살상무기		바스당원	
			중산층	

5개의 고리들과 이라크의 중심(重心) 목록들이 하나의 체계를 그리고 있다는 사실을 이해하는 것이 매우 중요하다. 이라크를 하나의 체

계로 보는 이해를 바탕으로 하여 우리는 전후 목적에 적합하게 그 체제를 바꾸는 것을 한 가지 과업으로 가지게 되었다. 우리가 이 과업에 대하여 너무 신중하게 접근하여 늦게 진행시키게 되면 그만큼 적이 우리의 작전에 대응할 방안을 찾을 가능성이 높아지기 때문에 이러한 전환은 빠르면 빠를수록 성공확률이 높은 것이었다. 따라서 우리는 이라크 체계를 신속하게 혹은 병행적으로 공격하는 것을 목표로 삼았다. 그리고 비핵전쟁(非核戰爭) 사상 최초로 우리는 병행전쟁이 가능할 만큼의 개념과 항공기 그리고 무기를 갖추었다. 제2차 세계대전과의 비교가 시사적일 것이다.

2차대전 당시 1943년 1월에 미국은 독일에 대하여 주간폭격(晝間爆擊)을 시작하였다. 당시의 주력(主力) 폭격기 B-17기는 전체 전쟁기간 동안 원형오차확률(圓形誤差確率: Circular Error Probable: CEP)을 대략 1,000 야드 기록하고 있었다.[2] 이것으로부터 연산(演算)을 확대해보면, 예컨대 축구장 1/3 크기의 표적을 최소한 90%의 확률로 폭격하기 위해서는 9,000발 이상의 폭탄을 투하해야 했다. 2차대전 당시에 이 정도의 폭탄을 투하하기 위해서는 B-17기를 1,000회 출격시켜야 하고 또 표적 부근에 있는 약 1만 명의 사람들이 위험에 처하지 않을 수 없게 되었다. 무기가 지닌 상대적인 정밀성(精密性) 부족으로 인해 표적의 핵심 부분 대신에 대규모 복합체(複合體)를 공격해야만 하였다. 이와 마찬가지로, 대규모 항공기들을 한 데 합쳐야 할 필요성도 생겼는데, 여기에는 두 가지 이유가 있었다. 첫째, 적의 방공망 침투를 위하여 대량의 항공기 집단이 필요하였고, 둘째, 모든 것을 파괴시킬 기회(機會)를 높이기 위하여 많은 양의 폭탄을 투하할 필요성이 있었기 때문이었다.

미국이 독일에 대해 주간작전을 개시하였을 때 미국은 출격시킬 수 있는 폭격기 수량이 비교적 적었고, 또 위에서 언급한 이유 때문에 한 번 출격으로 하나의 표적만을 폭격할 수 있었을 뿐이었다. 그 결과로

---

2) CEP란 투하된 폭탄의 절반 이상이 떨어지는 지역 반경(半徑)을 말한다.

폭격작전 수행 방식은 일련공격(一連攻擊: serial attack) 방식이 되었는데, 이러한 폭격 방식에 대하여 독일은 피해복구(被害復舊)와 방어계획의 개선으로 대응하였다. 후자를 위해서 독일군은 막대한 양의 자원을 대공포 제작 및 배치에 투입하였고, 또한 위험스러울 정도로 많은 수량의 전투기들을 전술적 전선으로부터 철수시켰다. 독일의 전략기지(戰略基地)는 매우 중요하였기 때문에 히틀러와 그의 고위지휘부는 어떠한 대가를 치르더라도 이를 방어해야 한다는 인식을 하고 있었다. 국가가 어떤 종류의 전략적 공격을 받고 있다는 것을 스스로 발견하는 경우에 언제나 반복되고 있는 역사적 사실은, 혼란스러울 정도로 많은 학술적인 논평가(論評家)들 보다는 정부와 군사지휘관들이 전략기지의 안전에 대한 중요성을 더 잘 이해한다는 것을 분명하게 보여준다.

1943년 독일의 알베르트 스페르(Albert Speer)는 전략폭격이 독일의 운명을 결정지으리라는 것을 인식하였다. 이에 스페르는 1945년 초까지 영웅적인 노력을 통해 수송 및 에너지 체계가 붕괴되는 것을 막아냈다. 그러나 1945년에 이르러 독일의 전략 중심지를 공습하는 폭격기 숫자가 크게 늘어나자 독일군이 도저히 처리할 수 없을 만큼 피해가 누적되어 갔다.

만약 걸프전에서 사용된 무력 수단(手段)들이 2차대전 당시와 유사하다고 한다면, 우리는 이라크를 일련적(一連的)인 방식으로 공격할 수밖에 없고 또 전쟁을 방공체계의 작은 몇 가지 부분에 대한 공격으로부터 시작해야 했을 것이다. 그렇게 되면, 오랜 시간이 지난 후에 그리고 또 운(運)이 좋을 경우에 우리는 내부의 동심원들을 파괴해 나갈 수 있겠지만 그것도 상당히 먼 미래의 일이 되었을 것이다.

1990년 여름 당시에 이라크가 세계적으로도 가장 현대화된 방공체계를 갖추고 있었다는 점을 생각할 때 이러한 공격 방식은 그나마 성공이 매우 불확실하였을 것이다. 다행히도 우리는 이라크 체제에 대해서는 2차대전 당시와는 자못 다른 수단을 가지고 있었다. 우리는 콜로라도 스프링스(Colorado Springs)에서 영국 및 바그다드(Bagdad)에 이르기까지 작전 협조가 가능한 정보체계를 갖추고 있었다. 우리는 다른 항공기의 지원 없이도 스스로 적지 침투가 가능한 스텔스기를 보유하여 다수의 표적을 동시에 공격할 수도 있었다. 무인(無人) 미사일도 가지고 있었다. 그리고 무엇보다도 중요한 것으로서, 우리는 조준하는 표적에 대한 명중률이 매우 높은 폭탄을 가지고 있었다. 이러한 정밀성(精密性)은 전쟁의 양상을 바꾸어 놓았다.

　2차대전 당시의 사례를 걸프전에 맞춰 볼 때, 만약 우리가 축구장 1/3 크기의 표적에 대해 90%의 높은 명중률을 원한다면 F-117 스텔스기 한 대를 출격시켜 장착된 2발의 폭탄 중 한 발만 투하하여도 충분히 목표를 달성할 수 있었다. 이것은 2차대전에 비해 정확도와 개인적 생산성(生産性) 면에서 4제곱 배수(倍數)에 달하는 엄청난 발전을 이루었음을 보여주는 것이다. 이것은 또한 다음과 같은 큰 업적을 이룬 것이기도 하다. 2차대전 당시의 재래식 폭격은 큰 피해를 입히는 것처럼 보였고 또 실제로도 하나의 도시(都市) 전체를 초토화(焦土化)하였다. 하지만, 이러한 외관(外觀)과는 달리 대부분의 경우에 있어서 도시의 중요 기능은 계속되었다.

　1945년 베를린(Berlin)의 경우를 보자면, 수도(水道)체계 및 상당 부분의 전기(電氣)체계와 마찬가지로 전화 및 텔레타이프 체계는 전쟁이 끝날 때까지도 계속 사용 가능하였다. 이러한 시설물들은 공중에서 보면 황폐화된 도시 내부에 있었다. 이러한 모순적(矛盾的) 현상은 다음과 같이 간단하게 설명될 수 있다. 중요한 표적은 크기가 작은 경향이 있었지만 그렇지 못한 것들은 직접적으로 명중시키기 좋은 것들이었다는 것이다. 다시 말하여, 비록 전략적 표적 대상이 되는 기지들은 규모가 큰 국가일 경우라도 그 숫자가 몇 백 개 정도로 비교적 많지 않지만 부정확한 무기로써 수행하는 일련작전으로는 영향력을 미치기가 매우 어렵고 또 시간이 오래 걸린다는 것이다. 1945년의 베를린 상황과는 대조적으로 1991년의 바그다드는 개전 후 수분만에 전기가 나가서 종전 때까지 다시 들어오지 않았고 통신기능도 급격히 떨어졌다.

정확성이 부족했던 과거에 폭격이나 포병 탄막사격(彈幕射擊)의 효과는 표적에 대한 물리적 피해 정도를 기준으로 평가하였다. 걸프전 당시 정보 분석가들과 논평가들은 전쟁 기간 중 전기시설의 10%, 바그다드와 바스라(Basra) 간을 잇는 도로의 15%, 통신시설의 25%만이 파괴되었다고 주장할 수가 있었다. 또한 피해량(被害量)에 대한 이런 관찰을 기능(機能)의 손실과 같다고 추정하여 이라크는 75%에 달하는 충분한 능력을 가지고 있다고 주장할 수도 있었다. 하지만, 정밀성과 병행성(並行性)을 가진 이 시대에는 그런 추정이 있을 수가 없다. 정밀성과 병행성 이 두 가지 요소를 가지게 되면 표적들은 전기, 통신 또는 운송(運送) 체계 중의 중요 부분들이 되는 것이다. 걸프전 당시 운송 체계의 예를 들자면, 바그다드와 바스라 간을 잇는 도로 중의 일부분에 지나지 않는 교량 30개를 파괴한 것은 이라크군의 물동량(物動量)을 거의 100% 감소시킴으로써 개전 후 3주 만에 쿠웨이트 주둔 이라크군의 생존을 위협하였다. 따라서 쿠웨이트 주둔 이라크군은 비축물자(備蓄物資)를 소비해야만 하는 분명한 결과를 낳았던 것이다.

전기 및 통신체계도 마찬가지여서, 각 분야의 핵심 부분만을 타격(打擊)함으로써 비록 물리적 피해는 비교적 작았지만 그 작동(作動) 수준을 급격히 떨어뜨렸다. 과거의 전쟁수행 노력은 물리적 구조물을 표적으로 하여 집중하는 경향이 있었고 성공의 측정도 이에 따랐다. 그러나 오늘날에는 그 기능을 표적으로 삼게 됨에 따라 물리적 피해 여하와는 무관하게 기능이 정지되었을 때 이를 성공했다고 하는 것이다. 따라서 걸프전에 대한 전후의 분석들은 물리적(物理的)인 것으로부터 기능적(機能的)인 것으로의 이와 같은 전환(轉換)을 이해하지 못한 결과 매우 혼란스럽게 되었고 또 많은 작가들이 왜곡된 결론을 도출하게 되었던 것이다.

걸프전 계획은 항공전역(The Air Campaign)의 기본원칙에 따라 공세작전을 기반으로 기획되었다. 전쟁 초기 몇 시간에 걸쳐 수행된 전반적인 작전 추진은 이라크를 바람직한 전후 규모로 축소시키고 동시에 이라크가 여기에 대하여 아무런 대응행동도 취하지 못하게 함으로써 이라크를 전략마비(戰略痲痺: strategic paralysis) 상황으로 유도하는 것이었다. 작전수행 방식은 병행전 방식이었다. 그러나 본 책자 지면(紙面) 상의 한계에도 불구하고 우리는 여기서 일련전(一連戰) 방식에서는 무엇을 했고 또 왜 그렇게 하였는지를 설명해야 한다. 편의상, 우리는 5개 고리 중 가운데서 출발하여 바깥쪽으로 나가면서 설명하겠다. 항공전역의 독자들은 책자 앞부분에서 언급된 대부분의 중심들이 공격되어야 한다는 사실을 기억할 것이다. 그 차이점은 이제 우리가 중심들과 전체 국가와의 관계를 이해하였고 또 그렇게 함으로써 어떤 표적을 그리고 어떤 순서로 공격할 것인지를 좀더 잘 선택할 수 있게 되었다는 것이다.

다섯 개의 고리 가장 중앙부(中央部)에는 사담 후세인 정부가 있었는데 여기에는 물론 사담 자신도 포함되었다. 슈왓츠코프 장군과의 제1차 회의에서 우리는 당시 이라크 사태가 이라크나 이라크 국민들에 대한 어떠한 반감(反感)에서가 아니라 사담 후세인의 정책으로 인해 유발된 것이라는 점을 이라크 국민을 포함하는 전 세계에 명확히 밝히는 것이 중요하다고 강조하였다. 이렇게 전쟁의 명분(名分)을 밝힘으로써, 우리는 이라크 국민들에게 사담 후세인이 없어진 전후 세계에서 복지생활을 누리게 된다는 것을 확실히 인식시키려고 하였다. 병행전쟁의 놀라운 능력 중 하나는 과거에 노력의 분산으로 인하여 발생한 재난(災難) 없이도 다중(多重) 전선과 다중 표적들에 대하여 동시공격(同時攻擊)을 수행할 수 있다는 것이었다.

실제로, 재난의 발생을 막아야 한다는 것은 매우 순수한 생각이기는 했지만 결과적으로 우리가 공격의 초점을 놓치는 원인이 되기도 하였다. 이와 같이, 우리는 사담 후세인이 축출되지 않으면 어떤 상황이 발생할 것인가에 대하여 슈왓츠코프 장군과 논의하였다. 슈왓츠코프 장군도 동의한 바 같이, 우리들의 견해는 사담이 권좌(權座)에서 물러나는 것이 이라크에게도 매우 바람직한 일이라는 것이었다. 하지만, 우리가 사담 후세인에게서 지역적 군사 강대국으로서의 위협을 행사하기에 필요한 수단(그 체계)들을 제거하기만 하면 그의 축출은 그렇게 중요한 것이 아니라고 생각하게 되었다.

1990년 8월 당시, 정보기관들은 사담 후세인의 개인적 야욕에서 이라크가 쿠웨이트 정벌을 준비하고 있지만 후세인이 권좌에서 물러나면 이라크의 정책은 최소한 단기적으로라도 어느 정도 온건하게 선회하게 될 것이라는 데 견해를 같이하였다. 게다가 우리가 정부 내외를 망라하여 구했던 자문에 응답한 대다수의 분석가들은 어느 누가 정권을 잡게 되어도 후세인이 20년 간 잔인하게 구축한 정도의 권력 기반은 없을 것이기 때문에 그보다는 나으리라는 데 의견을 모았다. 따라서 우리가 사담을 직접 또는 간접적으로 권좌에서 축출할 수 있는 상황을 만들어낼 수가 있다면, 이라크를 주변국들에게 덜 위협적인 존재로 만듦으로써 전후 평화 목적에 크게 기여할 수 있을 것이라고 보았다. 이러한 전략지정학적(戰略地政學的) 이유 외에 사담 정부를 공격해야 하는 두 번째 이유는, 우리가 수행하는 대 이라크 작전에 대항하는 그들의 능력을 감소시키기 위해서였다. 전술적 수준 혹은 중간 작전적 수준 이상의 전투, 심리작전, 지원작전에 대한 전략적 지시 및 조정은 정부형태와는 무관하게 국가의 수도(首都)에서 나온다. 더욱이, 병행전쟁에서처럼 피해가 급격히 확산될 때 의사결정은 평시보다 훨씬 신속하게 이루어져야 한다.

우리는 이라크 전체를 그리는 방식으로 사담 정부 조직도 그릴 수 있었다. 5개의 고리 접근방법은 매우 큰 고리에서 매우 작은 고리로 그 구조의 축소를 스스로 반복하는 관계라는 것을 인식하는 방법이다. 다시 말하면, 체계의 각 부분들은 그 내부에 하위(下位) 수준의 5개의 고리 구조를 또다시 가지고 있는 것으로 정의된다는 것이다. 정부를 이런 그림으로 그리면서 우리는 이를 병행적인 방식으로 공격해야 한다고 생각할 수 있었다.

주요 사무실이 어디에 있는지 확실히는 몰랐지만 여러 개의 주요 사무실 위치를 발견할 뿐 아니라 단 한발의 폭탄으로 각각의 사무실을 공격할 수 있는 능력도 있었다. 이로써 우리는 전시(戰時)에 국가를 움직이고 있는 정부의 지휘본부 대부분을 공격할 수 있게 되기를 기대하였다. 이러한 주요 시설물은 보통 예비시설(豫備施設)이 있다는 것을 알았지만 동시에 그것은 기본시설만큼 장비와 인력이 갖춰져 있지 않다는 것도 알았다. 여기서 독자들은 대규모적인 병행공격이 왜 효과가 있는지를 알게 된다.

일상적으로 느끼는 경험에서 우리는 전화(電話)가 단 하루라도 없거나 혹은 사무실을 바꾸고 전화번호를 변경하는 경우 생활이 얼마나 불편한지를 알게 된다. 최선의 노력을 함에도 불구하고 사람들은 우리를 찾을 수도 없고 또 우리는 어제 받은 중요한 문서에 손도 대볼 수 없을 것이다. 일상적인 경우에 있어서는 이러한 문제에 대하여 어디론가 가버렸겠지 하고 체념해 버릴 수 있다. 하지만 정부의 고위 지도자들과 핵심 참모들이 매우 긴박한 상황에서 예고 없이 사무실 주소와 전화번호를 바꾸어버린다면 어떤 일이 벌어질지 상상해보자. 이런 경우에 누가 정부의 효율성은 단시간에 급속히 저하되지 않는다고 진정으로 말할 수 있겠는가? 무기가 정밀하지 못했던 시기에 정부의 물리적 형태를 강제로 대폭 변화시킨다는 것은 단순히 불가능한 일이었다. 그러나 걸프전에서는 이러한 일이 가능하였고 실제로 발생하였다. 또한 정부의 지휘시설에 대한 공격은 다른 한 가지 효과를 가져왔다. 즉, 고위 관료들은 피격 당할 기회를 축소시키기 위해 자주 옮겨다녀야 했다. 사담 후세인 자신도 표적이 될지도 모른다는 두려움 때문에 심지어 휴대폰마저도 사용하지 않으려 하였다. 미국 대통령과 대부분의 핵심 조언자들이 매일 상당히 오랜 시간 동안 외부와의 연락이 두절되는 경우에 정부가 중요한 결심을 신속하고도 적절하게 해나갈 수 있을 것인지 상상해보자. 물리적 파괴 수준은 분명히 낮은데도 불구하고 실제로 이런 모든 일이 발생하는 것이다.

정부 의사전달(意思傳達) 체계에 대한 공격은 이라크군 고위 지휘부가 야전군 작전을 지시하기 위하여 일상적으로 사용하는 매우 많은 통화량을 크게 감소시킴으로써 정부의 효율성의 저하를 가속화시켰고, 더욱이 사담 후세인의 국민들에 대한 직접 담화 역시 더욱 어렵게 만들었다.

다수의 관찰자들은 이라크군이 바그다드로부터의 명령계통을 그다지 필요로 하지 않는다고 생각하였으나, 사실상 이라크군은 다량의 정보를 전선에 전달하는 매우 효과적인 체계를 발전시켜 왔다. 군사 훈련이나 작전에 참여한 경험이 없는 시사문제 해설자들은 지휘(指揮)의 전술적, 작전적, 전략적 수준에 대하여 혼동(混同)하는 경우가 자주 있다. 그들은 회사와 같은 소단위 조직이 어느 정도의 자율성을 갖는 것처럼 보다 큰 조직에도 이러한 자율성이 적용되어야 한다고 생각한다. 그러나 이런 논리는 아무 곳에서나 적용되는 것이 아니다. 왜냐 하면, 작전적(作戰的) 수준에서 수행하는 공격 혹은 방어 작전만 해도 군수, 화력지원, 의사전달, 기만, 또는 기타 여러 가지 요소들이 적시 적소에 집결될 수 있도록 보장하기 위한 막대한 조정(調整) 노력이 필요하기 때문이다. 이러한 대규모 조정 업무를 무난히 수행할 수 있는 국가는 극소수에 불과하다. 이제까지 매우 높은 대역폭(帶域幅)의 통신 능력을 구비하지 않고 작전적 수준에서 이러한 임무를 할 수 있는 국가는 없었다. 이라크는 이란과의 전쟁을 치르며 이러한 체계를 개발하여 매우 효율적으로 이를 운용할 수 있게 되었다. 물론 이를 위해 이라크는 초현대식 장비 구입과 또 매우 견고하고 풍부한 체계 구축을 위해 많은 자금을 소비하였다. 이라크가 갖춘 이 체계는 어떠한 적에 대해서도 잘 대응할 수 있지만 오직 정밀무기와 병행전쟁 개념을 갖춘 적에 대해서만은 예외이다.

이라크의 전략 통신망을 공격한 이유 중 다른 한 가지는 앞에서도 언급한 바와 같이 이라크 국민들에게 대한 사담의 대화(對話)를 더욱 어렵게 만들어야 한다는 필요성이었다. 우리가 주지하는 바와 같이, 강력한 독재정권(獨裁政權)은 대중 앞에 그 이미지와 존재를 계속 보여주어야 유지된다. 독재자가 사라진 듯 보이면 사람들은 독재자가 없는 것처럼 행동하기 때문에 이것이 우리가 병행작전을 구사한 많은 이유 중 한 가지였다. 이러한 등식에는 독재자로부터 통신수단을 제거하는 것 이외에 공격자가 반드시 취해야 할 다른 대안도 있었다. 슈왓츠코프 장군에 대한 제1차 보고에서 우리는 전략적 심리작전(心理作戰) 전역이 폭격전역 못지 않게 중요하다는 것을 분명히 밝혔다. 그러나 불행하게도 슈왓츠코프 장군을 포함하는 많은 사람들의 노력에도 불구하고 사담과 그의 티크릿(Tikrit) 부족(部族)에 대한 이라크인들의 쿠데타나 기타 다른 행동을 촉진시킬 수 있는 실질적인 전략적 심리작전 전역은 수행되지 않았다.3)

다음으로 관심을 기울인 분야는 사담의 친위대(親衛隊)였다. 이 친위대는 과거 소련의 KGB나 독일의 게쉬타포(Gestapo) 같은 비밀경찰 조직의 변형으로서 후세인을 보호하고 그의 공포(恐怖) 정권을 도왔다. 우리는 이 집단을 공격함으로써 후세인의 지배력을 축소시키고 또한 쿠데타나 기타 당시 이라크 정권에 직접적으로 반대하는 활동을 촉진시킬 수 있으리라고 생각하였다. 그러나 이런 공격 역시 다수 병행공격 중 한가지에 불과하며 전체 전역은 이런 작전의 성공 여부에 좌우되지 않는다는 것을 명심해야 한다. 분명히 말하자면, 우리들이 추구한 항공전략(航空戰略)은 비록 지휘부에 대한 공격이 계획에서 많은 부분을 차지하고는 있었지만 결코 "절단(切斷: decapitation)" 전략이 아니었던 것이다.

전쟁에서 지휘부 다음으로 중요성을 갖는 고리를 우리는 "핵심생산시설(核心生産施設: Key Production)"이라고 말하였는데, 이 아이디어는 하나의 체계로 작용하는 국가가 전반적으로 의존하는 여러 가지

---

3) 쿠웨이트에서는 이라크 육군에 대하여 효과적인 전술적 심리전작전이 있었다. 워싱턴 지휘부의 지시 및 참여가 필요한 전략적 전역과는 달리 전술적인 전역은 슈왓츠코프 장군의 권한이었으며, 장군은 이 작전을 크게 성공시켰다.

활동들의 중요성을 드러내고자 한 것이었다. 우리가 이 고리의 명칭을 후에 "유기적 필수요소(有機的 必須要素: organic essential)"로 바꾸기는 했지만 그 개념은 동일한 것이다. 이 고리에서 우리는 전기 시설, 정유 시설, 대량살상(大量殺傷) 무기 연구소 및 공장 등을 사담이 이라크를 멋대로 움직이는 데 불가결한 에너지 전환 기능으로 확인하였다.

체계와 중심 개념에 대한 이해 없이는 전략적 표적으로서 전기의 중요성을 이해할 수 없다. 전기는 거의 모든 국가의 전략표적 중 가장 중요한 표적이다. 전기는 국가 전체에 에너지를 이동시키는 가장 효율적인 수단이다. 전기는 레이더 안테나에서 엘리베이터, 전화 교환기, 컴퓨터에 이르기까지 대부분의 기계에 동력(動力)을 제공한다. 이러한 설비들 중에는 예비 발전기를 갖춘 것도 있으나, 이는 정확히 말 그대로 예비(豫備)일 뿐이다. 이것은 장기적인 전기 공급원으로 쓰일 수 있게 설계된 것이 아닐 뿐 아니라 단기적으로도 기본 전기시설의 역할을 제대로 대신하지 못한다.

그 이유는 간단하다. 만약 예비 발전기가 기본 전기시설과 성능이 같다면 전 국가에 걸친 송전망(送電網)이 필요 없게 될 것이다. 한 국가에 전기 공급이 중단되면, 그 즉시 국가의 제반 활동에 큰 지장이 초래되고 정전(停電) 지역의 거주자는 대체 전원을 찾기 위해 에너지를 소비한다. 따라서 전기 체계를 폐쇄시키는 일은 비교적 노력은 작아도 이라크 전역(全域)에 걸쳐 거의 모든 설비와 사람들에게 영향을 줄 수 있는 것이었다.

간단한 예를 들어보자. 이라크의 정부 청사는 대부분 고층 건물이기 때문에 엘리베이터가 있다. 엘리베이터는 전기가 공급되지 않으면 여러 가지 기능이 이전(以前)처럼 되지 못하고 떨어지기 때문에 고층(高層)에 근무하는 사람들은 계단으로 걸어서 사무실까지 올라가야 한다. 별 일이 아니라고 말하는 사람도 있을 수 있지만, 그러나 이런 간단한 일이 모든 정부 직원들에게 5분이라는 시간 부담을 주고 또 그 직원들이 이를 빌미로 삼아 사무실을 잘 가지 않으려 하거나 사무실을 떠나려 할 수도 있다는 것을 생각해야 한다.[4] 비록 그것이 가져오는 중요한 효과는 더욱 많지만 전기의 절단은 전체 국토에다 당밀(唐蜜)을 부어 층을 만들어 놓는 것과 같다고 말할 수 있을 것이다. 이때 사람들은 여전히 움직일 수는 있지만 그 움직임이 매우 느리고 또 다른 용도로 사용할 많은 에너지를 움직이는 데 소비하게 되는 것이다. 전기에 대한 공격은 이라크 국가 체계 전체에 대하여 우리가 목표로 했던 전략마비(戰略痲痺)를 생산해내는 큰 가치를 지닌 일이었다.

정유시설(精油施設)에 대한 공격도 비슷한 논리를 갖는다. 이것 역시 국가 전체에 영향을 미치는 주요 문제를 만들어낸다. 여기서도 다수의 해설자들은 정유의 생산 중단이 가져오는 충격을 이해하지 못하였다. 그들은 이 문제가 오직 야전병력에만 해당될 뿐 국가 전체에는 단지 자원 재분배(再分配) 문제 이상은 아니라는 생각에 빠져 있었다. 그러나 사실상 이것은 자원의 총수요(總需要)에 관한 문제이기 때문에 그 충격이 훨씬 크다. 야간에 발생하는 문제를 해결하는 데는 특히 시간이 많이 소요되기 때문에 매우 빠른 속도로 전개되는 소비자 수준에서의 석유 부족 문제는 전기체계의 고장으로 인한 문제를 더욱 증폭시킨다. 예비용 발전기에는 연료 보유 상태가 비교적 적기 때문에 몇 시간 혹은 한나절 이상 사용하면 연료를 다시 채워야 한다. 하지만, 연료 공급의 부족 상황에서는 발전기용 연료를 찾아서 이를 탱크에 채우기가 어렵고 또 불가능하다. 보다 심각한 자원 재분배 문제는 군에 대한 대부분의 지원마저도 민간 내지는 비군사 부문의 운송 혹은 공급 업체를 통하여 이루어진다는 사실에 있다. 점차적으로 발전하는 문제에 대하여 대응할 충분한 시간이 주어지는 경우에 유능한 정부라면 효과적인 대응책을 개발할 수 있다. 하지만, 다수의 기관이 전화로 업무 조정이 불가능하고 또 의사를 결정할 수 있는 자를 직접 찾아내는 것이 어

---

4) 1970년대 말경에 카터(Carter) 행정부는 에너지 절약을 위하여 펜타곤의 에스컬레이타 (escalators) 운행을 중단시켰다. 6개 층에 근무하는 직원들 사이의 중요한 물리적 상호작용은 매우 크게 떨어졌다.

렵거나 불가능할 때 이런 도전적인 문제를 제대로 해결할 수 있는 관료 조직이 이 세상에 있을지는 의문이다.

설명을 간략히 하기 위해, 하부구조(下部構造)와 인구(人口)에 대한 고리는 생략하고 마지막 고리인 야전병력(野戰兵力)에 대하여 살펴보자. 전역의 전략적 부분에서 우리가 인식해온 이 영역의 중심(重心)은 항공 방어와 공세였다는 것을 명심하자. 우리는 이 중심들을 목적 달성을 위해 전환해야 하는 전체 체계의 일부로 간주하였다. 적 방공체계의 축소는 전체 아군 공격기를 대규모로 손실할 우려 없이 사용할 수 있게 하는 것이다. 더욱이, 방공체계의 손실은 사담이 그 자신과 이라크의 방어가 불가능하게 되는 즉시 그의 미래와 이라크의 미래가 공격자의 수중에 떨어지는 위험한 상황에 처하게 하는 것이었다. 이라크의 전략 항공공세 능력에 대한 작전(항공기 및 미사일에 대한)은 위험한 전략 역공세 잠재력을 제거하기 위하여 필요하였다. 8월 초, 슈왓츠코프 장군과의 회의 주제(主題)로서 가장 우려되었던 사항은 이라크가 이스라엘에 상당한 공격을 가했을 때 발생할 수 있는 결과였다. 우리는 공중 위협을 제압할 수 있다는 자신감은 있었지만 이라크군의 이동식(移動式) 미사일 발사대를 막을 직접적인 방법이 없었다. 따라서 우리의 목표는 가능한 한 발사 수량과 종류를 간접적인 방법으로 축소시킬 수 있게 되는 것이었고 또 최선을 다해 그 발사효과를 줄이는 것이었다.

이란과의 전쟁 기간 동안 이라크 공군은 이란의 급유(給油) 차량이나 석유 시설 등의 핵심 표적에 대해 매우 정교한 장거리 작전을 수행하였다. 걸프전이 발발하기 전에 모든 사람들이 이라크 공군의 역량을 크게 인정하고 또한 이를 가장 우려하였다. 계획 단계에서부터 이라크 공군의 실질적인 위협을 무력화시키는 방법을 고안해 낼 필요가 있었다. 다른 작전들처럼 이 작전도 병행작전이었다. 즉, 각 공군 부대를 지휘부로부터 분리시켜 자체 작전하도록 하기 위하여 방공 지휘통제체계를 파괴하고 국가 통신망을 신속히 감축시키는 것이었다. 그것은 이라크 공군 각 부대가 자신들이 얻을 수 있는 국지적인 정보를 가지고 국가적 위협에 대처해야 한다는 의미였다. 그 결과는 매우 심각하였고 또 즉각적으로 나타났다. 이라크 조종사들은 전체 방공체계에 대한 아무런 이해도 없이 그냥 출격해야 하였던 것이다. 그들은 적기가 그들 비행장 상공에서 선회하고 있는지도 모를 정도였다. 이러한 사례는 매우 빈번하였고 결과적으로 그들의 노력은 전혀 무용지물이 되었다. 한편 이러한 상황에 대응한 이라크 공군의 사후 조치는 다소 적절한 것이었다. 세계 최고급 수준으로 건설된 엄체호(掩體壕)에 항공기들을 일시적으로 대피시켜버린 것이다. 합리적으로 볼 때 이 엄체호들은 핵무기 직격탄(直擊彈)을 맞지 않는 한 어떤 공격으로부터도 안전한 것이라고 그들은 생각하였다. 그러나 이라크군뿐만이 아니라 다수의 미군 장교들도 놀랄 만큼, 최신 정밀폭탄은 이라크군의 이런 엄체호에 대해서도 매우 효과적이었다. 따라서 이라크 공군은 비행 중이거나 비행하지 않을 때나 언제나 손실될 수밖에 없었다. 결과적으로 공중우세를 획득하고 또 적 공군의 전투력을 상실시키기 위한 최선의 방법으로서 이 책자 항공전역(The Air Campaign)이 제안한 바는 매우 정확하였고 유용한 것으로 드러났다는 것을 명심하자.

슈왓츠코프 장군과의 1차 회의에서 우리는 쿠웨이트에 주둔한 이라크 육군을 공격하지 않고도 목적을 달성할 수 있다는 제안을 하였다. 다음날 합참의장 콜린 파월(Colin Powell) 장군이 우리와 만난 자리에서, 그는 사담 후세인과 그 추종자들에게 정치적 메시지를 보내기 위해서도 이라크 육군에 대한 공격을 했으면 한다고 하였다. 1990년 8월에(그리고 심지어 그 이후에도), 많은 사람들이 약간의 이익 문제 때문에 쿠웨이트 주둔 이라크 육군을 공격하기를 원하였다. 결국 문제는 그 문제 발생지에서 해결해야 한다는 생각에서였다.

직접적인 해결방안으로는 육군의 공지전투(空地戰鬪: Air Land Battle) 기준교리(基準敎理)에 따랐는데, 이 교리는 항공 및 포병 공격으로 쿠웨이트 주둔 이라크군을 약화시킨 연후에 미군과 연합군 지상군 공격으로 이라크군을 쿠웨이트에서 축출한다는 것이었다. 이러한 방식을 채택하자면 1년여의 기간 동안에 군 지휘관들이 요구하는 방어자에 대한 공격자 비율을 건설해야 하는데, 이는 연합군이 가지고 있는 이론적인 군사적 능력(軍事的 能力: military capability)을 초과하는 것이었다. 다른 한편으로, 미국 대통령이 매우 큰 인명(人命)의 손실을 초래하게 될 이런 작전을 수행한다는 것은 정치적인 지지를 받기가 매우 어려운 것이기도 하였다. 합참(合參) 후원 하에 1990년 늦여름에 실시된 인명 손실률 추정은 미국인 20,000명이었다.

군수(軍需) 문제와 정치적 실행 가능성 등에 관한 의문은 일단 제외하고, 우리는 가설(假說)을 근거로 한 작전이 성공적이었고 또 사담이 실제 작전에서 손실하는 만큼 쿠웨이트에서도 그의 육군을 손실하게 되었다고 가정해보자. 이라크 국내에 대한 매우 심각한 공격이 없었던 전쟁의 결과로 우리의 생각을 되돌려 볼 때, 사담은 쿠웨이트에 있지 않았을 것이고 또한 그리 큰 전략적 공격도 받지 않은 채 있을 것이다. 전쟁은 양측의 강력한 군대가 쿠웨이트-이라크 국경선에서 서로 대치하고 있는 상태로 휴전을 통해 끝이 났을 것이다. 사담이 잃은 것은 이란과의 전쟁에서보다 훨씬 작을 것이고 여전히 그는 세계에서 가장 능력 있는 군대를 가지고 있을 것이다. 이러한 상황하에서라면 그가 전후(戰後)에 그리고 아직도 진행되고 있는 이라크 주권(主權)에 대한 총체적 침해(侵害) 행위에 대한 조사를 허용했을 것이라고 누가 믿을 수 있겠으며, 비무장 UN 조사원(調査員)들이 중요한 고가(高價) 무기 및 계획의 파괴 상황 조사를 위하여 이라크 지휘부 근처를 돌아다닐 수 있게 허락했겠는가? 아무리 잘 보아도 그럴 가능성은 희박하다. 사담 지상군의 손실은 과거에 경험한 것과 비하면 사소한 것으로서 그 자신이 생각하는 손실률 전략의 일부분으로서 기꺼이 수용할 수 있는 것이었다. 실전 상황에서, 사담의 실제 중심을 크게 약화시키는 것은 바로 그의 전략적 기지(基地)였는데 이는 그가 그의 입장에서 볼 때 부당(不當)한 평화 조건들을 받아들이게 강요하였고 또한 소수의 미국 항공인들이 미국이 설정한(우리가 요구한 것보다 훨씬 작은 것일 수도 있는) 범위 내에 그를 묶어둘 수 있게 하였던 것이다.

이상에서 고찰한 바와 같이, 걸프전은 책자 항공전역(The Air Campaign)에서 나온 다수의 개념들을 확증(確證)하였다. 추가할 사항으로 다음과 같은 요약 형식의 몇 가지 사실들이 있다.

공중공격을 방어하기가 상상외로 어려워졌는데 이것은 항공력 초기 시대이래 계속된 것이다. 세계 어떤 국가라도 1991년 1월 16일 이른 새벽 이라크를 친 것과 같은 항공공세를 막을 수 있을 것이라고 생각하기는 쉽지 않다.

이라크군은 전쟁 시작 첫 수분(數分)만에 공중우세를 상실하였다ㅡ 또한 그 이후에 파멸하였다. 공중우세를 상실해도 괜찮은 자는 아무도 없다!

슈왓츠코프 장군은 41일간의 전쟁 기간 중 초기 38일 동안 항공력을 모든 군(軍) 중에서 핵심 전력으로 확인하고 사용하였다.

적국의 "성채(城砦)"를 우회하고 적국의 수도(首都)로 바로 들어가는 방식이 완전히 실행 가능하였다. (제9장의 "전쟁 합주곡의 작곡" 부분을 상기하자.)

공중우세는 전략적 작전에서 핵심이 되고 이것은 다른 종류의 모든 작전에서도 핵심이 된다. 공중우세의 획득은 어려울 뿐만 아니라 그것을 잃게 되는 가장 확실한 길은 아주 소심한 접근방법을 취할 수 있다고 생각하거나 곧바로 국지(局地) 공중우세를 획득하는 길로 나아가기 때문이다. 국지 공중우세는 그것이 단지 매우 어려운 방공작전이 필요할 때까지 계속된다는 이유 때문만으로도 매우 위험한 생각이다.

이라크군을 패배시키기 위한 영토 점령은 불필요하였다.

대량(大量) 및 집중(集中)은 언제나 중요한 것이지만, 그러나 스텔스와 정밀성은 우리들에게 이러한 개념들을 투입되는 인력과 기계의 수량에 의해서가 아니라 그것이 가져오는 효과(效果) 개념에서 이해할 수 있게 하였다.

지휘 및 통제 중심(重心)에 대한 공격의 효과는 책자 항공전역에서 예상한 것보다 더 큰 결과를 낳았다.

이라크에 대한 항공전역이 엄청난 성공을 거둘 수 있도록 만든 사람들은 많다. 조지 부시 대통령과 노만 슈왓츠코프 장군 이 두 사람은 분명히 가장 중요한 사람들이었다. 이 두 사람은 세계를 규합(糾合)하고 급진적인 계획을 집행하기에 필요한 예외적인 힘과 열성, 그리고 지도력을 보여주었다. 또한 잘 알려진 장교로서 척 호너(Chuck Horner) 장군은 휘하 공군력(空軍力)을 유능하게 편성하고 또 구식(舊式) 전투 방식으로 돌아가기를 원하는 전통적인 공군, 해군 및 지상군 장교들로부터 큰 압력을 받았음에도 불구하고 공군을 올바른 행동 방향으로 이끌어갔다. 다소 알려지지 않은 소수의 장교들로는 1980년대 말경에 항공참모부(航空參謀部)에서 항공전역의 개념 발전을 도와준 젊은 장교들과 또 걸프전 계획 및 수행을 위한 핵심 요원으로 활약한 장교들도 있다. 이들 가운데, 리야드(Riyadh)에서 실질적인 계획 수립에 핵심적인 역할을 담당한 데이브 뎁툴라(Dave Deptula), 표적선정 노력을 통합한 벤 하비(ben Harvey), 미국 정보기관에 대한 새로운 전쟁 형태 교육을 도와준 로니 스탠필(Ronnie Stanfill) 등이 주요 역할을 담당하였다.

전쟁이 끝난 이래 군사문제(軍事問題)에 대한 혁명(革命)이 있었는가에 대하여 많은 토론이 있었다. 필자(筆者)가 보기로, 그 대답은 분명하다. 걸프전은 사상 최초로 진정한 군사 과학기술의 혁명이 있었던 최초의 전쟁이었다. 전쟁이나 업무를 막론하고 어떤 혁명에서나, 다수의 국민들은 혁명의 실체를 수용하는 데 곤란을 느끼고 그들에게 주어지는 거대한 기회를 잃고 만다. 이러한 일이 걸프전에서도 분명히 존재하였다. 걸프전의 교훈들을 최종적으로 이해 및 수용하게 되었을 때 그 교훈을 배운 자들은 엄청난 이익을 얻을 것이지만 반대로 변화된 사실의 수용을 계속 거부하는 자들은 그 결과를 감내(堪耐)해야 할 것이다.

참고도서 목록

Bekker, Cajus. *The Luftwaffe War Diaries*. Translated by Frank Ziegler. New York: Ballantine Book, 1969.

Brown, Anthony Cave. *Bodyguard of Lies*. New York: Bantam Books, Inc., 1976.

Bryant, Sir Arthur. *The Turn of the Tide*. New York: Doubleday & Company, Inc., 1957.

Churchill, Randolph S. and Winston S. *The Six Day War*. Boston: Houghton Mifflin Company, 1967.

Clausewitz, Carl von. *On War*. Translated and edited by Michel Howard and Peter Paret. Princeton, N. J.: Princeton Univerisity Press, 1976.

Cordesman, Anthony H. "*The Sixth Arab-Israeli Conflict*: Military Lessons for American Defense Planning" *Armed Forces Journal International*, August 1982.

Craven, Wesley F. and Cate, James L., Editors. *The Army Air Forces in World War II*. Volumes II & IV. Chicago: The University of Chicago Press, 1949 & 1950.

Cutler, Paul S. "ELTA Plays a Decisive Role in the EOB Scenario." *Military Electronics/Countermeasures*, January 1983.

———. "EW Won the Bekaa Valley Air Battle." *Military Electronics / Countermeasures*, January 1983.

———. "Lt. Gen. Rafael Eitan: We Learned Both Tactical and Technical Lessons in Lebanon." *Military Electronics / Countermeasures*, February 1983.

Department of Military Art and Engineering. *Summaries Of Selected Mlitary Campaigns*. West Point, N.Y.: US Military Academy, nd. Special Printing for Department of History, US Air Force Academy, 1960.

Dupuy, Colonel Trevor N. A *Genius for War: the German Army and General Staff*, 1807-1945. London: Macdonald and Jane's, 1977.

Fuller, J.F.C. *Decisive Battles of the Western World.* Volumes II & III. London: Eyre & Spottiswoode, 1963.

——. *The Generalship of Alexander the Great.* London: Eyre & Spottiswoode, 1958.

Futrell, Robert. F. *The United States Air Forces in Korea, 1950-53.* Washington, DC: Office of Air Force History, 1983. Revised Edition.

Galland, General Adolf. *The First and the Last.* Translated by Merwyn Savill. New York: Ballantine Books, 1963.

Goutard Colonel A. *The Battle of France 1940.* Translated by A.R.P. Burgess. New York: Ives Washburn, 1959.

Gurney, Gene. *Five Down and Glory.* New York: Ballantine Books, 1965.

Hansell, Haywood S., Jr. *Strategic Air War Against Japan.* Maxwell AFB, Ala.: Airpower Research Institute, 1980.

Hoeffding, Oleg. *German Air Attacks Against Industry and Railroads in Russia, 1941-1945.* Santa Monica, Calif.: Rand Corporation, 1970.

Irving, David. *The Trail of the Fox.* New York: Avon Books, 1978.

James, D. Clayton. *The Years of Macarthur 1941-1945.* Boston: Houghton Mifflin Company, 1975.

Kenney, George C. *General Konney Reports.* New York: Duell, Sloan, and Pearce, 1949.

Lambeth, Benjamin S. *Moscow's Lessons from the 1982 Lebanon Air War.* Santa Monica, Calif.: Rand Corporation, 1984.

Lavalle, A.J.C., Editor. *The Tale of Two Bridges and the Battle for the Skies over North Vietnam.* US Air Force Southeast Asia Monograph Series. Washington, DC: Superintendent of Documents, 1976.

——. *The Vietnamese Air Force 1951-1975: An Andlysis of Its Role in Combat.* US Air Force Southeast Asia Monograph Series. Vol. 3, Monographs 4-5, 1977. Washington, DC: Superintendent of Documents, 1976.

Lewin, Ronald. *Rommel: As Military Commander.* New York: Ballantine Books, 1972.

Manchester, William. *American Caesar: Douglas Macarthur 1880-1964.* Boston: Little, Brown and Company, 1978.

Momyer, William W. *Air Power in Three Wars (WWII, Korea, Vietnam)*. Washington, DC: US Air Force, 1978.

Morrow, John H. *German Air Power in World War I*. Lincoln: University of Nebraska Press, 1982.

Murray, Williamson, *Strategy for Defeat: The Luftwaffe 1933-45*. Maxwell AFB, Alal.: Air University Press, 1983.

Plocher, Hermann. *The German Air Force Versus Russia, 1941*. Maxwell AFB, Ala.: Air University Press, 1965.

Prange, Gordon W. *Miracle at Midway*. New York: Mcgraw-Hill Book Company(Penguin Books), 1983.

Robinson, Clarence A. Jr. "Surveillance Integration Pivotal in Israeli Success." *Aviation Week and Space Technology*. 5 July 1982.

Salager, F.M. *Operation "Strangle" (Italy, Spring 1944): A Case Study of Tactical Air Interdiction*. Santa Monica, Calif.: Rand Corpor- ation, 1972.

Schwabedissen, Walter. *The Russian Air Force in the Eyes of German Commanders*. Maxwell AFB, Ala.: Air University Press, 1960.

Scott, Robert Lee, Jr. *Flying Tiger: Chennault of China*. Garden City, N.Y.: Doubleday & Company, Inc., 1959.

Speer, Albert. *Inside the Third Reich*. Translated by Richard and Clara Winston. Now York: Avon Books, 1971.

Suchenwirth, Richard. *Historical Turning Points in the German Air Force War Effort*. Maxwell AFB. Ala.: Air University Research Studies Institute, 1959.

The Insight Team of the London Sunday Times: *The Yom Kippur War*. Garden City, N.Y.: Doubleday & Company, Inc., 1974.

Taylor, Telford. *The Breaking Wave*. New York: Simon and Schuster, 1967.

Uebe, D. Klaus. *Russian Reactions to German Airpower in World War II*. Maxwell AFB, Ala.: Aerospace Studies Institute, 1964.

US Air Force Assistant Chief of Staff, Studies and Analysis. *The Impact of Allied Air Interdiction on German Strategy for Normandy*. Washington, DC: Headquarters, US Air Force, 1969.

———. *The Relationship Between Sortie Ratios and Loss Rates for Air-to-Air Battle Engagements During World War II and Korea*. Washington, DC: Headquarters, US Air Force, 1970. US Air Force

Historical Division Liaison Office. *USAF Tactical Operations: World War II and Korea.* Washington, DC: US Air Force, 1962.

US Army Air Forces, Office of Assistant Chief of Air Staff. *Condensed Analysis of the Ninth Air Force in the European Theater of Operations.* Washington, DC: Headquarters, Army Air Forces, Office of Assisstant Chief of Air Staff, 1946. Reprinted Washington, DC: Office of Air Force History, 1984.

US Strategic Bombing Survey. *Air Campaigns in the Pacific War.* Washington, DC: US Government Printing Office, 1947.

———. *The Campaigns of the Pacific War.* Washington, DC: US Government Printing Office, 1946.

———. *Japanese Air Power.* Washington, DC: Military Analysis Division, 1946.

———. *Overall Report(European War).* Washington, DC: US Government Printing Office, 1945.

———. *Summary Report(Pacific War).* Washington, DC: US Government Printing Office, 1946.

Van Creveld, Martin. *Supplying War: Logistics from Wallenstein to Patton.* New York: Cambridge University Press, 1980.

Von Manstein, Field Marshal Erich. *Lost Victories.* Edited and translated by Anthony G. Powell. Novato, Calif.: Presidio Press, 1984.

Weigley, Russel F. *The American Way of War.* Bloomington: Indiana University Press, 1977.

Weizman, Major General Ezer. *On Eagles' Wings.* New York: Macmillan Publishing Co., Inc., 1976.

저자 소개

미 공군 대령 존 에이 와든 3세(John A. Warden III)는 군사, 정치, 교육 그리고 상업 등 다방면에 걸친 열정적인 개혁가로서 세계적인 평판을 가지고 있는 행정가, 전략가, 기획가, 작가, 전투조종사, 그리고 의욕적인 연사이다. 1995년 미 공군 대령으로 예편하고 그 후 기업 전략의 발전, 개혁 그리고 멀티미디어 발전을 전문으로 취급하는 회사 Venturist, Incorporated를 설립하였다.

존 와든은 1986년 국가전쟁대학(National War College) 재학시절에 항공전역: 전투를 위한 계획(The Air Campaign: Planning For Combat)을 집필하였다. 경력 기간 중에 그는 복잡한 조직에 대한 분석 간소화 방법 개발, 새로운 전쟁 방식으로 병행전쟁 개념의 정리, 교육에 대한 새로운 접근방법 고안, 사업 전략에 대한 새로운 접근 방법 합성 등의 업적을 남겼다. 이론가로서의 활동 외에도 전쟁, 정치, 교육, 기업 등 실무 분야에서도 현저한 성공을 거두었다. 슈왓츠코프 장군과 파웰 장군은 그가 이라크를 패배시킨 걸프전 항공전역을 계획한 것에 대하여 그를 높이 평가하였다. 미국 부통령 특별 보좌관으로 있으면서 그는 미국의 경쟁력에 대한 정부 차원의 장애 요소들을 성공적으로 제거하였고, 미국 방위산업체들이 상업적인 경쟁력을 키울 수 있도록 개혁하는 데 앞장섰으며 또한 미국 일본간 주요 제작 합의안을 공동으로 창안하기도 하였다.

미 공군대학교의 지휘참모대학(ACSC) 교장으로서 재직 시에는 전혀 새로운 교육 개념을 개발 및 적용하였고 또 이 학교가 미국 및 해외에서 고급 교육기관으로서의 모델이 될 수 있도록 하였다. 전투조종사로서 그리고 독일 빗부르크(Bitburg) 소재 제36전술비행단 단장으로서 새로운 공중전술과 지휘통제 방법을 소개하였다. 그는 F-15기, F-4기 및 OV-10 기종으로 총 3,000시간 이상의 비행시간을 보유하고 있다. 베트남전 시에 베트남 및 라오스 전구에서 전방항공통제관 임무로 266회의 전투임무를 수행하였다. 그가 받은 주요 훈장으로는 Distinguished Service Medal, the Defense Superior Service Medal, Legion of Merit, Distinguished Flying Cross, ten Oak Leaf Clusters를 가진 Air Medal등이 있다.

존 와든은 ABC, CBS, CNN, PBS, BBC, History Channel 및 Discovery Channel 등의 방송매체에 출연하였고 또 세계적으로 유통되는 신문과 잡지 등에 그에 관한 기사가 자주 나타나고 있다. 현재는 1999년 여름에 출판될 예정인 사업전략에 관한 책을 집필 중에 있다. 미국 공군사관학교에서 학사학위, 텍사스 공대에서 석사학위를 받았으며, 국가전쟁대학 졸업생이기도 하다. 텍사스주 멕킨리 출신이지만 현재는 알라바마주 몽고메리(Montgomery) 시에 거주하고 있다. 결혼하여 두 자녀를 두었는데, 그의 딸이 Venturis 회사의 부사장으로 일하고 있고 그의 아들은 세계적으로 가장 큰 위력을 지니고 있는 무기인 B-2 스텔스 폭격기를 조종하고 있다.

존 와든과 연락을 원하거나 Venturist 회사에 대하여 정보를 원하는 사람은 www.venturist.com 혹은 e메일, jwarden@venturist.com을 이용하기 바란다.

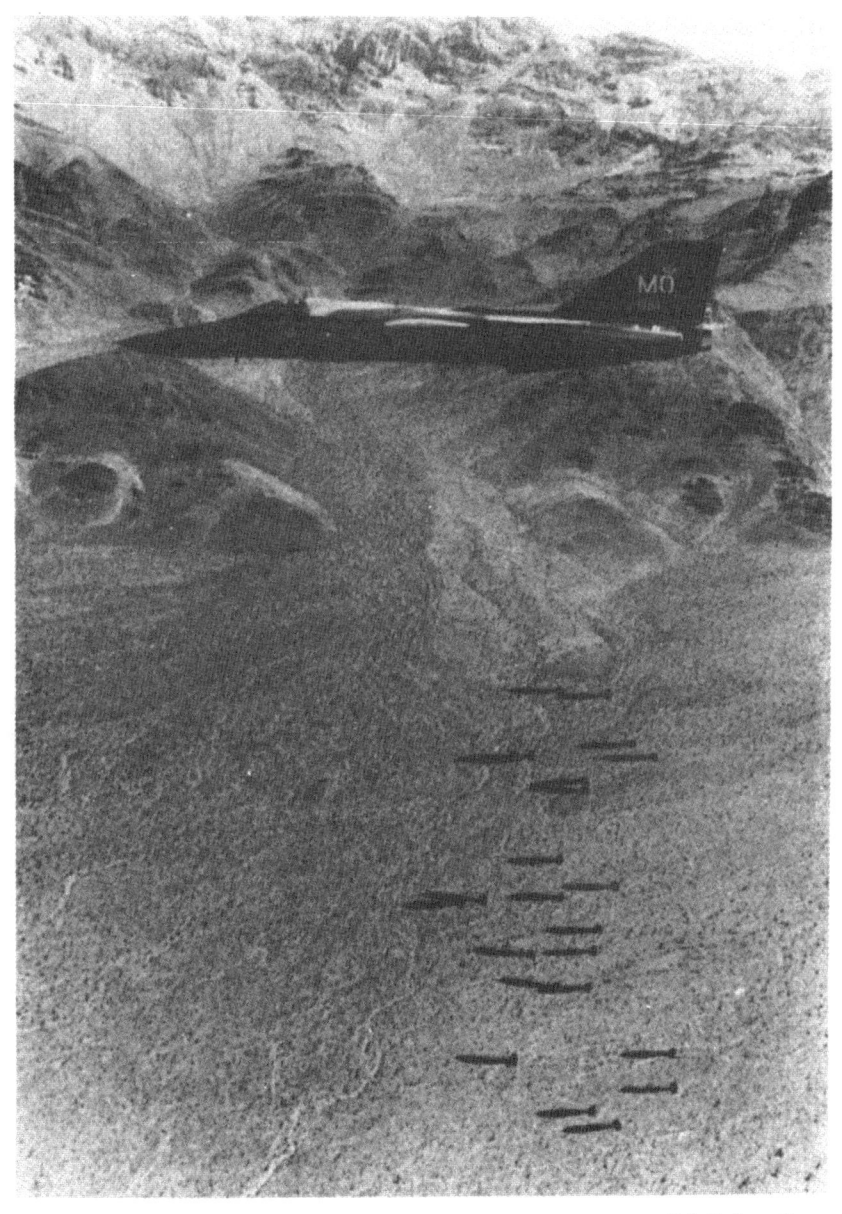

항공전역을 위한 훈련으로 F-111기가 네바다주 넬리스(Nellis) 공군기지 상공에서 24발의 Mark-82 저-항력 폭탄을 투하하고 있다.

영문색인

국문색인

옮긴이 박덕희(朴德熙)

- **학력**
  공군사관학교 졸업(1964)
  서울대 행정대학원 졸업(행정학 석사)
  미 공군대학교 군사학교 졸업(SOS/AIS)

- **약력**
  공군 전투기조종사(총 비행시간 3,000시간)
  공군 작전사령부 작전계획 및 전력운용 담당관
  공군 전투비행대대장
  공군본부 연구분석실과장
  공군대학 교수처장
  공군대학 항공연구발전실장
  공군대령 예편
  공군대학 군교수 보임
  (현) 공군대학 항공전략연구실장
  2000년 부로 공군생활 40년 기록

- **주요 저술**
  항공전략의 발전(편역서, 공군교재창, 1997)
  항공력 이론의 진화(역서, 공군교재창, 2000)
  항공력의 발달과 항공전략사상의 변천(논문, 군사논단, 1996)
  기타 다수 연구논문 및 번역문(군사잡지 게재)

항공전역(The Air Campain)

초판 1쇄 발행 | 2001년 6월 5일
초판 3쇄 발행 | 2019년 2월 20일

지은이 | John A. Warden III
옮긴이 | 박덕희
펴낸이 | 이정수
펴낸곳 | 연경문화사

출판등록 제1-995호
(07532) 서울특별시 강서구 양천로 551-24 한화비즈메트로 2차 807호
전화 : (02)332-3923/4 팩스 : (02)332-3928

정가 12,000원
ISBN 978-89-8298-043-5 93390

* 잘못 만들어진 책은 바꿔 드립니다.